TONGSHI WULI SHIYAN

通识物理实验

罗志高　凌丰姿　蒋先涛　编著

中山大学出版社
·广州·

版权所有　翻印必究

图书在版编目（CIP）数据

通识物理实验/罗志高，凌丰姿，蒋先涛编著．
广州：中山大学出版社，2024.9．－－ISBN 978 -7 -306 -08166 -7
Ⅰ. O4 -33
中国国家版本馆 CIP 数据核字第 2024X4Z743 号

TONGSHI WULI SHIYAN

出 版 人：王天琪
策划编辑：陈文杰　谢贞静
责任编辑：陈文杰
封面设计：林绵华
责任校对：廖翠舒
责任技编：靳晓虹
出版发行：中山大学出版社
电　　话：编辑部 020 - 84110776，84110283，84113349，84111997，84110779
　　　　　发行部 020 - 84111998，84111981，84111160
地　　址：广州市新港西路 135 号
邮　　编：510275　　　　　传　真：020 - 84036565
网　　址：http://www.zsup.com.cn　　E-mail：zdcbs@ mail.sysu.edu.cn
印 刷 者：佛山家联印刷有限公司
规　　格：787mm×1092mm　1/16　19.25 印张　469 千字
版次印次：2024 年 9 月第 1 版　2024 年 9 月第 1 次印刷
定　　价：48.00 元

如发现本书因印装质量影响阅读，请与出版社发行部联系调换

前　言

习近平总书记在党的二十大报告中强调："我们要坚持教育优先发展、科技自立自强、人才引领驱动，加快建设教育强国、科技强国、人才强国，坚持为党育人、为国育才，全面提高人才自主培养质量，着力造就拔尖创新人才，聚天下英才而用之。"新时代新征程，高校必须想国家之所想、急国家之所急、应国家之所需，更好地把为党育人、为国育才落到实处。中国高等教育进入高质量发展的新时代，世界在变、技术也在变、教育也在变，高等教育面临的新形势是引导未来的人才培养从"学知识"向"强能力"转变。实验教学作为培养大学生的科学精神、实践能力、创新意识的关键环节，是培养拔尖创新人才的必由之路。

中山大学是由民族英雄、爱国主义者、中国民主革命的伟大先驱孙中山先生于1924年亲手创办，并与中国共产党早期领导人共同创建，是中国传播马克思主义的重要策源地之一，具有优良的革命传统、鲜亮的红色基因和卓越的品格追求。中山大学作为"双一流"建设高校，坚持以立德树人为根本任务，以学生成长为中心，坚持通识教育与专业教育相融合，深入推动教学改革，落实"加强基础、促进交叉、尊重选择、卓越教学"的培养理念，培养学生的学习力、思想力、行动力，塑造学生的创造力，全面提高人才自主培养质量，培养全面发展、引领未来的高水平人才。

本实验教材依据"高等学校物理实验课程基本要求"编写，针对文、理、医、工、农等不同专业学生的要求规划设计。教材中包含的经典物理实验有以诺贝尔奖获得者命名的密立根油滴实验、采用美国PASCO公司850/550数据采集系统与微机结合的干涉和衍射实验、气体比热容实验、材料拉力实验等；日常应用实验包括空气热机实验、磁悬浮实验、风力发电实验、声速测量实验、无线电能传输实验以及激光原理实验等。采用不同方式、方法开设实验，将传统手动测量与现代数据采集和处理技术相结合，多角度开发和培养学生的思维能力，既拓展了学生的思路，又培养了学生解决问题的能力，更有助于建设适合中山大学文、理、医、工、农不

同专业要求、富有鲜明特色的多层次物理实验课程体系。

本书作者开设的通识物理实验课程和近代物理实验课程，是学校的核心通识课程。本书大部分实验都配套有实验操作视频，供读者学习参考。作者授课的课程荣获中山大学第八届教学成果二等奖，课程的教学改革项目为2018年广东省教学改革项目"多层次物理实验课程建设及教学实践"。

本书在编写过程中不仅得到了中山大学理学院李锐书记、副院长殷朝阳教授、副院长黄永盛教授等的大力帮助和支持，还得到了中山大学原公共实验中心主任陈六平教授的大力支持，在此表示感谢。由于作者水平有限，本书作为探索性基础性物理实验，虽经多次校对，仍难免会有错漏，请各位教师、实验技术人员和学生等在使用过程中提出宝贵意见。

谢谢！编者电子邮箱为：zsusjk@126.com。

2024年1月于中山大学深圳校区

目 录

实验 1　光的干涉和衍射实验/1

实验 2　原子光谱测量实验/9

实验 3　泰伯效应实验/20

实验 4　彩色编码摄影及光学/数字彩色图像解码实验/30

实验 5　人眼模型实验/37

实验 6　激光原理实验/59

实验 7　迈克尔逊和法布里 – 珀罗两用干涉（SGM – 2 型）实验/68

实验 8　阿基米德定律的测量实验/77

实验 9　声速测定实验/83

实验 10　气体比热容测量实验/91

实验 11　材料拉力实验/97

实验 12　空气热机实验/103

实验 13　高速摄影力学实验/114

实验 14　风力发电实验/126

实验 15　磁耦合谐振式无线电能传输实验/131

实验 16　氢氧燃料电池实验/141

实验 17　密立根油滴实验/151

实验 18　各向异性磁阻传感器和磁场测量实验/162

实验 19　积木式电路设计实验/170

实验 20　积木式传感器设计实验/193

实验 21　电激励磁悬浮实验/204

实验 22　激光雷达实验/220

实验 23　多功能电子束工作原理实验/246

实验 24　变压器特性实验/258

实验 25　微波光学实验/267

实验 26　能量在电磁场中传输特性实验/288

参考文献/302

实验 1　光的干涉和衍射实验

一、实验目的

（1）掌握光的干涉和衍射现象的原理及测量方法。

（2）学会使用 850 数据采集器测量单缝衍射和双缝干涉图像的光强分布，进而计算得到狭缝宽度和激光波长。

（3）对比单缝衍射和双缝干涉图像，分析其影响因素。

二、实验仪器

光的干涉和衍射实验装置如图 1-1 所示。

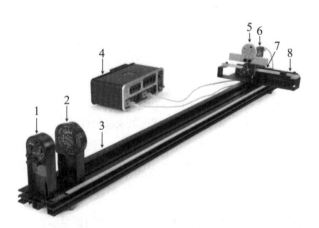

1—半导体激光器；2—高精度干涉衍射缝；3—光学导轨；4—850 数据采集器；
5—光阑圆盘；6—高灵敏度光传感器；7—转动传感器；8—线性转换器。

图 1-1　光的干涉和衍射实验装置

三、实验原理

1. 单缝衍射

衍射是指光在传播过程中遇到障碍物或小孔时，会偏离几何光学传播定律，引起光强分布不均的现象。当平行光通过单缝时，波阵面上的各点都可以看成是发射子波的次波源。这些子波相互干涉，导致在屏幕上出现一系列明暗相间的条纹。

根据半波带理论，出现暗条纹和亮条纹的条件分别为

暗条纹 $\quad a\sin\theta = m\lambda \quad$ (1-1)

亮条纹 $\quad a\sin\theta = \left(m+\dfrac{1}{2}\right)m\lambda \quad$ (1-2)

式中，a 为狭缝宽度，m 为条纹级次（整数），θ 为条纹中心到第 m 级极小值/极大值的张角，λ 为激光波长。图 1-2 所示为单缝衍射现象的示意。

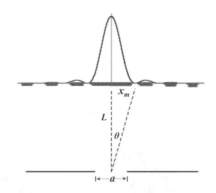

图 1-2 单缝衍射现象示意

由于 θ 非常小，因此 $\sin\theta \approx \tan\theta$，那么第 m 条纹极小值满足

$$m\lambda = a\sin\theta \approx a\tan\theta = a\dfrac{x_m}{L} \quad (1-3)$$

式中，x_m 为中央亮条纹的中心与第 m 条纹极小值之间的距离，L 为从单缝到屏幕的距离。鉴于中央亮条纹的中心难以准确判断，我们可以通过测量左侧第 m 条纹极小值与右侧第 m 条纹极小值之间的距离 $2x_m$ 来降低误差，继而提高实验测量的准确度。那么，式（1-3）可以改写为

$$m\lambda = a\dfrac{2x_m}{2L} \quad (1-4)$$

对于狭缝宽度为 0.020 mm 的单缝，其误差为 ±0.005 mm，相当于约为 25% 的不确定度。因此，在单缝衍射实验中，我们不使用狭缝宽度来计算激光波长，而使用已知的激光波长来计算准确的狭缝宽度数值。基于此，式（1-4）可以表示为

$$a = \frac{2mL\lambda}{2x_m} \tag{1-5}$$

2. 双缝干涉

干涉是指光波在空间相遇时相互叠加的现象。当满足振动方向相同、频率相同和相位差恒定等条件时,某些区域将始终呈现加强效应,而其他区域则呈现削弱效应,从而形成稳定的强弱分布。图 1-3 为杨氏双缝干涉实验的示意。单色光源首先入射到第一个屏上的狭缝 S,透过狭缝的光线随后进入第二个屏上的平行狭缝 S_1 和 S_2,这相当于引入了两个相干的光源。从这两个狭缝出射的光波相互干涉,并在观察屏上呈现出干涉条纹。亮条纹对应于干涉的极大值,而暗条纹对应于干涉的极小值。从双缝到观察屏的距离为 L,双缝之间的间距为 d。那么,从狭缝 S_2 出射的光线到达 P 点时,其行程比从狭缝 S_1 出射的光多出 $\delta = r_2 - r_1$ 的距离。其中,δ 为光程差,r_2 和 r_1 分别表示从狭缝 S_2 和 S_1 出射的光线到达屏幕上 P 点的光程。

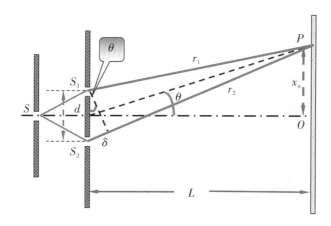

图 1-3 杨氏双缝干涉实验示意

在狭缝到观察屏的距离 L 远大于双缝间距 d 的情况下,可以近似认为光程差 $\delta = r_2 - r_1 = d\sin\theta$。当两束波的相位差为 π 的偶数倍时,会发生相长干涉,形成亮条纹。由于相位差等于 $2\pi\delta/\lambda$,因此,当光程差 δ 等于波长 λ 的整数倍时,在屏幕上会出现干涉增强的亮条纹,即:

$$\delta = d\sin\theta = n\lambda \tag{1-6}$$

式中,n 为整数,称为干涉级数。零级($n=0$)对应于 $\theta=0$ 的中央亮条纹,一级极大(n 为 ±1)是中央条纹两侧的亮条纹。反之,当两束波的相位差为 π 的奇数倍时,将发生相消干涉。所以,屏上出现暗条纹的条件是:

$$\delta = d\sin\theta = \left(n + \frac{1}{2}\right)\lambda \tag{1-7}$$

类似于单缝衍射实验,θ 是个小角度,那么式(1-6)可以表示为

$$n\lambda = d\sin\theta \approx d\tan\theta = d\frac{x_n}{L} \tag{1-8}$$

式中，x_n代表从中央主极大的中心到第n条纹极大值的距离。因此，两个相邻极大值之间的距离Δx可以表示为

$$\Delta x = x_{n+1} - x_n = (n+1)\lambda \frac{L}{d} - n\lambda \frac{L}{d} = \lambda \frac{L}{d} \qquad (1-9)$$

由式（1-9）可以看出，Δx并不依赖于干涉级数n的取值，这说明亮条纹的中心是等间距排列的。鉴于Δx值较小，若我们测量左侧第n条纹极大值与右侧第n条纹极大值之间的距离$2n\Delta x$，则可以提高实验结果的准确度。那么，式（1-9）可以表示为

$$\lambda = \frac{d\Delta x}{L} = \frac{(2n\Delta x)d}{2nL} \qquad (1-10)$$

需要注意的是，单缝衍射的模式同样适用于双缝干涉，导致广义极限的发生。因此，在计算双缝干涉图像中的级数n时，须保持谨慎，因为单缝衍射图像的极小值可能会抑制双缝干涉图像的极大值。

四、实验步骤

1. 安装仪器

（1）将半导体激光器和单缝/多缝圆盘固定在光学导轨上，并旋转圆盘，让激光通过所选定的缝宽。注意：切勿将激光束直射人眼！

（2）安装转动传感器至线性转换器的支架上，然后将线性转换器安装到光学轨道的末端。接着，使用3 cm的黑色杆将光传感器固定在光阑支架上，并将黑色杆安装于转动传感器的杆夹上。如图1-4所示，务必确保光传感器与支架对齐，并朝向激光器的方向。

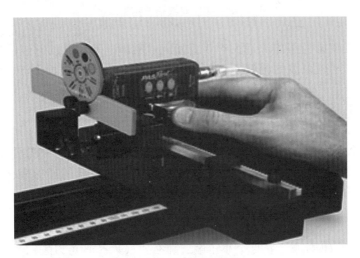

图1-4 装配光传感器

(3) 使用激光器上的调节旋钮来调整激光束的水平和垂直位置,使得光传感器白色屏幕上的图案尽可能明亮。一旦确定了这个位置,当旋转圆盘改变狭缝宽度时,无须再次调整激光束的位置。调整光传感器的垂直位置,使光斑集中在光传感器的狭缝处。

(4) 按下 0~1 按钮,将光传感器调至最大灵敏度。若实际光强过高,需将光传感器调整为中等量程 (0~100),以便降低灵敏度。

(5) 将转动传感器和光传感器接入 850 数据采集器的端口,并与计算机进行通信。

2. 单缝衍射测量

1) 实验测量。

(1) 关闭房间内的照明灯。旋转单缝圆盘,让激光通过狭缝宽度为 0.02 mm 的圆孔。随后,移动光传感器和转动传感器至一侧,单击"记录"按钮,缓慢地移动传感器,扫描光强分布。在移动时,确保转动传感器的后端固定在线性传感器支架上,以避免上下摆动。如果在数据采集开始时所有位置的值都为负数,点击"硬件设置",进入转动传感器的属性设置,选择"更改符号"。

(2) 扫描完成后,单击"停止"。如果出现错误,只需点击屏幕底部的"删除最近一次扫描",然后重新进行扫描。如果光强超过量程,需调整光传感器的增益设置。接着,点击屏幕左侧的"数据摘要",双击"运行#1",将其标记为"0.02 mm"。

(3) 重复上述步骤,依次测量狭缝宽度为 0.04 mm、0.08 mm 和 0.16 mm 的光强分布,并在数据摘要中为每次运行进行相应的标记。

2) 数据分析。

(1) 点击数据显示图标 (），选择显示狭缝宽度为 0.02 mm 的单缝衍射图像。点击图形工具栏上的自适应比例按钮 (），可以实现比例调整。在该条件下采集得到的单缝衍射图像如图 1-5 所示。在分析过程中,可暂时忽略中央最大值的噪声,这主要由激光光束在水平方向上的扩散引起,导致光束以不同的角度击中狭缝,从而产生一些额外的干涉图案,然而,这些干涉图案不会对极小值的位置产生影响。

(2) 点击计算器(在工具栏左边的页面中),编辑"L=0.962",单位设置为"m";编辑"laser wl=650",单位设置为"nm";编辑"slit width = 2*10^{-6}*[L(米 m)]*[m,▼]*[laser wl(nm)]/([right x(米 m),▼]-[left x(米 m),▼])",单位设置为"mm"。

(3) 测量狭缝到光传感器屏幕的距离,可以使用轨道上的刻度或米尺。打开计算器,在"L=0.962"这一行中输入自己测得的数值,替代 0.962。

(4) 为了更清晰地观察极小值,可以点击并拖动纵轴,以便调整纵轴的显示比例。

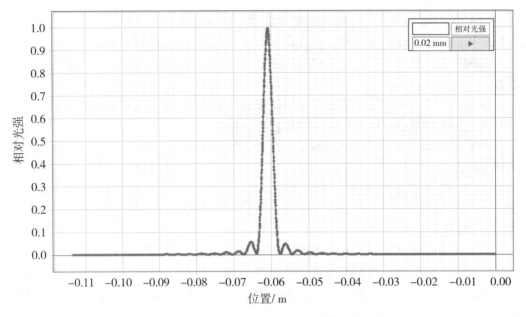

图 1-5 狭缝宽度为 0.02 mm 的单缝衍射图像

（5）单击添加坐标/增量工具（ ），将十字线拖动到左侧第一条纹的极小值处，并在数据选项卡表 1-1 的第二行中记录该位置。然后，重复这一步骤，记录右侧第一条纹的极小值位置。

表 1-1 单缝衍射和双缝干涉的实验数据总结

数据标签	a/mm	d/mm	m	n	left x/m	right x/m	slit width/mm	λ/nm	del λ/nm
20 Run	0.020	—	1	—	0.0480	0.1150	0.019	—	—
40 Run	0.040	—	3	—	0.0333	0.1270	0.040	—	—
80 Run	0.080	—	5	—	0.0382	0.1170	0.079	—	—
160 Run	0.160	—	5	—	0.0566	0.0960	0.159	—	—
40 + 250 Run	0.040	0.025	—	5	0.0630	0.0879	—	647	−3
40 + 250 Run	0.040	0.025	—	13	0.0426	0.1075	—	648	−1
40 + 500 Run	0.040	0.050	—	12	0.0600	0.0899	—	648	−2
80 + 500 Run	0.080	0.050	—	5	0.0691	0.0817	—	655	−5

（6）对于 0.04 mm、0.08 mm 和 0.16 mm 的数据，重复以上实验步骤。表 1-1 的第 2 至第 7 行展示的是单缝衍射实验的数据。当狭缝宽度为 0.04 mm 时，我们测量的是第三条纹的极小值；当狭缝宽度为 0.08 mm 和 0.16 mm 时，我们采用第五条纹的极小值进行计算。如果选择了其他条纹级次的极小值，必须相应地修改表格中"m"的数值。请注意：对于相同的缝宽，左右两侧必须选择相同的条纹级数。

3. 双缝干涉测量

1）数据测量。

（1）将单缝圆盘改为多缝圆盘，并且确保两个圆盘处于导轨的相同位置。

（2）旋转多缝圆盘，使得激光通过狭缝宽度为 0.04 mm 且双缝间距为 0.25 mm 的圆孔。随后，缓慢移动转动传感器，确保传感器在往前推的过程中不会晃动。

（3）如果光强超过量程或信噪比很低，可以在更改光传感器的增益设置后，重新扫描。

（4）点击屏幕左侧的"数据摘要"，将该运行标记为"0.04+0.25 mm"。

（5）重复上述步骤，依次测量狭缝宽度为 0.04 mm 且双缝间距为 0.50 mm，以及狭缝宽度为 0.08 mm 且双缝间距为 0.50 mm 的双缝干涉图像，并在数据摘要中为每次运行进行相应的标记。

2）数据分析。

（1）点击数据显示图标（　），选择显示"0.04+0.25 mm"的双缝干涉图像。单击图形工具栏上的"自适应比例"按钮（　）实现比例调整。在该条件下采集得到的双缝干涉图像如图 1-6 所示。

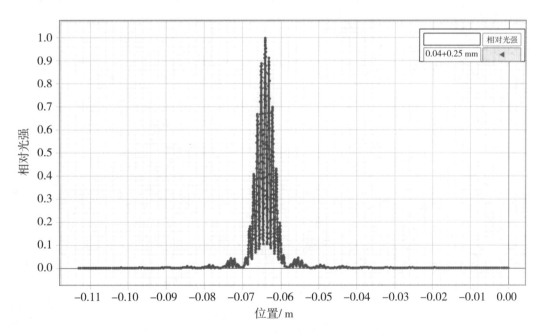

图 1-6　狭缝宽度为 0.04 mm 且双缝间距为 0.25 mm 的双缝干涉图像

（2）点击计算器，编辑"$\lambda = 10^9 * [d(米 m),▼] * ([right\ x(米 m),▼] - [left\ x(米 m),▼])/(2 * [n,▼] * [L(米 m)])$"，单位设置为"nm"；编辑"$del\ \lambda = [\lambda(nm),▼] - 650$"，单位设置为"nm"。

（3）单击添加坐标/增量工具（　），将十字线拖动到左侧第 n 条纹的极大值处,并在表格1-1中记录该位置。然后,记录右侧第 n 条纹的极大值位置。改变条纹级次,重复上述步骤。每当改变条纹级次时,必须相应地更改表格中"n"的数值。

(4) 对于"0.04 + 0.50 mm"和"0.08 + 0.50 mm"这两组图像,重复以上实验步骤。注意:在记录同一行数据时,左右两侧必须选择相同的条纹级数。

五、思考题

(1) 狭缝宽度的变化对单缝衍射条纹有什么影响?
(2) 解释单缝衍射实验测量到的狭缝宽度与生产商提供的狭缝宽度存在差异的原因。
(3) 当狭缝宽度和双缝间距分别发生变化时,双缝干涉模式如何改变?
(4) 使用白光作为光源时,如何调出干涉条纹?

实验 2　原子光谱测量实验

一、实验目的

（1）学会测量钠、氢、汞和氦原子的光谱，确定不同谱线的波长。
（2）分析钠、氢、汞和氦原子的光谱特征，加深对原子结构和能级跃迁的认识。
（3）通过对比实验测量和理论预测的结果，更深入地理解光谱线形成的原理。

二、实验仪器

原子光谱测量实验装置如图 2-1 所示。

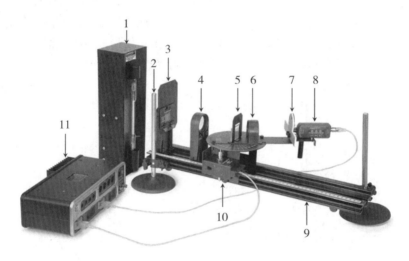

1—光源；2—不锈钢杆；3—狭缝；4—准直透镜；5—衍射光栅；6—聚焦透镜；7—光阑圆盘；
8—高灵敏度光传感器；9—导轨；10—转动传感器；11—850 数据采集器。

图 2-1　原子光谱实验装置

三、实验原理

原子光谱测量是一种用于研究原子能级结构和光谱特性的实验方法。通过采集原子在不同能级之间跃迁所产生的光谱，可以获取原子内部结构的相关信息。这一方法在原子物理学、光谱分析、材料分析、环境监测、药物分析、天文学和原子钟等领域具有重要的应用价值。

由玻尔理论可知，原子的能量是量子化的，意味着存在分立的能级。当电子从一个能级跃迁到另一个能级时，会以电磁波的形式辐射（或吸收）能量，其大小由能级差决定。对于氢原子，某一轨道的电子能量可以用式（2-1）表示：

$$E = -\frac{m_e e^4}{8\varepsilon_0^2 h^2 n^2} \tag{2-1}$$

式中，m_e 为电子的质量，e 为电子所带的电荷量，ε_0 为介电常数，h 为普朗克常数，n 为能级的主量子数。那么，当电子从 i 能级跃迁到 f 能级时，释放的光子能量为

$$\Delta E = \frac{m_e e^4}{8\varepsilon_0^2 h^2}\left(\frac{1}{n_f^2} - \frac{1}{n_i^2}\right) \tag{2-2}$$

光子的波长 λ 如式（2-3）：

$$\lambda = \frac{c}{f} = \frac{ch}{\Delta E} = \frac{\dfrac{8\varepsilon_0^2 h^3 c}{m_e e^4}}{\dfrac{1}{n_f^2} - \dfrac{1}{n_i^2}} \tag{2-3}$$

原子光谱测量实验的原理如图 2-2 所示，光源发出的光首先穿过狭缝，经由透镜后变为平行光。接着，平行光经过衍射光栅，这是关键的分光元件。通过单缝衍射和多缝干涉的叠加效应，不同波长的光以特定的角度出射，形成光谱。为了确保同一波长的光能够出现在相同的位置，还需要在衍射光栅后方添加一个透镜进行聚焦。

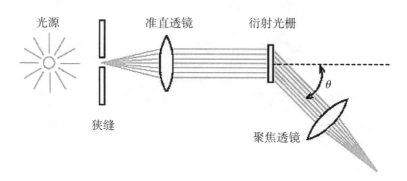

图 2-2 实验原理示意

当光通过衍射光栅时，光谱出现的位置（即亮条纹）满足以下条件：

$$d\sin\theta = m\lambda \tag{2-4}$$

式中，d 为光栅中相邻狭缝之间的距离，λ 为光的波长，m 为级数（整数）。

四、实验步骤

1. 安装实验装置

1）安装转动传感器和光传感器臂。

转动传感器带有一个附着在一端的杆夹，并且包含一个三步轮，它通过小型翼形螺丝连接到轴上。首先，需要卸下连接在转动传感器轴上的小型翼形螺丝和三步轮。然后，取下转动传感器上的杆夹。接着，使用两个小型翼形螺丝将转动传感器固定在铰链下的内孔中。最后，将小齿轮尽可能地固定在转动传感器上，并旋紧小齿轮一侧的小型翼形螺丝，以确保小齿轮的稳固性（图2-3）。

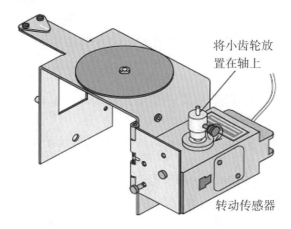

图2-3 转动传感器与小齿轮的连接

接下来进行度盘和光传感器臂的安装，使它们成为一个整体运作单元，如图2-4所示。首先，使用两个小型翼形螺丝将光传感器臂安装在圆度盘上。然后，将度盘的中心孔套在分光光度计基座的短螺丝上，以确保在安装过程中小齿轮的顶部直径与度盘的边缘紧密贴合。

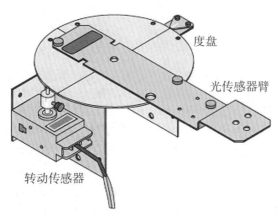

图2-4 光传感器臂的安装

2）安装分光光度计系统。

该系统的示意如图 2-5 所示。

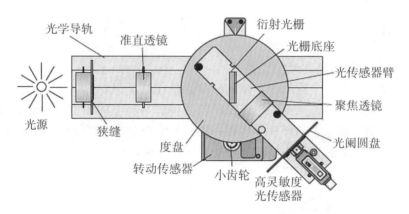

图 2-5　分光光度计系统示意

具体操作步骤如下：

（1）将安装好的转动传感器、光传感器臂和度盘固定在导轨上。尽量远离交流输电线，以避免噪声的干扰。

（2）使用 1/2 inch（1 inch = 2.54 cm）螺栓将高灵敏度光传感器固定在光传感器臂上。

（3）用螺丝将光栅支架固定在度盘上。拧紧螺丝，使其几乎接触到实验台，但要注意不要让光栅支架与实验台直接接触，以确保在不需要移动光栅的情况下，度盘能够自由旋转。调整光栅支座的方向，使上面的文字面向光源，并确保支座垂直于入射光束。

（4）将衍射光栅放置在光栅支座上，确保它朝向光源的一侧。需要注意的是，光栅应位于带有磁铁的一侧，并与入射光垂直对齐。

（5）在度盘的底部背面（与转动传感器相反的方向）外接一根导线，并将其另一端接地。

（6）将转动传感器和高灵敏度光传感器连接到 850 数据采集器的端口，实现与计算机的通信。

（7）将狭缝、准直透镜和聚焦透镜安装在导轨上。

2. 校准系统

首先，将狭缝放置在第一个透镜（准直透镜）的焦点位置，并确保光阑圆盘位于第二个透镜（聚焦透镜）的焦点处。准直透镜的焦距为 10 cm，因此狭缝与准直透镜之间的距离应保持在 10 cm 左右，并将聚焦透镜与光传感器表面之间的初始距离同样设置为 10 cm，之后可以进行更精确的调整。其次，启动光源并上下移动支杆，确保准直狭缝对准光源最亮的位置。微调光源位置，使通过狭缝的光线尽可能地明亮。接着，旋转光传感器臂，确保最亮的 0 级光谱（未发生偏移的光谱）顺利进入光传感器。最后,调整聚焦透镜,确保在光传感器表面获得尽可能清晰的图像。至此,整个系统校准完成。

3. 使用钠光谱确定光栅常数

实验应尽量在光线较暗的室内环境下进行。已知钠的黄色光谱线有两个波长,分别为 589.0 nm 和 589.6 nm。这两条谱线的波长非常接近,以至于在实验中几乎无法分辨,看起来就像是一条谱线。因此,可以假设这组谱线的平均波长为 589.3 nm。

(1) 图 2-6 是钠原子的 0 级和 1 级谱线。在 1 级谱线中,黄色光谱线看起来最为明亮。尽管还可以观察到其他颜色的谱线,但本实验只需对黄色光谱线进行测量。另外,当室内光线足够暗时,可以在比 1 级谱线更大的角度范围内观察到 2 级谱线,甚至有可能观察到 3 级谱线。

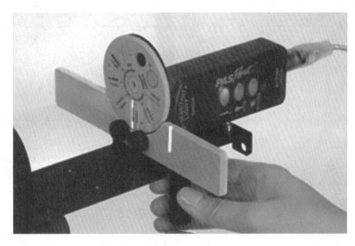

图 2-6 钠原子的 0 级和 1 级谱线

(2) 启动 PASCO Capstone 软件。点击"记录"按钮,以缓慢的速度依次扫描左侧的 2 级黄色光谱线、1 级黄色光谱线、中央亮条纹、右侧的 1 级和 2 级黄色光谱线。最后,点击"停止"按钮。要确保始终以相同的方向进行扫描,因为反向扫描会导致转动传感器失去位置信息。

(3) 采集完成的钠原子光谱如图 2-7。点击计算器(在工具栏左边的页面中),编辑"Na zero = 50.13",单位设置为"rad";编辑"Ang Corr = [Table Angle (°),▼]/[Shaft Angle (弧度 rad),▼]",单位设置为"deg/rad";编辑"Angle corr = 0.95488",单位设置为"deg/rad";编辑"Ldev ang = abs([ang left (弧度 rad),▼] − [Na zero (弧度 rad)]) ∗ [Angle corr(deg/rad)]",单位设置为"°";编辑"Rdev ang = abs([ang right (弧度 rad),▼] − [Na zero(弧度 rad)]) ∗ [Angle corr (deg/rad)]",单位设置为"°";编辑:"d = 589.3 ∗ [Order,▼] / sin(([Ldev ang (°),▼] + [Rdev ang (°),▼])/2)",单位设置为"nm"。

(4) 单击工具栏中的图像重新缩放工具( ),以最合适的大小显示图像。然

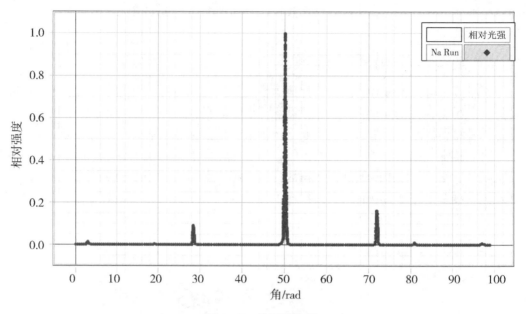

图 2-7 钠原子光谱

后,点击添加坐标/增量工具( ),将该工具移动到中央谱线的峰值处并松开。智能工具将自动捕捉峰值,并提供中央最大值对应的角度,将该角度填入公式编辑器中"Na zero =(你的数值)"。重复此步骤,确定 1 级和 2 级黄色谱线极大值的位置,并将测量数据填入表 2-1 中。

表 2-1 钠原子光谱数据

序号	ang left/rad	ang right/rad	Ldev ang/(°)	Rdev ang/(°)	d/nm
1	28.48	71.94	20.67	20.83	1663.4
2	3.03	97.13	44.97	44.88	1668.9

(5)需要注意的是,角度的测量单位是 rad,而我们发现度盘转过的角度小于 180°,这显然是不正确的。原因在于,转动传感器测量的是其自身的转动角度,但我们需要测量的是度盘的转动角度。尽管转动传感器转过的弧度和度盘转过的弧度大致相等,但我们仍需要对其进行修正。首先,将度盘中的指针设定为 60°,点击"记录"。然后,将度盘从 60°旋转到另一个 60°,并点击"停止"。检查确认图表下方的光强-角度关系图,确保初始角度严格为 0。为了找出最终的弧度,首先将手形工具移动到 APSCO Capstone 软件页面右侧 125°线上,拖动图表直到 125°线靠近页面左侧。然后,拖动手形工具,直到其刚好在 130°线上。将手形工具切换为双向箭头,单击并拖动 130°线到页面右侧。接着,将鼠标指在 126°线上,当双向箭头出现时,将其拖动到屏幕的右侧,此时可以清楚地看到终点的位置,将其记录到表 2-2 中。实验测量得到的角度校正值(Ang Corr = Table Angle / Shaft Angle)应该和已填入表 2-2

中的数据很接近。然而，由于仪器的不同，测量结果可能存在轻微偏差。如果实验测量得到的数值与 0.95488 不同，点击打开左侧的计算器，并用新测量得到的数据替代原先输入的 0.95488。

表 2-2 角度修正

序号	Table Angle/（°）	Shaft Angle/rad	Ang Corr/（°·rad⁻¹）
1	120	125.67	0.95488
2			

计算出光栅常数 d 的平均值并将其填入这里：_____。接下来的实验中需要使用到这个数值。点击打开计算器，编辑"d1 = 测量得到的数值"，单位设置为"nm"。注意：测量值和厂家所给定的光栅间距标准值 1666.7 nm 不应有太大的差异。

4. 氦原子光谱的测量

（1）对于氦原子光谱，可以从 2 级黄色光谱线外开始扫描。点击"记录"，以缓慢的速度依次扫描左侧的 2 级谱线、1 级谱线、中央亮条纹、右侧的 1 级谱线和 2 级谱线，结束后停止扫描。注意：必须朝同一个方向扫描。氦原子的光谱如图 2-8 所示。

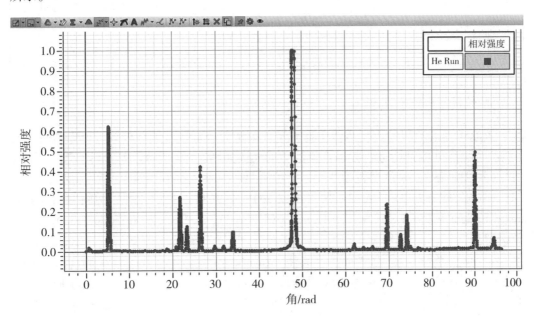

图 2-8 氦原子光谱

（2）点击计算器，编辑"He zero = 48.05"，单位设置为"rad"；编辑"He L ang = abs([He left（弧度 rad），▼] - [He zero（弧度 rad）]) * [Angle corr（deg/rad）]"，单位设置为"°"；编辑"He R ang = abs([He right（弧度 rad），▼] - [He zero（弧度

rad)])*[Angle corr（deg/rad）]"，单位设置为"°"；编辑"λ=[d1（nm）]*sin（（[He L ang（°），▼]+[He R ang（°），▼]）/2）"，单位设置为"nm"；编辑"del w. l. =[λ（nm），▼]–[He w.l.（nm），▼]"，单位设置为"nm"。

（3）使用智能工具（ ）确定中央主极大的位置，在计算器中输入相应的数值，令"He zero =（你的数值）"。随后，依次将智能工具移动到左侧5条最亮谱线的峰值处并松开。此时，该工具将捕捉到峰值所对应的角度，将其填入表2–3的第2列（"He left"）。接着，找出右侧相对应5条谱线的中心位置，并将其填入第3列（"He right"）。表格中"He L ang"和"He R ang"分别是从"He left"和"He right"减去中心角并应用钠光谱测量步骤中的角度修正而得到的。实验测量得到的波长数值为第6列给出，第7列显示其理论值，第8列则为测量值和理论值之间的差异。

表2–3 氦原子光谱数据

序号	He left/rad	He right/rad	He L ang/(°)	He R ang/(°)	λ/nm	He w. l. /nm	del w. l. /nm
1	33.90	62.03	13.51	13.35	387.1	388.9	–1.8
2	26.39	69.52	20.68	20.50	586.2	587.6	–1.4
3	23.29	72.70	23.64	23.54	667.0	667.8	–0.8
4	21.75	74.13	25.11	24.90	704.6	706.5	–1.9
5	5.38	90.16	40.74	40.21	1081.9	1083.0	–1.1
6							
7							

5. 氢原子光谱的测量

氢原子光谱的测量步骤类似于氦原子。由于无法直接观测红外线，可以从明亮的1级红色谱线外侧开始进行扫描。氢原子的光谱如图2–9所示。打开计算器，编辑："H zero =26.73"，单位设置为"rad"；编辑"H L ang = abs([H left（弧度 rad），▼]–[H zero（弧度 rad）])*[Angle corr（deg/rad）]"，单位设置为"°"；编辑"H R ang = abs([H right（弧度 rad），▼]–[H zero（弧度 rad）])*[Angle corr（deg/rad）]"，单位设置为"°"；编辑"Hλ=[d1（nm）]*sin（（[H L ang（°），▼]+[H R ang（°），▼]）/2）"，单位设置为"nm"；编辑"Theory = (8*10⁹*[介电常数（C²/(N·m²)）]²*[普朗克常数（焦耳·秒 J·s）]³*[光速（米/秒 m/s）])/([电子质量（千克 kg）]*[电子电荷（库仑 C）]⁴)/ (0.25–[Elevel，▼]⁻²)"，单位设置为"nm"。

同上，在计算器中输入中央最大值对应的弧度，令"H zero =（你的数据）"。随后，使用智能工具逐一确定左侧1级谱线中3条最亮谱线的中心位置，并将其填入表2–4的第2列（H left）。同时，找出右侧相对应的3条谱线的中心位置，并将其填入第3列。表2–4的第2行对应明亮的红色谱线，第3行是蓝绿色的谱线，第4行对应紫色的谱线。为了测量第4行，可能需要扩大纵轴尺度以便观察。为此，可将光标移至纵轴的数字上。当手形工具变成双向箭头时,向上拖动,直到可以读出紫色谱线的中心位置。表中的第 4 列和第 5 列为角度的修正值。实验测量得到的波长为第 6 列。第 7 列代表了电子跃迁的初始能级。第 8 列则为三种能级跃迁方式(3-2,4-2 和 5-2)的波长理论值。

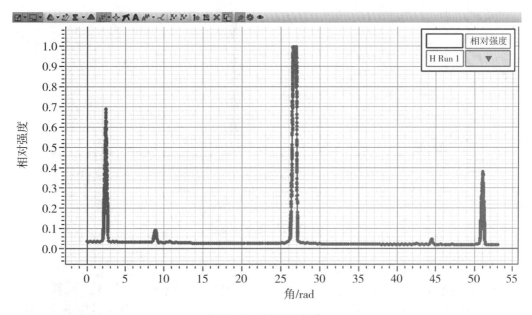

图 2-9　氢原子光谱

表 2-4　氢原子光谱数据

序号	H left/rad	H right/rad	H L ang/(°)	H R ang/(°)	H λ/nm	Elevel	Theory/nm
1	2.38	51.04	23.25	23.21	657.4	3	656.1
2	8.93	44.43	17.00	16.90	485.9	4	486.0
3	10.86	42.55	15.15	15.11	435.0	5	433.9
4							
5							

6. 汞原子光谱的测量

汞原子的光谱如图 2-10 所示。打开计算器,编辑 "Hg zero = 32.55",单位设置为 "rad";编辑 "Hg L ang = abs([Hg left(弧度 rad),▼] - [Hg zero(弧度 rad)]) * [Angle corr(deg/rad)]",单位设置为 "°";编辑 "Hg R ang = abs([Hg right(弧度 rad),▼] - [Hg zero(弧度 rad)]) * [Angle corr(deg/rad)]",单位设置为 "°";编辑 "Hg λ = [d1(nm)] * sin(([Hg L ang(°),▼] + [Hg R ang(°),▼])/2)",单位设置为 "nm"。

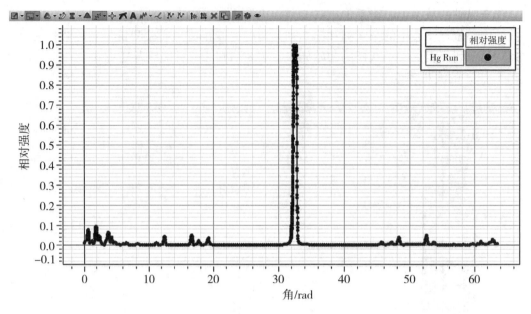

图 2-10 汞原子光谱

同上，测量出中央主极大值所对应的弧度，并在计算器中输入该数值，令"Hg zero =（你的数据）"。使用智能工具逐一确定左侧 1 级谱线中最亮的 3 条谱线的中心位置，并将其填入表 2-5 的第 2 列（"Hg left"）。然后，找出右侧相对应谱线的中心位置，并将其填入第 3 列。第 4 列和第 5 列用于记录角度的修正值。波长的计算值显示在第 6 列。

表 2-5　汞原子光谱数据

序号	Hg left/rad	Hg right/rad	Hg L ang/(°)	Hg R ang/(°)	Hg λ /nm
1	19.19	45.67	12.76	12.53	364.8
2	16.62	48.29	15.21	15.03	434.8
3	12.47	52.51	19.17	19.06	545.8
4					
5					
6					

五、思考题

（1）实验测量得到的氢、氦和汞原子光谱数据是否与理论预测值相符？若不相符，分析实验中可能存在的误差来源，并进一步探讨减小这些误差的方法。

（2）如何通过光谱数据来推断出能级跃迁和原子结构信息？

（3）阐述原子光谱测量的实际应用，如在分析化学、天文学或其他领域中的应用。

实验 3　泰伯效应实验

一、实验目的

（1）了解泰伯效应的原理，观察光栅自成像现象和衍射图案。
（2）掌握液晶光阀系统的工作原理，并学习如何搭建和调试该系统。
（3）学会测量泰伯距离。

二、实验仪器

泰伯效应实验系统的仪器如图 3-1 所示，主要包括半导体激光器（650 nm）、液晶光阀 LCD 及控制电箱、起偏器及检偏器各一个、电荷耦合器件（CCD）相机及数据线、导轨和滑座等支撑部件。

图 3-1　泰伯效应实验系统部件示意

三、实验原理

1. 泰伯效应简介

1836 年，英国科学家 Talbot 发现用单色平面光垂直照射一个周期性物体（如光栅）时，会在周期性物体背后特定的距离处重复出现物体的图像。传统的成像通常需要借助透镜等成像元件来实现，而这种无需透镜或其他成像器件即可出现的自成像现象被称为泰伯效应。泰伯效应在光通信、光计算、数据存储、图像处理、光学测量、声学、电子显微镜和波导等领域都具有重要的应用。为了简便起见，我们将这个周期性物体设定为朗奇光栅，其周期为 p。朗奇光栅具备有序的设计特征，即在一个完整周期内，通光部分的长度 a 和不通光部分的长度 b 相等，满足以下条件：

$$a = b = \frac{p}{2} \tag{3-1}$$

当一束平面波垂直入射到光栅时，振幅通过率的傅里叶级数展开式为

$$g_1(x) = \sum_{-\infty}^{+\infty} A_n \exp\left(\mathrm{i}\frac{2\pi}{p} nx\right) \tag{3-2}$$

式中，n 为整数。由于球面波为平面波的一种特殊形式，下面首先对球面波入射到朗奇光栅的状态进行分析。

2. 球面波入射光栅的泰伯效应

假设一球面波在自由空间传播，在它到达朗奇光栅之前，其光场分布为

$$u(x,y,R) = \frac{B_0}{R}\exp\left\{\mathrm{i}\frac{2\pi}{\lambda}\left[\frac{(x-R\sin\alpha)^2+(y-R\cos\beta)^2}{2R}\right]\right\} \tag{3-3}$$

式中，R 为球面波的半径，α 和 β 分别为入射方向与 x 方向、y 方向的夹角，传播方向为 z 方向，B_0 为球面波在此位置的振幅。

该球面波经过朗奇光栅后，其复振幅分布为

$$\begin{aligned} u(x,y) &= u(x,y,R)\cdot g_1(x,y) \\ &= \frac{B_0}{R}\exp\left\{\mathrm{i}\frac{2\pi}{\lambda}\left[\frac{(x-R\sin\alpha)^2+(y-R\cos\beta)^2}{2R}\right]\right\}\cdot\sum_{-\infty}^{+\infty}A_n\exp\left(\mathrm{i}\frac{2\pi}{p}nx\right) \end{aligned} \tag{3-4}$$

如果只考虑 $n=0$，$n=+1$，和 $n=-1$ 这三项，式（3-4）可以简化为

$$\begin{aligned} u(x,y) =& \frac{A_0 B_0}{R}\exp\left\{\mathrm{i}\frac{2\pi}{\lambda}\left[\frac{(x-R\sin\alpha)^2+(y-R\cos\beta)^2}{2R}\right]\right\}+ \\ & \frac{A_1 B_0}{R}\exp\left[\mathrm{i}\frac{2\pi}{\lambda}\left(\frac{\lambda R\sin\alpha}{p}-\frac{\lambda^2 R}{2p^2}\right)\right]\cdot\exp\left\{\mathrm{i}\frac{2\pi}{\lambda}\left[\frac{(x-R\sin\alpha+R\lambda/p)^2+(y-R\cos\beta)^2}{2R}\right]\right\}+ \\ & \frac{A_{-1} B_0}{R}\exp\left[\mathrm{i}\frac{2\pi}{\lambda}\left(-\frac{\lambda R\sin\alpha}{p}-\frac{\lambda^2 R}{2p^2}\right)\right]\cdot\exp\left\{\mathrm{i}\frac{2\pi}{\lambda}\left[\frac{(x-R\sin\alpha-R\lambda/p)^2+(y-R\cos\beta)^2}{2R}\right]\right\} \end{aligned}$$

$$\tag{3-5}$$

由式（3-5）可看出，球面波经过朗奇光栅后，光场将分裂为3个球面波，朗奇光栅后的衍射光场可近似视为这3个球面波的叠加。那么，光栅后距离为 d 处的光场分布可表述为

$$u(x,y,d) = \frac{A_0 B_0}{R+d} \exp\left\{\frac{i2\pi}{\lambda}\left[\frac{(x-R\sin\alpha)^2 + (y-R\cos\beta)^2}{2(R+d)}\right]\right\} +$$

$$\frac{A_1 B_0}{R+d} \exp\left[\frac{i2\pi}{\lambda}\left(\frac{\lambda R\sin\alpha}{p} - \frac{\lambda^2 R}{2p^2}\right)\right] \cdot \exp\left\{\frac{i2\pi}{\lambda}\left[\frac{(x-R\sin\alpha + R\lambda/p)^2 + (y-R\cos\beta)^2}{2(R+d)}\right]\right\} +$$

$$\frac{A_{-1} B_0}{R+d} \exp\left[\frac{i2\pi}{\lambda}\left(-\frac{\lambda R\sin\alpha}{p} - \frac{\lambda^2 R}{2p^2}\right)\right] \cdot \exp\left\{\frac{i2\pi}{\lambda}\left[\frac{(x-R\sin\alpha - R\lambda/p)^2 + (y-R\cos\beta)^2}{2(R+d)}\right]\right\}$$

$$(3-6)$$

假设正负1级的衍射光振幅相等，即 $A_{+1} = A_{-1}$，且只考虑 x 轴上的一维情况，则光栅后距离为 d 处的光场分布为

$$I(x,y,d) = u(x,y,d) \cdot u(x,y,d)$$
$$= C_0 + C_1 \cos\left[\frac{2\pi}{\lambda}\left(\frac{Rd\lambda^2}{2p^2(R+d)}\right)\right]\cos\left[\frac{2\pi}{p}\left(\frac{Rx}{2(R+d)} + \frac{dR\sin\alpha}{R+d}\right)\right] + O(x)$$

$$(3-7)$$

式中，C_0 和 C_1 为常数项，$O(x)$ 为 x 的高频项。

3. 平面波入射光栅的泰伯效应

接下来，把情形从球面波推广到平面波。对于平面波，令 $R \to \infty$，那么式（3-7）可转化为

$$I(x,d) = C_0 + C_1 \cos\left(2\pi\frac{\lambda d}{2p^2}\right)\cos\left(\frac{2\pi}{p}x + d\sin\alpha\right) + O(x) \quad (3-8)$$

当满足 $2\pi\frac{\lambda d}{2p^2} = m\pi$，$m$ 为整数时，

$$\cos\left(2\pi\frac{\lambda d}{2p^2}\right) = \pm 1 \quad (3-9)$$

此时，光波的光强分布周期为 p，与原始物体的周期相一致。这种图像是通过光栅衍射形成的，未使用透镜或其他成像器件，便呈现出与原始物体相匹配的周期性特征，被称为原始光栅的泰伯像。泰伯像的出现位置符合以下条件

$$d = \frac{mp^2}{\lambda} \quad (3-10)$$

式中，$m = 0$，± 1，± 2，$\cdots$。当 m 为偶数时，可获得光栅的正像；当 m 为奇数时，可获得光栅的负像。相邻两个泰伯像之间的距离为

$$d_0 = \frac{p^2}{\lambda} \quad (3-11)$$

式中，d_0 为泰伯距离。当以单色平面波照射光栅时，像与物的分布完全一致，并且泰伯像是等间距排列的。

4. 液晶光阀的工作原理

液晶是一种同时具备晶体取向性和液体流动性的有机高分子化合物。当晶体分子有序排列时，呈现出光学各向异性：光矢量在分子长轴方向具有较大的非常光折射率 n_e，而在垂直于分子长轴方向表现为寻常光折射率 n_o（此描述适用于 P 型液晶材料）。将两块玻璃以一定厚度的间隔层粘合在一起，并在间隔层中注入液晶，可以形成液晶盒。对液晶盒的内表面进行特定处理后，能够使液晶分子沿特定方向有序排列。此时，液晶盒的性质类似于晶体制成的相位器，晶轴方向即为分子长轴方向。如果在组成液晶盒的两块玻璃之间施加一定电压，液晶盒内的分子将在电场的作用下有序排列，导致光轴方向沿电场方向发生角度 θ 的偏转，θ 是施加电压 V 的函数。由此，实现了电场控制的双折射效应变化，导致沿光传播方向的折射系数 n_o 和 n_e 相应发生改变，满足以下关系式

$$1/n_e^2(\theta) = \cos^2\theta/n_e^2 + \sin^2\theta/n_o^2 \qquad (3-12)$$

图 3-2 所示的液晶光阀是一种透射式空间光调制器，是利用液晶混合场效应构建而成的。它是一种由多层薄膜材料构成的夹层结构。在两片玻璃衬底（1 和 9）之间，有氧化物制成的透明电极（2 和 8）。透明电极与低压电源（通常电压在 0～5 V 之间）相连。液晶层（5）的两侧分别覆盖有液晶分子取向膜层（3 和 7），这两层膜的方向互相垂直，旨在定向液晶分子并保护液晶层。液晶层（5）的厚度由衬垫（4 和 6）之间的间隙决定，通常取值小于 10 μm，有些情况下仅为 2 μm。

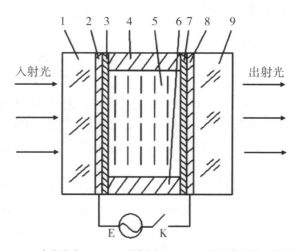

1、9—玻璃基片；2、8—透明电极；3、7—液晶分子取向膜层；
4、6—衬垫；5—液晶层；E—低压电源；K—开关。

图 3-2 液晶光阀结构示意

液晶光阀采用 90°扭曲向列型液晶，并与起偏器、检偏器共同组成了一个空间光调制器（LC-SLM），如图 3-3 所示。实际电压值由液晶光阀驱动器以 60 Hz 的频率矩阵式扫描两侧的像元电极来确定，从而实现对液晶像素电光效应的精准控制。

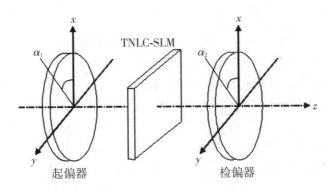

图 3-3　LC-SLM 结构示意

起偏器和检偏器的偏振轴与 x 轴的夹角分别为 α_1 和 α_2，根据琼斯矩阵算法，输出光束的光强透射率表达式为

$$T = [(\pi/2r)\sin r\cos(\alpha_1 - \alpha_2) + \cos r\sin(\alpha_1 - \alpha_2)]^2 + \\ [(\beta/2r)\sin r\cos(\alpha_1 - \alpha_2)]^2 \qquad (3-13)$$

式中，$\beta = \left(\dfrac{\pi d}{\lambda}\right)[n_e(\theta) - n_o]$，$r = \sqrt{(\pi/2)^2 + \beta^2}$。

当 $\alpha_1 = 0$，$\alpha_2 = 90°$ 或 $\alpha_1 = 90°$，$\alpha_2 = 0$ 时，有 $T = 1 - \left(\dfrac{\pi}{2r}\right)^2\sin^2 r$。

当 $\alpha_1 = \alpha_2 = 0$ 时，有 $T = \left(\dfrac{\pi}{2r}\right)^2\sin^2 r$。

当 $\alpha_1 = \alpha_2 = 45°$ 时，有 $T = \sin^2 r$。

通过调整 α_1 和 α_2 的数值，可以获得不同的电光效应曲线，即输出光强与施加电压之间的关系曲线。

当液晶层两侧电压为零时，透过起偏器的线偏光，随着液晶分子取向的偏转发生 90°旋转，形成旋光效应。若检偏器与起偏器方向垂直，光线可完全透过检偏器，呈现透明状态，如图 3-4（a）所示。若检偏器与起偏器平行，则光线被检偏器阻挡，此时呈现不透明状态。

当电压值较大（如 5 V）时，受电场控制，液晶分子的倾角发生变化，趋向于垂直液晶光阀表面，导致旋光效应消失。此时，起偏器的方向与液晶层的入射面取向一致。则通过起偏器的线偏光透过液晶层后不发生旋转。若检偏器与起偏器方向垂直，光线被检偏器阻挡，此时输出光强达到最小值，如图 3-4（c）所示。若检偏器平行于起偏器，则光线可最大程度地透过检偏器，此时输出光强达到最大值。

对于加其他中间电压值的液晶像素，液晶分子的倾角处于中间位置，相应的输出光强介于最大值和最小值之间，如图 3-4（b）所示。因此，输出光束的光强空间分布受到液晶光阀上电压值的调制。

实验3 泰伯效应实验

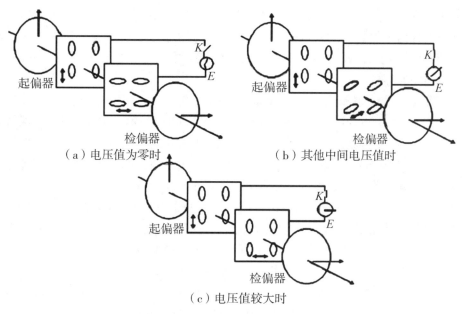

（a）电压值为零时　　　　　　　（b）其他中间电压值时

（c）电压值较大时

图3-4　不同电压下的液晶像素状态

5. 用液晶光阀加载图像

液晶光阀在实际应用中通常采用矩阵式设计，由许多小的像素单元组成。实验所采用的液晶光阀的像素单元为 1024×768，横向有 1024 个单元，纵向有 768 个单元。每个像素单元均配备独立的电极，通过加载电压来控制液晶的电场。当起偏器和检偏器之间的角度差为 90°时，可以有效地控制光的透过率。

液晶光阀系统配备了一个控制电箱，负责调节液晶光阀上各像素的电压。控制电箱接收 VGA 视频信号作为控制信号。随后，根据图像中各像素的亮度值，控制电箱将其转换为相应的电压，并加载到该像素对应的液晶单元上，使液晶单元的透过率与像素的亮度呈一一对应关系。当平面波光束通过液晶光阀时，其透过率分布会准确地映射到图像信号的亮度分布上，实现将图像信息嵌入到光路中的目标。通过设计不同的图像信号，就可以将各种不同的物体信息加载到光路中。

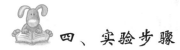

四、实验步骤

1. 搭建和调试液晶光阀实验系统

（1）在进行测试之前，首先需要进行仪器的接线设置。实验需要两台电脑，其中电脑 A 用作液晶光阀的显示器，而电脑 B 用于运行泰伯效应实验软件。对于电脑 A，其主机 VGA 显示器线应连接至 VGA 分频器的输入端。VGA 分频器的作用是将单一的视频信号分割成两路或四路。再由 VGA 分频器的输出端分出两个 VGA 接口，其中一个连接显示器，另一个连接液晶光阀控制电箱。通过这样的设置，显示器和液晶光阀上的视频信号保持一致，从而可以通过显示器检测液晶光阀上的图像。至于电脑 B，则需要连接至 CCD 设备的 USB 接口。请注意，电脑 B 的操作系统应为 Windows 7 系统，以确保兼容性。

（2）启动激光器电源后，取下液晶盒外的所有组件，保留底座。调整激光器的方向和支撑杆高度，使得光束能够准确照射到液晶光阀像面的中心。同时，保持光束与导轨平行。在液晶盒沿导轨移动时，确保光斑能够持续打中液晶盒的同一位置。

（3）在光路中加入起偏器和检偏器。由于激光器输出的是偏振光，可通过旋转起偏器使出射光达到最大强度（初步调整）。

（4）取下液晶盒，旋转检偏器，使检偏器后的出射光强度达到最小值。

（5）在起偏器和检偏器之间插入液晶盒，将液晶盒的数据排线和控制电箱相连。

（6）将计算机图像的分辨率调整至 1024×768，并设置刷新率为 60。此时，显示器图像与液晶光阀上的图像完美同步。

（7）在显示不同图形时，可在检偏器后放置白纸等物体，以观察光路中的图像是否与显示器上的图像一致。此步骤用于检测液晶光阀的工作状态。如果发现显示异常，可尝试按下控制电箱上的"复位"按钮，确认是否能够恢复正常。若问题仍未解决，则通常是由于数据连接问题引起的，应检查液晶盒与主板之间的连接线是否存在接触不良的情况。

2. 使用液晶光阀在光路中加载光栅

液晶光阀上的图像是由电脑控制的，为了提高操作的便捷性，可通过自编的小程序显示朗奇光栅图像。当近平面光束穿过液晶光阀时，光栅图像将被加载到光路中。

（1）启动软件，打开液晶光阀的控制功能，如图 3-5 所示。

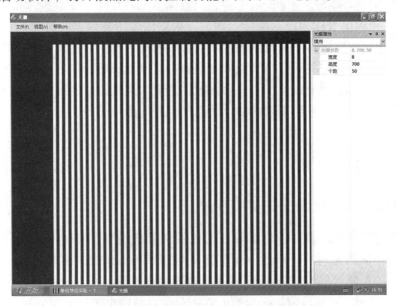

图 3-5　朗奇光栅图像生成程序界面

(2) 在选择光栅方向时,首先设定为"横向"。然后,输入光栅条纹的宽度和高度,单位为"像素"。需要注意的是,此处的宽度指的是单个光栅亮或暗条纹的宽度。若设定为"8",则光栅周期应为单个亮条纹宽度的两倍,即"16"像素。"个数"表示光栅条纹的总数量。

(3) 设置合适的光栅宽度、高度和条纹数后,点击"视图"下拉菜单中的"全屏显示"。

(4) 可取一张白纸在光路中前后移动,以确保加载的图像准确无误。

3. 用相机和软件辅助观测泰伯像

(1) 将相机放置在检偏器的后面,调整其高度以使光栅衍射图像的中心与相机感光中心对齐。然后,通过 USB 线连接相机与电脑,并启动泰伯效应软件。

(2) 在"设置"菜单中,设定光栅方向为"横向"或"纵向",与生成光栅时的方向一致。可参考之前的设定,选择"横向"。调整显示步长,通常选择默认的"0.02"。根据图像亮度,选择合适的曝光时间,确保亮度充足但不过曝。需注意,相机曝光时间存在内置档位,即不是完全连续变化的,因此微小的数值变化可能不会引起亮度发生改变。通常,曝光时间在 200 μs 左右较为合适,也可根据需要进行调整。然后,设定测量显示区域范围,考虑到相机的分辨率为 1280×1024,可选择小于该范围的合适区域进行测量。如图 3-6 所示。

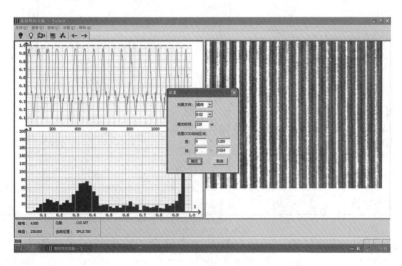

图 3-6 软件设置界面

(3) 设置完成后,可通过实时图像观察相机采集到的衍射图像。根据观察结果,可随时重新调整相机位置和软件设置。

(4) 进行暗电和峰电采集,即将光栅图像分别调整为全黑和全白。启动实时测量,沿着导轨缓慢移动相机,观察衍射图像的变化。软件界面的右侧显示为实时图像;左上角为横向亮度的截图;左下角为按亮度分布排列的图,其中横坐标表示相对亮度(从 0 到 1),纵坐标则表示对应的像素点数。

(5) 如图 3-7（a）所示，在泰伯像的位置，软件界面的右侧图像对比鲜明，暗条纹中没有其他微小的亮条纹。图 3-7（b）是非泰伯像位置的图像截图。可通过仔细调整相机，找到最佳成像位置；也可参考左下角的 Q 值，选择 Q 值最大的位置以达到最佳效果。并在表 3-1 中记录泰伯像的位置。

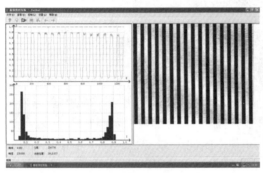 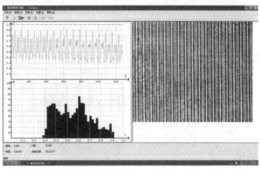

（a）泰伯像位置截图　　　　　　　　（b）非泰伯像位置截图

图 3-7　软件测试界面

表 3-1　泰伯效应实验结果记录

参数名称	参数符号	第一次测量	第二次测量	第三次测量
泰伯像位置/mm	d_1			
	d_2			
	d_3			
泰伯距离 d_0/mm	$d_0 = \dfrac{d_3 - d_1}{2}$			
条纹宽度/像素	N			
单个像素尺寸/μm	$p_0 = \dfrac{\sqrt{\lambda d_0}}{2N}$			
像素尺寸平均值	$\overline{p_0}$			

(6) 持续向后移动导轨，测量另外两个泰伯像的位置并记录在表 3-1 中。

(7) 调整光栅宽度，如选择像素宽度为 "7" "8" 和 "9" 等。重复上述步骤，记录泰伯像的位置信息。

(8) 整理上述实验数据，计算相应的泰伯距离，并根据公式计算像素大小。

(9) 完成横向光栅的测量后，以同样的方法可以进行纵向光栅的测量和数据分析。先在光栅生成界面中选择纵向光栅，然后在数据分析设置中选择纵向方向，重复上述步骤，即可测量并获取液晶光阀的纵向像素大小。

(10) 在光路中加入成像透镜，选择合适位置，将光栅成像到相机上。观察使用透镜得到的图像，比较其与通过光栅衍射得到的泰伯像有何异同。

4. 实验数据和处理

如果相邻 3 个泰伯像的位置分别为 d_1、d_2 和 d_3，那么泰伯距离为

$$d_0 = \frac{(d_2 - d_1) + (d_3 - d_2)}{2} = \frac{d_3 - d_1}{2} \qquad (3-14)$$

设液晶光阀的单个像素尺寸为 p_0，亮条纹宽度为 N 个像素，则光栅周期 p 为

$$p = 2Np_0 \qquad (3-15)$$

根据公式 $d_0 = \dfrac{p^2}{\lambda}$，可以推导出液晶光阀单个像素尺寸为

$$p_0 = \frac{\sqrt{\lambda d_0}}{2N} \qquad (3-16)$$

根据不同光栅宽度的测量结果，可计算出像素尺寸的平均值。

五、注意事项

（1）实验中光学元件较多，务必要保持这些元件表面的清洁，切勿用手触摸，特别是相机的感光芯片、激光器的出光口、偏振片和液晶盒等。

（2）当光学元件表面出现灰尘、污渍和手指印等污染时，可使用长绒棉蘸取乙醚和酒精的混合液，沿一个方向轻柔擦拭。也可选择其他合适的清洁方法。

（3）请注意，激光器对人眼有潜在危害，切勿直接注视激光器光束，也不要将激光器的出光方向对准人。

六、思考题

（1）比较不同光栅宽度对实验结果的影响，并进行数据分析。
（2）总结泰伯效应实验的主要发现和结论。
（3）探讨泰伯效应在实际应用中的潜在价值。

实验4 彩色编码摄影及光学/数字彩色图像解码实验

一、实验目的

(1) 了解彩色编码摄影的原理和常见的编码方法。
(2) 掌握彩色图像的解码技术,包括光学解码和数字解码。
(3) 熟悉彩色编码摄影和彩色图像解码的实验流程。

二、实验仪器

彩色编码摄影及光学彩色图像解码实验仪器如图4-1所示。

1—白光光源;2—聚光镜;3—小孔滤波器;4—准直镜;5—黑白编码片框架;6—傅里叶变换透镜;
7—彩色监视器;8—频谱滤波器;9—场镜;10—CCD相机。

图4-1 彩色偏码摄影及光学解码实验仪器

实验 4 彩色编码摄影及光学/数字彩色图像解码实验

三、实验原理

1. 实验简介

彩色编码摄影及光学/数字彩色图像解码是一种用于记录、传输和显示彩色图像的技术，通过运用光学滤波和数字信号处理等手段，实现对彩色信息的获取与还原。实验源自南开大学母国光院士等人研究和发明的"用黑白感光片作彩色摄影技术"，由彩色编码照相、光学解码和数字解码系统组成，涵盖了光学信息的传递、变换、编码、解码、滤波、再现、存储、记录、提取、识别、恢复、运算和计算机图像处理等内容。

光学信息处理是一种通过光学频谱分析、傅里叶变换和空间滤波技术，在空域或频域上对频谱进行调制，以实现信息处理的方法。根据阿贝二次衍射成像理论，光波从物面发出后经过物镜，在焦平面上产生夫琅禾费衍射，形成第一次衍射像，即物体的傅里叶频谱。随后，该衍射像作为新的相干波源，发出的次波在像面上干涉，形成物体的第二次衍射成像，如图 4-2 所示。物体的结构可被视为由多个不同空间频率的单频信息组成。夫琅禾费衍射将有差异的空间频率信息输出为不同方向的衍射平面波，并通过透镜将这些衍射平面波汇聚到焦平面上的各个位置，形成物函数的傅里叶变换频谱。夫琅禾费衍射过程本质上是一种傅里叶变换过程。频谱面上的光场分布与物体的结构密切相关。

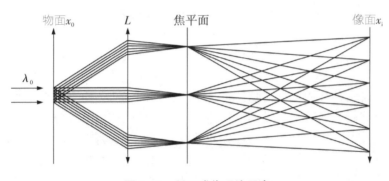

图 4-2 阿贝成像理论示意

阿贝成像理论在阿贝-波特实验中得到了验证。如图 4-3 所示，物面采用正交光栅（网格状物），当用一束平行单色光照射到物体上时，如果不对物体或频谱进行任何调制，物体和像是一致的。如果对物体或频谱进行调制处理，即在频谱面上放置不同的滤波器来改变物体的频谱结构，那么输出的像就会发生变化。实验结果表明，像的形成直接依赖于频谱，只要调节频谱的成分，就能改变所得到的像。

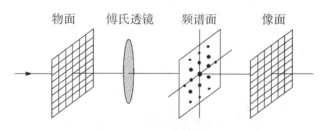

图4-3 阿贝-波特实验

典型的4f光学信息处理系统如图4-4所示。光源S经扩束镜L产生平行光,照射在物面P_1上。随后,经过傅里叶变换透镜L_1,在焦平面P_2处生成了物函数的傅里叶频谱。接着,通过透镜L_2的傅里叶逆变换,在像面P_3处得到所成的像(像函数)。彩色编码摄影和彩色图像解码实验基于傅里叶变换和频谱滤波原理,通过三色光栅编码器对物函数进行颜色调制,记录彩色信息。随后,通过4f光学处理系统,实现对编码物体的彩色图像还原。

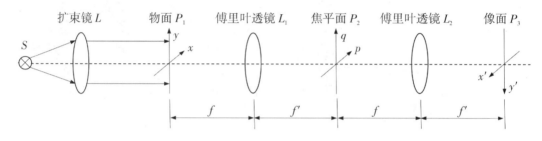

图4-4 4f光学信息处理系统

2. 彩色编码

彩色编码是一种利用光栅对物体进行空间调制的方法,它在图像中对不同颜色进行了空间彩色编码。通过这一过程,物体的多种颜色能够以不同方向的光栅条纹形式展现在黑白底片上。实现这一编码过程的关键是三色光栅编码器。图4-5展示了三色光栅的结构,由红黑、绿黑和蓝黑3个不同方向的光栅交织在一起,构成了彩色网屏。当进行彩色景物的编码拍摄时,三色光栅与黑白底片紧密排列,利用光栅的彩色信息将其编码于黑白底片上。具体而言,景物的红色部分在底片上呈现水平方向的条纹,绿色部分呈现垂直方向的条纹,而蓝色部分以斜方向的条纹进行编码,其他颜色则是由某两个或三个取向的条纹迭加编码所得。在普通胶片照相机的片门处加装三色光栅编码器,便形成了彩色编码照相机。使用这种相机,可以在一次拍摄中实时地将彩色景物进行编码,并记录在黑白胶片上。再运用黑白胶片的反转冲洗方法,便可以得到久不褪色的黑白编码片,其中包含着彩色信息。

图 4-5 三色光栅示意

3. 光学法彩色图像解码

光学法彩色图像解码是一种通过光学技术还原彩色图像的方法。解码过程如下：首先，从光源发出的光经过准直透镜 L 后变成平行光，照射在输入平面 P_1 处的黑白编码片上。接着，经过傅里叶变换透镜 L_1 的作用，光线在焦平面 P_2 上形成频谱。该频谱经过红、绿和蓝滤波器分别进行滤波，以分离出不同颜色的光。最后，在系统的输出面 P_3 上，彩色图像得以再现，重新展示出原景物的真实色彩，如图 4-6 所示。

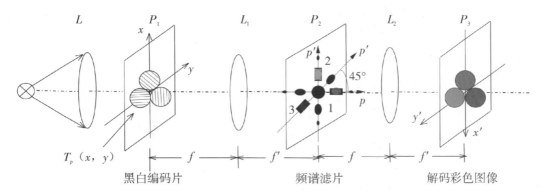

图 4-6 光学法彩色图像解码系统

假设输入平面 P_1 的振幅透过率为 T_p，那么 P_2 平面上观察到的频谱为

$$E(p,q,\lambda) = C\iint T_p(x,y)\exp[-\mathrm{i}(px+qy)]\mathrm{d}x\mathrm{d}y$$

$$= T_r(\alpha,\beta) + \frac{1}{2}\sum_{n=1}^{\infty} a_n T_r\left(\alpha \pm \frac{nf\lambda}{2\pi}P_0, \beta\right) + T_g(\alpha',\beta') +$$

$$\frac{1}{2}\sum_{n=1}^{\infty} a_n T_g\left(\alpha' \pm \frac{nf\lambda}{2\pi}P_0, \beta'\right) + T_b(\alpha'', \beta'') + \frac{1}{2}\sum_{n=1}^{\infty} a_n T_b\left(\alpha'' \pm \frac{nf\lambda}{2\pi}P_0, \beta''\right)$$
(4-1)

在 P_2 平面提取 R、G 和 B 的一阶谱，其中 $n=1$，忽略其他谱项，这一过程被称为彩色滤波。随后，通过对 L_2 的傅里叶变换，可以在系统的输出平面 P_3 上获得相应结果

$$I = [T_r^2(x,y)]_R + [T_g^2(x',y')]_G + [T_b^2(x'',y'')]_B \quad (4-2)$$

光学解码方法具备快速、并行性、信息处理容量大、结构简单和操作方便等特点，适合用于进行二维的傅里叶变换和卷积等运算。实验中采用了傅里叶变换透镜，并在频谱面进行滤波处理后，直接在像面还原出彩色图像。鉴于该彩色图像的光强相对较弱，为了获得更清晰的观察效果，实验中还使用了场镜将其成像在 CCD 表面，并通过彩色监视器展示解码后的彩色图像。

4. 数字法彩色图像解码

光学法彩色图像解码是一个复杂而精密的光学系统，对于像差等各项指标有着极高的要求。数字计算机解码则将记录了图像信息的黑白编码片输入到计算机，利用高效的傅里叶变换程序进行解码运算，最终在监视器上呈现出原始景物的彩色图像。采用数字计算机代替光学系统进行解码，具有处理手段灵活、易于编程和精度高等优势。此系统构成简单，易于推广应用，只需要普通的扫描仪和计算机即可构成硬件系统。此外，数字计算机解码可以通过网络与现代媒体接口进行传输。图 4-7 展示了数字计算机解码实验的流程：首先，通过扫描仪将黑白编码片记录的信息输入到计算机中；然后，根据光学信息处理的解码原理，在计算机内对黑白编码图像进行傅里叶变换、彩色滤波、逆傅里叶变换以及图像的合成；最后，通过彩色显视器或彩色打印机输出彩色图像。

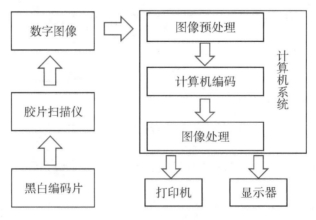

图 4-7　数字法彩色图像解码实验流程

四、实验步骤

1. 光学解码

（1）根据图 4-1 所示，摆放各个器件，使它们在光轴上大致保持相同高度，然后移除光源和 CCD 以外的其他配件。

（2）将 CCD 靠近光源并进行高度调整，随后在光源后方安装聚光镜。调整聚光镜，使得光斑能够准确地进入 CCD 的中心位置。

（3）在聚光镜后方安装小孔，并对其位置进行调整，确保聚光镜的光斑能够通过小孔。

（4）安装准直镜，并调整其位置，使出射光准直为平行光。可在准直镜后方放置一张白纸，并逐渐移动白纸，当白纸上的光斑大小保持不变时，表示准直镜位置正确，输出的光线为平行光。接着，调整准直镜的位置，使光斑与 CCD 保持相同的高度。

（5）在准直镜的后面放入物架，使平行光的中心照射到物架上。

（6）将傅里叶变换透镜放置在物架后方，并调整位置以获得频谱面。将 CCD 放置在频谱面位置，并调整傅里叶变换透镜，使得零级频谱准确进入 CCD 的中心位置。随后，将 CCD 往后移，在频谱面的位置处放入频谱滤波器的滑座。

（7）在频谱滤波器底座的后面放入场镜（由两个透镜组成），并在物架上放置黑白编码片。调整透镜的前后位置，确保在显示器上呈现出清晰的图像。请注意，第一个透镜应靠近频谱面，第二个透镜应靠近 CCD。此外，还需对 CCD 进行镜头聚焦和光阑的调节，以获得清晰的成像效果。

（8）在频谱面上放置三色频谱滤波器，调节其上下左右的位置，以确保景物的红、绿和蓝一级频谱通过相应滤波器的红、绿和蓝部分。观察显示器上的图像颜色，如果与实际颜色存在显著差异，可以尝试将滤波器的前后翻转一面，然后微调其位置，以获得解码后的清晰图像。

2. 数字解码

（1）将黑白编码片记录的彩色编码图像以灰度模式扫描并输入到计算机中。扫描时，将分辨率设置为 2000 dpi 以上，并将扫描得到的黑白图像以 BMP 格式保存至微机硬盘。

（2）打开解码软件"Conver"程序，出现如图 4-8 所示的界面。

（3）打开要解码的黑白编码图像。

（4）打开工具栏"P"的解码参数，单击设置参数中的"参考"，然后点击"确定"。

（5）在"Conver"中点击"确定"。

（6）在"Conver"中单击"D"进行超快解码，然后监视器便能呈现出解码后的彩色图像。

通识物理实验

图 4-8 数字解码"Conver"程序界面

（7）可单击"E"以进行图像增强操作。

 六、思考题

（1）在实验过程中，你是否遇到颜色失真或色偏的情况？如果遇到，请分析可能的原因并提出解决方案。

（2）光学和数字彩色图像解码的基本原理是什么？比较它们的优缺点和适用场景。

（3）彩色编码摄影和解码有哪些应用领域？举例说明其应用场景和优势。

实验 5　人眼模型实验

一、实验目的

（1）掌握人眼的光学原理。
（2）熟悉远视、散光、近视等情况。
（3）养成平时爱护眼睛的好习惯。

二、实验仪器

塑料眼球模型、塑料透镜（2 组，每组 6 个）、瞳孔光阑、"视网膜"屏、光学测径器、可调焦距透镜、注射器、管子、柔性镜片（2 个）。

三、实验原理

人眼的工作模型：2 个透镜用来在"视网膜"屏上成像，密封罐可以储存水模拟人眼的玻璃体。研究正常视力光学和视力矫正：使用包含的塑料透镜分别对正常视力、近视、远视、散光情况进行成像。附加的透镜可以放置在眼前用于矫正视力问题。固定的角膜透镜和可更换的晶状体透镜：晶状体透镜被水（人眼的玻璃体）包围。通过更换晶状体透镜，眼睛可以对近处和远处的物体聚焦。可移动"视网膜"屏：3 种位置，分别用于近视、远视和正常视力。可调瞳孔大小：通过减小瞳孔尺寸，可以观察图案的明亮度和清晰度；和基础光学仪器配套使用，可以方便地测量发光物体的大小和方向。

四、实验步骤

1. 前期准备

（1）将视网膜屏幕放在正常插槽并将 120 mm 透镜放在隔膜槽。
（2）用水装满模型。
（3）把眼睛对准一个明亮的、远处的物体，如房间的窗户或灯，使视网膜屏幕上形成一个图像。

(4) PASCO 人眼模型由一个密封的塑料罐组成，形状类似于眼球的水平横截面。玻璃镜片在眼睛模型的前面"充当"角膜。水箱里装满水，用来模拟水和玻璃状液。眼睛的晶状体是由角膜后面的可替换的晶状体模拟的。模型后面的活动屏幕代表视网膜。人眼模型如图 5-1 所示。

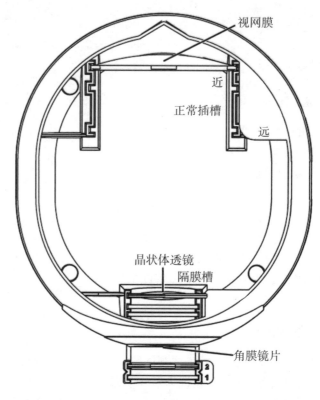

图 5-1　人眼模型

(5) 定焦镜头。固定焦距镜头配有手柄，可以很容易地将镜头插入水中。塑料镜片的把手在空气中，并标明其焦距。其中两个透镜是柱面透镜，用于产生和校正模型中的散光，这些可以通过在其边缘上标记为圆柱体轴的凹口来识别。完整镜头规格见后文。如图 5-2、图 5-3 所示。

(6) 可调焦距透镜。可调焦距透镜可用于模型调节。关于装配和使用可调节焦距透镜的说明参见后文。可调焦距透镜适用范围见后面实验一、实验二。

(7) 镜头位置。支撑在标有隔膜的槽中的晶体透镜，可以用不同的透镜替换，以适应或聚焦不同距离的眼睛模型（这个标签是指由晶状体和其他组织形成的隔膜，或者说是分隔水和玻璃体的分隔物）。角膜后面另外两个标记为"A"和"B"的槽可以容纳额外的晶状体，以模拟改变晶体的能力。

圆柱透镜可以放置在槽 A 或槽 B 中，以产生眼睛散光。瞳孔还可以放置在槽 A 或槽 B 中，以演示圆形或猫形瞳孔的效果。

实验 5　人眼模型实验

图 5-2　球面镜

图 5-3　柱面镜

角膜前面的两个插槽标记为"1"和"2",可以容纳模拟眼镜镜片,以纠正近视、远视和散光。

(8) 视网膜。视网膜屏幕上标记的圆圈代表中心凹,屏幕上的一个洞代表盲点。视网膜屏幕可以放置在三个不同的位置(标记为正常、近、远)来模拟正常、近视、远视的眼睛。

(9) 光学卡尺。光学卡尺可以用来测量视网膜屏幕上的图像。卡尺的尖端发光,以便在昏暗的光线下更容易看到。

2. 无水演示

眼睛模型可以在有水或没有水的情况下使用。没有水,也没有可更换的镜片(只使用角膜镜片),眼睛模型聚焦在光学无限远处。将眼睛模型设置为从窗口向外看,以在视网膜屏幕上看到"外部"的全彩大图像。

3. 维护和保存

眼睛模型包括 2 组 6 个不同的镜头。把其中一组的 6 个镜头放在一边,作为丢失或损坏的镜片的替代品,把另一组的 6 个镜头放在泡沫保持架和瞳孔光阑上。镜片由聚碳酸酯塑料制成,折射率高,但容易刮伤。不要擦拭或摩擦镜片,把它们放置在纸巾上或泡沫支架上晾干。玻璃角膜镜片可用软布清洗或干燥。应确保眼睛模型及其部件储存在封闭空间之前要完全干燥。当它们干燥后,将镜片和透镜保持架放在眼睛模型中以供储存。

5.1　人眼的光学实验

在这个实验中,将研究如何在眼睛的视网膜上形成图像。

在实验开始之前,需要绘制一个眼睛模型的图表,并识别模型的每个部分所代表的人眼部分。

第一部分 眼睛形成的图像

（一）实验步骤

（1）不要把眼睛模型灌满水。将视网膜屏幕放在中间位置，标记为正常。把 +400 mm 的镜头放入标示为隔膜（septum）的槽中。人眼模型加 +400 mm 透镜如图5-4所示。

（2）把你的手放在眼睛模型前面，距离角膜约50 cm，观察用台灯照亮你的手。你能在视网膜上看到图像吗？移动你的手（向上，向下，向左，向右），图像会如何移动？

（3）在一张纸上画一个不对称的图片，把它放在眼睛模型的前面。给眼睛加图像如图5-5所示。你的图像在视网膜上是倒置的吗？把图画颠倒过来。现在图像看起来怎么样？画一个视网膜图像的草图，并在它旁边画一个原始图像的副本。人眼模型立体图如图5-6所示。

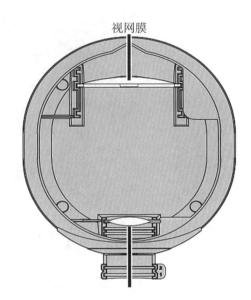

图5-4 人眼模型加 +400 mm 透镜

图5-5 给眼睛加图像

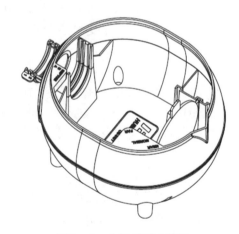

图5-6 人眼模型立体图

（二）思考题

（1）既然视网膜上的图像是倒转的，为什么我们看见的东西不是倒过来的呢？

（2）如果你把东西画在一张纸上，并把它倒过来放在眼睛前面，它在视网膜上看起来会是什么样子？你看得懂吗？

第二部分 调节实验

在调节的过程中，眼球肌肉通过改变晶状体的形状来改变其焦距。最初，通过使用可调焦距透镜改变水晶体的焦距来模拟调节。当模型充满水时,可通过用不同焦距的固定镜头代替水晶体来实现调节。

(一) 实验步骤

注意:请按照前面的说明将可调焦距镜头注满水。

(1) 不要把眼睛模型灌满水。用可调焦距镜头更换隔槽内的镜头。将眼睛模型放置在离屏幕约 25 cm 的地方。你能看到视网膜上的图像吗?移动注射柱塞,调整镜头,形成尽可能清晰的图像。透镜是凹的还是凸的?它是一个会聚透镜还是一个发散透镜?

(2) 将眼睛模型从被照亮的屏幕移动到离屏幕大约 50 cm 的地方。再次调整镜头,以形成最清晰的图像。你是增加还是减少了镜头的焦距?

(3) 将可调焦距镜头更换为中隔槽内的 +400 mm 镜头。调整被照亮屏幕的距离以形成清晰的图像。标记眼睛模型的位置,在装满水后把它放回原来的位置。

(4) 将眼睛模型灌满水,直到距离顶部 1~2 cm 处。返回到与步骤(3)相同的位置。图像还在焦距内吗?试着改变距离,你能让它聚焦吗?请解释水和玻璃体体液(以水为模型)对眼睛晶状体系统的焦距有什么影响?

(5) 将眼睛模型放置在离光源约 35 cm 的地方。将隔板槽中的 +400 mm 透镜更换为 +62 mm 透镜,如图 5-7 所示。请观察图像现在对焦了吗?将眼睛模型尽可能地靠近光源,同时保持图像对焦。描述视网膜屏幕上的图像。

(6) 测量从光源屏幕到眼睛模型顶部边缘的物体距离 O,如图 5-8 所示(边缘的前部是测量和标记眼睛模型双镜头系统中心的位置),记录此距离。当配备 +62 mm 透镜时,该距离是眼睛模型的近点。一般人的眼睛有一个近点,视觉清晰时约为 25 cm。

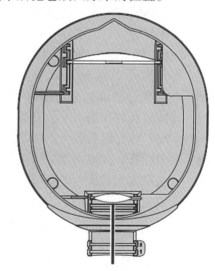

图 5-7 +62 mm 透镜

图 5-8 眼睛模型配备 62 mm 镜头

（7）考虑到透镜的综合效应和系统的总有效焦距，双透镜系统的光学可以简化。测量从模型边缘到视网膜手柄的图像距离 i。使用薄透镜公式（5-1）计算两透镜系统的总有效焦距 f

$$\frac{1}{f} = \frac{1}{i} + \frac{1}{O} \quad (5-1)$$

（8）通过将 +400 mm 透镜添加到狭缝 B，增加眼睛模型聚焦于近距离物体的能力，如图 5-9 所示。这种组合为晶体透镜模拟不同的焦距。现在眼睛的焦点是多少？

（9）将 +400 mm 透镜保留在插槽 B 中，并用 +120 mm 透镜更换隔膜插槽中的透镜。眼睛模型现在聚焦在什么距离？一个真正的人眼如何改变它的晶体透镜的焦距？

（10）拆下两个透镜并将 +62 mm 透镜放在隔板槽中。将光源距离调整为此镜头的近点距离（在步骤（6）中找到的距离），以便图像处于焦点。在观看图像时，将圆瞳孔放在槽 A 中。图像的亮度和清晰度发生了什么变化？将光源移近眼睛模型几厘米，图像还在对焦吗？取出瞳孔，观察图像清晰度的变化。不管有没有瞳孔，你能在多大程度上改变眼源的距离，使其仍然有一个清晰的图像？

当你把"猫的瞳孔"放在插槽 A 中时，如图 5-10 所示，预测图像会发生什么？试试并记录下你的观察结果。

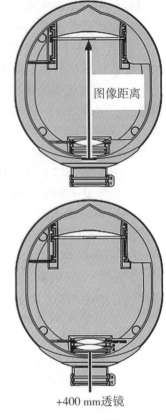

图 5-9 透镜添加

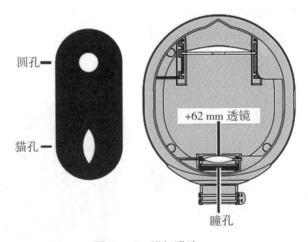

图 5-10 增加猫孔

（11）画一张显示物体、图像、瞳孔和两个镜头的详细图纸。确定哪些镜片是角膜镜片的模型，哪些镜片是晶体镜片的模型。

（12）定位眼睛模型（去掉瞳孔），使其朝向远处的物体。观察视网膜上的图像聚焦了吗？用一个能清晰显示远处物体图像的透镜替换隔膜槽中的透镜，这就是远视透镜。记录镜头手柄上标记的焦距。

（13）计算透镜系统的总有效焦距，参照第二部分步骤（7）的算法。你应该使用什么值作为远视的目标距离？你如何把这个值输入计算器？（提示：当对象距离 O 朝无穷大方向增大时，对象距离的倒数 $1/O$ 朝零方向减小。）

（14）白内障的一种治疗方法是手术摘除晶状体。从眼睛模型中取出晶体，观察视网膜上远处物体的图像。没有水晶镜片的独眼能聚焦在不稳定的物体上吗？

将 +400 mm 透镜放置在插槽 1 中，用作眼镜透镜，如图 5-11 所示。这能恢复清晰的视野吗？转动眼睛模型以查看附近的光源。你能调整近物距离以形成清晰的图像吗？将插槽 1 中的眼镜镜片更换为 +120 mm 镜片。现在你能通过调整物体的距离来形成清晰的图像吗？

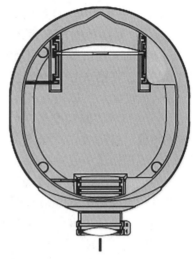

图 5-11　+400 mm 透镜

(二) 思考题

（1）比较远视所需的水晶镜片和近视所需的水晶镜片，哪个镜头更弯曲？当你透过它们看物体的时候，哪个镜头看起来更强？比较（两个镜头系统）在步骤（7）和（13）中计算的近距离和远距离视觉的有效焦距。

（2）为什么在步骤（13）中，有效焦距 f 和图像距离 i 相同？什么特殊情况下 f 等于 i？

（3）在真正的人眼中，调节是通过改变晶状体曲率的肌肉来完成的。当眼睛看的是从一个遥远的物体改变到一个近距离的物体时，晶体的曲率是增加还是减少？为什么眼睛的适应范围会随着年龄的增长而缩小？

（4）在步骤（14）中，展示了借助眼镜在移除晶体透镜后可以聚焦图像。这是一个理想的治疗方案吗？请详细解释一下（提示：哪个镜头负责调节？没有水晶镜片的人需要做什么才能清楚地看到不同距离的物体？现代白内障治疗是如何改进这种古老的手术技术的？）

第三部分　远视

远视患者的眼球比正常人短，使得视网膜离晶状体系统太近。这会导致视网膜后面形成一个近处物体的图像。

(一) 实验步骤

（1）将眼睛模型设置为正常的近视眼（将 +62 mm 的镜片放入隔槽，取出其他镜片，以确保视网膜处于正常位置），将眼睛放在附近的光源上。将眼源距离调整为"近点距离"，使图像处于聚焦状态。如图 5-12 所示。

（2）将视网膜屏幕移到前面的插槽，标记为"远"，并描述图像发生了什么变化。这是一个远视的人在试图看近处物体时看到的。将圆形瞳孔放在槽 A 中，减小瞳孔大小，观察图像的清晰度如何？取出瞳孔。

（3）转动眼睛模型来观察远处的物体，并描述图像。有远视的人能看见远处的物体吗？为什么不用换镜头看远处？

（4）返回眼睛模型以查看附近的光源。现在将通过在模型上戴眼镜来纠正远视。找到一个镜头，使图像进入焦点时，把它放在前面的眼睛插槽 1。记录下这个镜头的焦距。当你旋转插槽中的眼镜镜片时，会影响视网膜上的图像吗？

（5）校正透镜通常不是用焦距来描述的，而是用屈光度来衡量的。要计算透镜的屈光度，应取其焦距（m）的倒数。你为眼睛模型选择什么样分辨率的眼镜镜片？

（6）确保图像仍处于焦点位置。取下眼镜。将 +120 mm 透镜添加到插槽 B 中，以模拟晶体透镜通过调节增加视觉分辨率时所发生的情况，如图 5-13 所示。图像是否变得更清晰？如果能够充分适应远视，则表明眼镜可以补偿远视。

（二）思考题

（1）为什么缩小瞳孔使图像更清晰？远视患者在明亮的光线下还是在昏暗的光线下看得更清楚？

（2）强光镜头（高分辨率）有长焦距还是短焦距？一块没有弯曲的扁平薄玻璃的焦距和分辨率分别是多少？仔细观察 +62 mm 和 +400 mm 透镜，哪个镜头的曲率更大？

（3）为了矫正远视，有必要将眼睛形成的图像向眼睛的透镜系统移近或移远吗？这需要

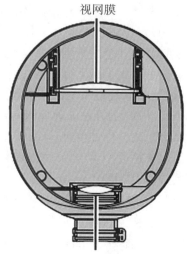

图 5-12 +62 毫米透镜

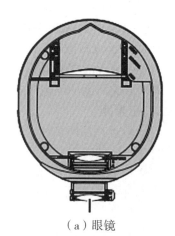

（a）眼镜

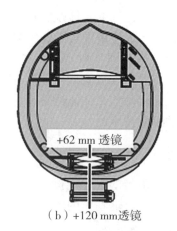

（b）+120 mm 透镜

图 5-13 +120 mm 透镜、眼镜

会聚透镜还是发散透镜？这种矫正镜片是否增加或减少了眼镜镜片系统的屈光能力？

（4）你用在眼睛模型上的矫正镜表面是凹的还是凸的？在真眼镜上，每个镜片都有一个凸面和一个凹面。要矫正远视，哪个表面必须更弯曲？

（5）远视眼是有一个太近的远点，还是有一个太远的近点？

（6）戴眼镜时，人们看到的是物体的虚拟图像，而不是物体本身。对于远视，眼睛和图像之间的距离是大于还是小于眼睛和物体之间的距离？

（7）在步骤（6）中，展示了眼睛可以通过调节来补偿过度性斜视。为什么这种补偿不足以让一个人不戴眼镜阅读呢？为什么眼睛补偿远视的能力会随着年龄的增长而下降？

第四部分　近视

近视患者的眼球比正常人长，使视网膜离晶状体系统太远，导致在视网膜前面形成一个遥远物体的图像。

（一）实验步骤

（1）将眼睛模型设置为正常的近视眼（将 +62 mm 的镜片放入隔膜槽中，取出其他镜片，并将视网膜屏幕置于正常位置）。当眼睛模型看到附近的光源时，调整光源距离，使图像处于焦点位置。

（2）将视网膜屏幕移到后面的插槽，标记为 NEAR。描述图像发生了什么。将圆形瞳孔放在槽 A 中，减少瞳孔大小，观察图像的清晰度如何？取出瞳孔。

（3）现在可以给模型戴上眼镜来矫正近视。找到一个镜头，当图像进入焦点时，把它放在前面的眼睛插槽1。记录下这个镜头的焦距。计算它的屈光度。观察旋转插槽中的眼镜镜头是否会影响图像？

（4）取下眼镜。调整眼光源距离，使图像对焦。此距离是否与在第四部分步骤（2）中找到的正常近点距离不同？为什么？

（5）转动眼睛模型以查看远处的对象，并描述图像。用普通的远视镜（见第一部分第（12）步）更换隔膜槽中的镜头。图像对焦了吗？这是近视者在试图看清远处物体时看到的东西。

观察隔膜槽中的透镜代表处于最放松状态的晶体，其焦距可能最长。眼睛能通过调节来补偿近视吗？

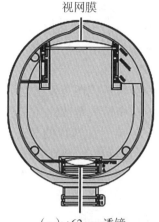

（a）+62 mm 透镜

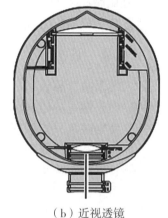

（b）近视透镜

图 5 – 14　+62 mm 透镜、近视透镜

（二）思考题

（1）为什么缩小瞳孔使图像更清晰？近视眼的人在明亮的光线下还是在昏暗的光线下看得更清楚？

（2）为了矫正近视，有必要将眼睛形成的图像向眼睛的透镜系统移近或移远吗？这需要会聚透镜还是发散透镜？这种矫正镜片是否增加或减少了眼镜镜片系统的屈光能力？这个镜头是凹的还是凸的？

（3）看看你选择的矫正镜，表面是凹的还是凸的？在一个真正的眼镜镜片上，有一个凸面和一个凹面，哪个表面必须更弯曲才能矫正近视？

（4）近视眼是有一个太近的近点，还是有一个太远的近点？

（5）对于近视来说，眼睛和眼镜镜片形成的图像之间的距离是大于还是小于眼睛和物体之间的距离？

（6）在眼睛模型上，视网膜屏幕的位置标记为正常、远和近。为什么在离镜头最远的地方贴上标签？NEAR 这个词指的是什么？

第五部分 散光

正常人的眼睛，晶状体的表面是球形的，并且旋转对称；但是散光的眼睛的晶状体表面不是旋转对称的。这使得眼睛只能明显地聚焦在特定方向的线条上，而所有其他线条看起来都很模糊。散光可以用一个圆柱形的眼镜镜片来矫正。

眼睛模型中包含的每个圆柱透镜的圆柱轴在边缘有两个凹口标记。如图 5-15 所示。

图 5-15 散光矫正镜

（一）实验步骤

（1）图 5-16 是散光的测试图。所有的线条都是一样的粗细和亮度，但是一个散光的人会看到一些线条比其他的线条更暗。遮住一只眼睛看图 5-16，你能看出有些线条比其他线条暗吗？

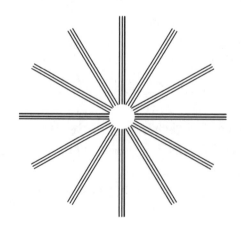

图 5-16 散光

（2）将眼睛模型设置为正常的近视眼（将 +62 mm 的镜片放入隔膜槽中，取出其他镜片，并将视网膜屏幕置于正常位置）。通过眼睛模型观察附近的光源，调整光源距离，使图像处于焦点位置。

（3）将 -128 mm 圆柱透镜放在插槽 A 中。标有焦距的透镜手柄的侧面应朝向光源。描述眼睛散光形成的图像。如图 5-17（a）所示。

（4）旋转圆柱形透镜，观察图像怎么样了？图像发生变化表明散光可以有不同的方向，这取决于眼睛镜头系统中的缺陷是如何定位的。

（5）用眼镜矫正散光。将 +307 mm 圆柱透镜放入槽 1 中，标有焦距的镜头手柄的一侧应朝向光源。-128 mm 和 +307 mm 透镜如图 5-17（b）所示。

旋转校正镜头并描述图像发生变化的情况。找到图像最清晰的眼镜镜片的方向，观察晶体的圆柱轴线和校正透镜之间的夹角是多少？

（6）一只眼睛可能有不止一个缺陷。通过将视网膜屏幕移动到远槽，眼睛模型可同时具有散光和远视（近视）。你还需要在 2 号插槽中放置哪些额外的眼镜镜头才能使图像重新聚焦？

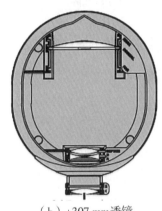

（a）-128 mm 透镜

（b）+307 mm 透镜

图 5-17　-128 mm 和 +307 mm 透镜

（7）（可选）如果你的实验组中有人戴眼镜，请尝试将眼镜放在眼睛模型前面，并思考你必须给眼睛模型什么样的视力问题才能通过眼镜改善视力？

（二）思考题

（1）为什么旋转散光矫正镜会影响图像，但旋转远视或近视矫正镜不会影响图像？你能通过什么测试来确定一个人的眼镜是否矫正了散光？你的实验组里有人戴眼镜矫正散光吗？

（2）仔细观察 -128 mm 镜头边缘沿着两个凹口标记的轴，你看到什么形状？为什么这个透镜被描述为圆柱体？

（3）在步骤（6）中，使用两个镜头纠正了复合缺陷。请思考如何制作一个真正的眼镜镜片来矫正散光和远视近视？

第六部分　盲点

盲点是视网膜上连接视神经的小区域。盲点中没有杆状物或锥状物，因此对光不敏感。

（一）实验步骤

（1）遮住左眼，只用右眼看图 5-18。把纸拿在手边，用右眼盯着加号。右边的圆点，在你的周边视觉中，你应该能看到点；不要直视圆点，看着加号，慢慢地把纸移近眼睛。在离眼睛大约 30 cm 的距离处，圆点会消失吗？把纸放近一点，这个点又出现了吗？

图 5-18　测试盲点

（2）由于盲点而"看到"的不是图像中的一个"洞"，而是大脑填补缺失细节的一个区域。用图 5-19 重复练习，调整距离，使圆点"消失"。试着做你自己的模式，你会发现你的大脑非常善于填补（弥补）遗漏的细节。尝试用不同的颜色测试。

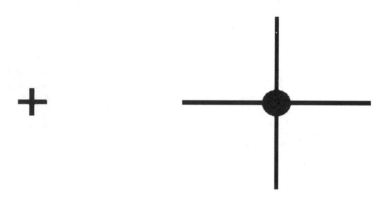

图 5-19　盲点实验

（3）将眼睛模型设置为正常的近视眼（将 +62 mm 的镜片放入隔膜槽中，取出其他镜片，并将视网膜屏幕置于正常位置）。

（4）在一张单独的纸上复制上述数字。把它放在眼睛模型前 30 cm 的地方，然后用台灯照射纸。你看到眼睛模型里的人像了吗？同时，调整对象距离，使图像处于焦点位置。

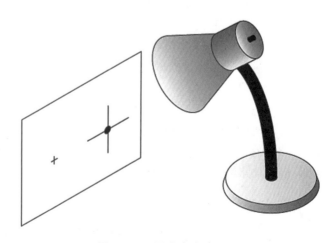

图 5-20　画盲点实验

眼睛模型的盲点由视网膜屏幕上的一个洞表示。你能调整纸张的位置,使小加号的图像出现在视网膜中心附近,并且使空洞落在盲点上吗?

画一张视网膜屏幕的草图和上面的图像,眼睛模型直接看到的是实验图的哪一部分?

(二) 思考题

(1) 为了用左眼重复步骤①中的盲点练习,您需要做哪些不同的操作?

(2) 尝试重复盲点练习,但用双眼看图片,为什么不起作用?

(3) 眼睛模型中的屏幕是代表左眼还是右眼的视网膜?解释一下。

第七部分　表观尺寸

当你看某物时,它的表面大小是由视网膜上形成的图像的大小决定的,这既取决于物体的大小,也取决于它与眼睛的距离。把你的手靠近你的眼睛,看着它,同时你也看着一个巨大的、遥远的物体(如房间另一边的椅子),请观察哪个物体更大?哪个看起来更大?你认为哪一个在你的视网膜上形成的图像更大?

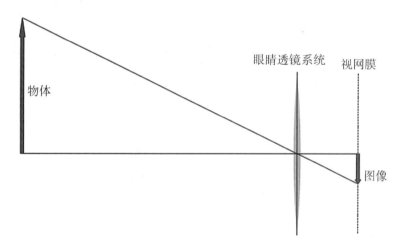

图 5-21　成像原理

(一) 实验步骤

(1) 将眼睛模型设置为正常的近视眼(隔膜槽中有 +62 mm 的透镜)。用眼睛模型观察附近的光源,调整光源距离,使图像聚焦。使用光学卡尺测量物体大小、物体距离、图像大小和图像距离,画一张视网膜和图像的草图。

(2) 设置中距离视觉的眼睛模型(将 +120 mm 镜头放在隔膜槽中,同时将 +400 mm镜头放在槽 B 中)。增加物体距离,直到视网膜上再次形成清晰的图像,测量物体距离和图像大小,观察图象大小和图像距离是否已更改?再画一张视网膜和图像的草图。

(二) 思考题

(1) 视网膜上的图像是随着近距离物体距离 O_1 还是远距离物体距离 O_2 增大?

（2）图像大小是否因晶体类型的改变而改变？再次查看视网膜上的图像，移除 +400 mm 透镜，保留 +120 mm 透镜。图像变得模糊了，但它的大小会改变吗？

（3）更换 +400 mm 镜头并前后移动物体。当改变物体的距离而不改变晶体时，图像的大小会改变吗？

（4）复制此图表，并将其标记为在步骤（1）中测量的对象大小、图像大小、对象距离和图像距离。显示图表中的两个三角形相似。

（5）制作另一个图表，以说明程序步骤（2）中的对象大小、图像大小、对象距离和图像距离。使用与第一个图表相同的水平和垂直比例，以显示此图中的两个三角形相似，但又与第一个图中的三角形不同。

（6）在一张白纸上画一个大的物体，并测量它的大小。将物体放在距离眼睛模型 O_2 的地方，用台灯照亮纸张，测量视网膜屏幕上图像的大小。当放置在距离 O_1 处时，你能画另一个更小的物体，在视网膜上形成同样大小的图像吗？更小的物体应该有多大？（提示：参考图表并考虑类似的三角形）

（7）在另一张纸上，按照你计算的尺寸绘制较小的对象，设置用于近距离视觉的眼睛模型（使用 +62 mm 镜头），并测试您的计算。观察视网膜上的图像大小一样吗？

（8）将较小的物体放在自己眼前，保持距离 O_1。同时，让你的实验搭档把大物体保持在 O_2 的距离。观察两个物体看起来大小一样吗？既然它们在你的视网膜上形成了同样大小的图像，你怎么知道哪个物体实际上更大？

第八部分　放大

一般人的眼睛不能集中在一个距离眼睛大约 25 cm 的物体上。放大镜使眼睛能够通过形成离眼睛较远的图像来清楚地看到非常近的物体。尽管图像比物体远，但它也比物体大，因此图像的外观尺寸更大。

（一）实验步骤

（1）把 +120 mm 镜头放在眼前，透过它看一看附近的物体。将物体尽可能地靠近眼睛，同时保持焦点。现在看同样距离的物体，但是没有镜头，你能看清楚吗？

把物体从你的眼前移开，这样你就能在焦点上看到它。透过镜头看时，你能看到物体上尽可能多的细节吗？

（2）再透过镜头看一次，但这次试着看更远的地方。你能从镜头清楚地看到超过 120 mm 的物体吗？你的眼睛和镜头之间的距离大概是多少？描述你所看到的。镜头是放大镜吗？

（3）将眼睛模型设置为正常的近视眼（隔膜槽中有 +62 mm 的透镜），将光源的图像聚焦在视网膜屏幕的中心。

（4）如图 5-22 所示，视网膜屏幕中心附近的小圆代表中央凹，是视网膜上最敏锐视力的区域。图像与中心凹的距离有多远？画一张图像和中心凹的草图。

（5）为了看到更多的细节，图像需要更大，这样想看的部分就会填满中心凹。要做到这一点，需将 +120 mm 镜头放在插槽 1 中的眼睛模型前面，用作放大镜，同

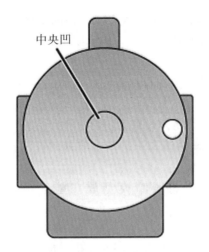

图 5-22 视网膜

时调整光源距离以聚焦图像。请观察现在图像和中心凹相比有多大？再画一张图像和中心凹的草图。

（二）思考题

（1）眼睛和物体之间的距离是多少？在没有放大镜的情况下，眼睛模型能适应这个距离吗？

（2）当眼睛模型通过放大镜聚焦在物体上时，视网膜屏幕上的图像是否比物体大？如果不是，为什么放大镜会使物体看起来更大？（提示：将带放大镜的图像大小与不带放大镜的图像大小进行比较。）

（3）用薄透镜公式计算由放大镜形成的虚拟图像的像距。计算此虚拟图像的放大倍数。为什么这种放大率不同于视网膜上的图像放大率？

5.2 望远镜实验

在这个实验中，你建立一个望远镜，并用它来观察光源，无论是用你自己的眼睛还是用模型的眼睛。

（一）实验步骤

（1）将光源放在光学工作台上，将照明对象屏幕与 0 cm 标记对齐。

（2）将 +200 mm 玻璃透镜放在 51 cm 标记处的工作台上，将 +100 mm 玻璃透镜放在 93 cm 标记处。这两个透镜组成望远镜。望远镜光路如图 5-23 所示。

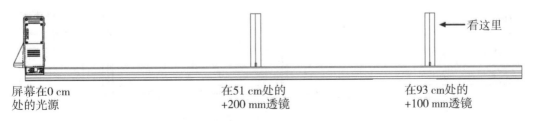

屏幕在 0 cm 处的光源　　　在 51 cm 处的 +200 mm 透镜　　　在 93 cm 处的 +100 mm 透镜

图 5-23 望远镜光路

（3）从两个镜头看光源，将通过望远镜看到的图像与从同一距离直接观察时出现的对象进行比较，估计放大倍数。它与你的眼睛离望远镜镜头多远有关系吗？图像颠倒了吗？

画出通过望远镜看到的图像和直接看到的物体的并排草图，显示它们的方向和外观尺寸。

（4）把眼睛模型装满水。将其设置为正常、中距离视觉，间隔槽中放置+120 mm透镜、槽B中放置+400 mm透镜和正常槽中放置的视网膜屏幕。这使得眼睛在大约1 m的距离上适应（或聚焦）。

（5）用安装架或一摞书将眼睛模型放在望远镜镜片的高度，角膜镜片在100 cm处。

（6）观察视网膜屏幕上的图像，如图5-24所示。它是焦点吗？当你稍微调整两个望远镜镜头的位置时，图像会发生什么变化？把两个镜头放回原来的位置，图像颠倒了吗？使用光学卡尺测量图像的宽度。画一张视网膜和图像的草图。

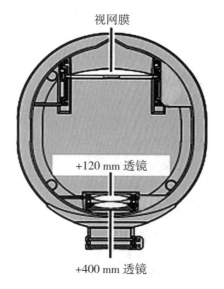

图5-24 测试望远效果

（7）在不改变任何东西的情况下，取下望远镜镜头。你还能看到视网膜屏幕上的图像吗？它倒过来了吗？它比望远镜形成的图像是大还是小？测量图像的宽度。再画一张视网膜和图像的草图。观察视网膜屏幕上的图像如图5-25所示。

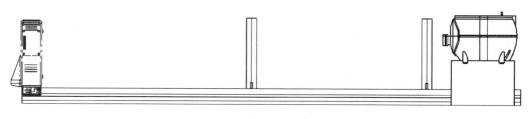

图5-25 观察视网膜屏幕上的图像

（二）分析

（1）用望远镜看到的视网膜图像大小除以不用望远镜看到的视网膜图像大小，这是望远镜的角度放大倍数：$\dfrac{1}{f_1} = \dfrac{1}{i_1} + \dfrac{1}{O_1}$。

（2）第一透镜（透镜1）的焦距 f_1 为 20 cm，物体距离 O_1 为 51 cm。使用薄透镜公式（5-3）计算透镜1形成的图像的图像距离 i_1。

（3）这个图像（图像1）是在镜头1的前面还是后面？它是真实的还是虚拟的？

（4）计算图像1的放大倍数 M_1

$$M_1 = \dfrac{i_1}{O_1} \qquad\qquad (5-2)$$

（5）M_1 的值告诉我们图像比对象大还是小？M_1 的符号是什么意思？

（6）将屏幕放置在你为图像1所计算的位置。你能看到屏幕上的图像吗？这说明了什么类型的图像？图像1比物体大还是小？它倒过来了吗？

（7）制作包含光源对象、两个镜头和眼睛模型的缩放光线图。选择一个水平比例，使你的画至少有10 cm宽。放大垂直比例，使光源和透镜上的对象高出几厘米。标记望远镜镜头的焦点，标记所有部件，并指示所有已知的水平距离。

（8）使用光线跟踪查找图像1的位置和高度，在光线穿过后将其延伸至与透镜2相交。

（9）图像1与对象2（镜头2的对象）是同一事物，但对象2的对象距离与图像1的对象距离不同。

观察镜片之间的距离是多少？镜头1和物体2之间的距离是多少？并用这些距离计算对象2和镜头2之间的对象距离 O_2。在你的图表上标出 O_2，O_2 是负数还是正数？

$$\dfrac{1}{f_2} = \dfrac{1}{i_2} + \dfrac{1}{O_2} \qquad\qquad (5-3)$$

（10）用薄透镜公式（5-3）计算透镜2的像距 i_2。

（11）这个图像是在镜头2的哪一边形成的？如果你在图像2的位置放置一个屏幕，你看到图像了吗？为什么？你应该怎么做才能看到图像2？它是真实的还是虚拟的？

（12）使用两个镜头的图像和物体距离，计算望远镜的总放大倍数 M

$$M = M_1 M_2 = \dfrac{i_1}{O_1}\dfrac{i_2}{O_2}$$

这和你观察到的相比如何？

（13）在计算的位置添加图像2，完成光线图。使用计算的放大率绘制要缩放的图像2的高度。从镜头2延伸光线以显示图像2是如何形成的。

（三）思考题

（1）在大多数望远镜中，透镜的排列使成像距离无限。当一只正常的眼睛被无限容纳时，控制晶状体曲率的肌肉就会放松。这种设计的望远镜有什么优点？

（2）在你的模型望远镜中，两个透镜的位置被选择在与光源上的物体大致相同的位置形成图像2。如果要调整望远镜使其在无穷远处形成图像，你需要对眼睛模型做什么才能使其清晰地看到图像？

（3）望远镜的相对放大率告诉你什么？对于在与物体相同位置形成图像的望远镜，4的相对放大率与1/4的相对放大率有什么不同？

（4）放大的迹象告诉你什么？放大倍数为4的望远镜和放大倍数为－4的望远镜有什么区别？

（5）构造的简单望远镜形成了一个与物体相反的图像，因此，通过望远镜看到的任何东西都是上下颠倒的。再看看眼睛模型视网膜屏幕上的图像，它是不是和物体上下相反？为什么呢？

（6）计算了两个放大倍数：一个是有望远镜和没有望远镜的视网膜上的图像大小之比，另一个是图像大小与对象大小之比。比较这两个值，并画一张图说明为什么在这种情况下它们大致相等。

（四）进一步研究

（1）光线聚集。用焦距相同但直径较大或较小的透镜替换透镜1，你能注意到图像的大小和亮度有什么变化？如果没有不同的透镜，请在一张纸上切一个孔，并将其放在透镜1前面，以模拟较小的直径。

（2）无穷远处的图像。将+200 mm透镜放置在63 cm标记处，+100 mm透镜放置在93 cm标记处。透过两个镜头看远处的物体。调整眼睛模型为远视眼（隔膜槽中有+120 mm透镜）。将眼睛模型放置在100 cm标记处，并重复此远程示波器的测量和分析。你能计算出图像2的横向放大率吗？图像2的角度放大率是多少？

（3）显微镜。将光源放置在轨道上，使物体位于0 cm标记处。将+100 mm透镜放置在6 cm标记处，将+200 mm透镜放置在10 cm标记处，透过镜头看光源。设定眼睛模型为远视（隔膜槽中有+120 mm的镜片）并将其与角膜镜片放置在15 cm标记处，观察视网膜屏幕上图像的大小。

（4）伽利略望远镜。由两个正透镜组成的简单望远镜称为天文望远镜，由正物镜和负目镜组成的望远镜称为伽利略望远镜。将光源放置在轨道上，使物体位于0 cm标记处。将+200 mm透镜放置在80 cm标记处，将－150 mm透镜放置在91 cm标记处，透过镜头看这个物体。伽利略望远镜和天文望远镜有何不同？设置中距离视觉的眼睛模型（隔膜槽中有+120 mm的镜片，B槽中有+400 mm的镜片），并将其与角膜镜片放置在100 cm标记处，测量视网膜上的图像。取出镜片，测量没有镜片的视网膜图像。这个望远镜的角度放大倍数是多少？

5.3 折射实验

当光从一个物体传播到视网膜时，它会穿过几个表面，这些表面标志着不同介质之间的边界。在每一个表面上，光线都会被弯曲或折射。在实验一中，眼睛模型的分析被简化，将一系列的转换视为一个具有"有效焦距"的单一镜头。本实验将更详细地分析光学。

眼睛模型的角膜镜片是一个玻璃平凸镜片，凸侧有空气，平侧有水。塑料晶体呈双凸状，两侧有水。我们将把这个镜片系统视为由三个独立的部分组成：角膜镜片的曲面、角膜镜片的平面和水晶镜片。角膜镜片的曲面产生的图像是平面的物体，角膜镜片平面产生的图像是晶体的物体，晶体产生的图像出现在视网膜屏幕上。

（一）实验原理

1）由单个曲面生成的图像。

图 5-26 显示了从一种介质到另一种介质的光线，由半径 R 的曲面隔开，与角膜镜片的第一个表面相似。如图 5-26 所示，第二介质 n_2 的折射率大于第一介质 n_1 的折射率。

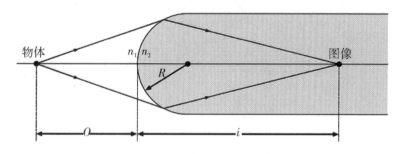

图 5-26　由单个曲面生成的图像

对象距离 O 和图像距离 i 之间的关系为

$$\frac{n_1}{O} + \frac{n_2}{i} = \frac{n_2 - n_1}{R} \tag{5-4}$$

请注意，对象和图像的距离是从曲面上与光轴交叉的点开始测量的。

2）由单个平面产生的图像。

即使玻璃角膜镜片和它后面的水之间的界面是平的，它仍然会产生一个图像。图 5-27 显示了光线从一种介质（折射率为 n_2）射向另一种介质（折射率为 n_3）时的弯曲，如图 5-27 所示，n_3 小于 n_2。对象距离 O 和图像距离 i 之间的关系由式（5-5）给出：

$$i = -\frac{n_3}{n_2} O \tag{5-5}$$

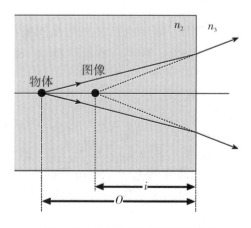

图 5-27　由单个平面产生的图像

同样，物体和图像的距离是从表面测量出来的。按照符号惯例，在这种情况下符号是负的，因为它在曲面的前面。

3）透镜方程。

在眼睛模型中，晶体透镜是由一个在两个表面都有同样曲率的薄透镜来表示的。这个镜头可以当作一个单独的组件来处理。两边正曲率相同的薄双凸透镜如图 5-28 所示。

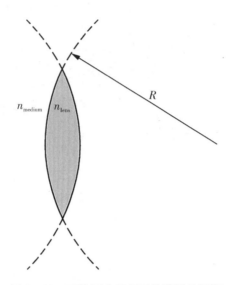

图 5-28 两边正曲率相同的薄双凸透镜

透镜制造商将透镜焦距 f 与其折射率 n 透镜、表面曲率 R 和周围介质折射率（n 介质）联系起来。对于两边正曲率相同的薄双凸透镜，方程简化为

$$\frac{1}{f} = \left(\frac{n_{\text{lens}}}{n_{\text{medium}}} - 1\right)\left(\frac{2}{R}\right) \qquad (5-6)$$

（二）实验步骤

（1）用水填充眼睛模型，并将其设置为正常的远视眼（隔膜槽中有 +120 mm 的透镜），使眼睛模型注视远处的对象。图像应该聚焦在视网膜屏幕上。+120mm 透镜如图 5-29 所示。

（2）画一张这个设置的草图，显示透镜表面和视网膜屏幕的形状。在草图上，指出光通过的不同介质（包括空气、玻璃、水和塑料）。表示来自无限远物体的光线，光线平行于光轴。

（3）在无限物体距离的特殊情况下，当 $n_1 = 1$（空气）和 $n_2 = n_{\text{glass}}$ 时，式（5-4）（对于单个曲面）可简化为：

$$i = \frac{n_{\text{glass}}}{n_{\text{glass}} - 1} R_1 \qquad (5-7)$$

（4）对于角膜镜片，$n_{\text{glass}} = 1.524$ 和 $R_1 = 7.10$ cm。计算由曲面形成的图像 1 的图像距离 i_1，并在你的素描上注明这张图片的位置。同时思考图像不在玻璃里面有关系吗？

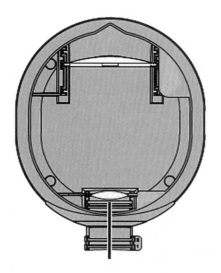

图 5-29　+120mm 透镜

(5) 图像 2 是由光从玻璃到水的平面界面形成的。

由曲面（图像 1）形成的图像成为平面（对象 2）的对象。物体 2 是在平面的前面还是后面？物体距离 O_2 是正的还是负的？若角膜镜片厚为 0.40 cm，计算 O_2。

根据式（5-5），其中 $n_3 = n_{water} = 1.33$，计算图像 2 的图像距离 i_2。你应该发现 i_2 是正的，这意味着图像 2 在平面的前面还是后面？

将图像 2 添加到草图中。

(6) 水晶镜片手柄上的数字是它在空气中的焦距。由于镜头被水包围，因此在眼睛模型中其焦距不是 120 mm。用式（5-6）计算 +120 mm 透镜表面的曲率半径 R_3。假设 $n_{塑料} = 1.58$。对于 $n_{glass} = 1.58$，n_{medium} 应该使用什么值？

(7) 计算水中晶体的焦距 f_3。

(8) 由角膜镜片的平面形成的图像（图像 2）成为晶体镜片的对象（对象 3）。物体距离 O_3 是正的还是负的？角膜镜片平面到晶体中心的距离为 2.2 cm，计算 O_3（提示：对于薄晶体透镜，所有的变化都是从透镜的中心开始测量的）。

用薄透镜公式计算图像距离 i_3

$$\frac{1}{f_3} = \frac{1}{i_3} + \frac{1}{O_3}$$

将图像 3 添加到图 5-30 中。

(9) 测量从晶体透镜到视网膜屏幕的距离。该距离与步骤（8）的结果相比如何？

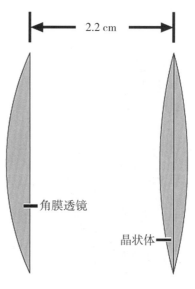

图 5-30　角膜透镜、晶状体

（三）思考题

（1）图像1和图像2是真实的还是虚拟的？为什么你看不到它们？

（2）当来自远处物体的平行光线进入角膜镜片后，它们是会聚还是发散？光线穿过镜头吗？

（3）当光线从玻璃到水的平面交叉时，它们会或多或少地会聚吗？

（4）如果将眼睛模型完全浸入水中，其透镜系统的光弯曲度会增加还是减少？

（5）对于眼睛模型中的水晶透镜，用式（5-6）将曲线与焦距联系起来。为什么式（5-6）不适用于真实人眼中的晶体？眼睛模型如图5-31所示。

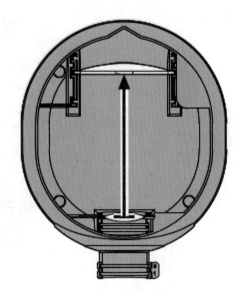

图5-31 眼睛模型

（四）进一步的研究

标有"+62 mm"的透镜的曲率半径为7.2 cm，把这个镜头放在隔膜槽里，计算在视网膜上形成图像所需的物体距离O_1。测试你的计算与实验是否一致。

实验 6 激光原理实验

一、实验目的

（1）了解氦氖激光器的基本结构和工作原理。
（2）掌握激光谐振腔的调节方法。
（3）学会测量激光模式和偏振特性。

二、实验仪器

激光原理的实验装置如图 6-1 所示。

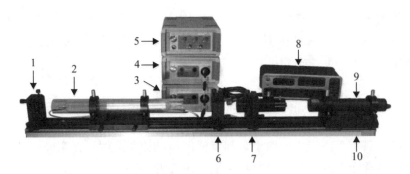

1—凹面反射镜；2—主激光器；3—主激光器电源；4—引导激光器电源；5—锯齿波发生器；6—平面反射镜；
7—共焦球面扫描干涉仪；8—850 数据采集器；9—引导激光器；10—导轨。

图 6-1 激光原理实验装置

三、实验原理

1. 自发辐射、受激吸收与受激辐射

如图 6-2 所示，当物质受到外部能量，如光、电和热等作用时，原子内的电子就会吸收外部能量，从低能级 E_1 跃迁到高能级 E_2，这一过程称为受激吸收。电子在高能级停留的时间极短，会自发地返回至低能级并产生电磁波辐射。这种自发辐射是

完全随机的，每个发光原子的辐射过程相互独立，且无规律地向各个方向辐射，导致能量分散。此外，自发辐射产生的光在发射方向上的相位和偏振状态也各不相同。由于激发能级的宽度，发射光的频率并非单一，而是存在一个范围。

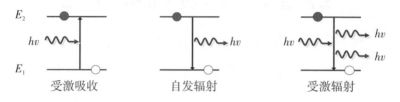

图 6-2 三种跃迁过程

1917年，爱因斯坦首次提出了受激辐射的概念，为激光技术的发展奠定了基础。当原子处于高能级 E_2 时，若外来光子的能量恰好等于能级差 $E_2 - E_1$，则该原子可以在外来光子的诱导下，从高能级 E_2 跃迁至低能级 E_1，并产生光子。这种受激辐射过程产生的光子与外来光子完全相同，不仅频率相等，而且发射方向、偏振方向和光波相位均一致。因此，除了入射光子外，原子在受激辐射过程中会发出与入射光子完全同步的光子，这样就会有两个相同的出射光子，从而实现对原始光信号的放大。这种在受激过程中产生并被放大的光就是激光。

在热平衡条件下，高能级上的原子数密度 N_2 远小于低能级上的原子数密度 N_1。这是因为原子数密度 N 随能级 E 的增加呈指数减小，符合玻尔兹曼分布规律。因此，上、下两个能级上的原子数密度比为

$$N_2/N_1 \propto \exp[-(E_2 - E_1)/kT] \qquad (6-1)$$

式中，k 为玻耳兹曼常量，T 为绝对温度。由于 $E_2 > E_1$，因此 N_2 远小于 N_1。可见，通常情况下，大部分原子处于基态。光子的照射不仅能导致受激辐射，还能引起受激吸收。所以，只有当高能级的原子数超过低能级的原子数时，受激辐射跃迁才会占据主导地位。这意味着实现粒子数反转是输出激光的必要条件。

2. 激光产生的三要素

激光的生成依赖于三个关键要素：工作物质、激励源和谐振腔。只有它们协同作用，才能实现激光的产生和放大。工作物质是激光器中的活性介质，其功能是吸收能量并在激发状态下发射光子。常见的工作物质包括气体、固体和液体等，这些工作物质产生的激光波长范围广泛，从真空、紫外光到远红外光均可覆盖。激励源的作用在于提供能量，促使工作物质中的原子或分子跃迁到激发态，增加高能级粒子的数量。常见的激励方式包括电激励、光激励、热激励和化学激励等。为了持续获得激光输出，必须不断进行激励，以保持粒子数反转的状态。然而，由此产生的受激辐射强度较弱，无法实际应用。因此，还需要利用光学谐振腔来进行放大。光学谐振腔一般由安装在激光器两端的两个镜子组成，其中一个镜子具有极高的反射率，几乎将所有光线反射回腔内；而另一个镜子则反射大部分光线，仅允许小部分透过，使得激光可以

从这个镜子输出。当光线被反射回工作物质时，会继续诱导新的受激辐射，从而增大光强。因此，光线在谐振腔内来回振荡，引发连锁反应，类似于雪崩效应，最终输出激光。

自1960年激光器问世以来，各类激光器不断涌现，并被广泛应用于工业、农业、国防和医疗等多个领域。其中，气体激光器是一种常见类型，而氦氖激光器因其制作简便和运行可靠的特性在气体激光器中占有重要地位。为了更深入地了解激光器的结构及原理，我们选择氦氖激光器进行实验研究。图6-3是氦氖激光器的结构示意。

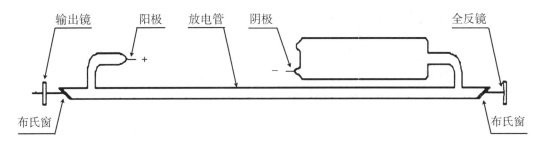

图6-3 氦氖激光器的结构示意

氦氖激光器使用氦气和氖气作为工作物质，以特定的比例和压强注入到由玻璃制成的放电管中。激光的产生是由氖原子的受激辐射跃迁所导致的，不同能级的跃迁会产生不同波长的激光。氦原子则在实现光放大方面发挥着重要作用。电子获得一定动能后与氦原子碰撞，将其激发到两个亚稳态能级 2^1S_0 和 2^3S_1。这两个能级具有较长的寿命，易于积累粒子，数量相对较多。处于这两个能级的氦原子能量与处于3S和2S态的氖原子能量相近。因此，当处于 2^1S_0 和 2^3S_1 能级的氦原子与基态氖原子碰撞时，很容易将能量传递给氖原子，导致其从基态跃迁到3S和2S态。这一过程称为能量共振转移。如图6-4所示，氖原子在3S-3P、3S-2P、2S-2P三对能级之间形成粒子数反转，分别发射出3.39 μm、632.8 nm和1.5 μm三种波长的激光。理论上，这三种波长的激光均可能被发射。然而，我们可以采用特定方法来抑制其中两种波长，以确保我们所需的特定波长激光能够得到输出。其中，0.6328 μm是一种属于可见光波段的激光，被广泛应用于光谱学、干涉测量和激光打印机等领域。

氦氖激光器的激励源通常采用高压放电管。当高压电流通过放电管时，氦氖气体被激发，导致与某些谱线对应的能级粒子数发生反转，从而使介质呈现出增益特性。谐振腔由腔体、反射镜和毛细管构成。其中，反射镜共有两片，一片是全反的凹面镜，另一片是具有一定透过率的平面镜。通过调整平面镜与全反镜之间的平行度，确保激光器在工作时处于平面镜与全反镜相互平行且与放电管垂直的状态。当氖离子从高能级跃迁至低能级时，会释放出光束。这束光经过谐振腔内的放大和反射过程，最终输出高强度且波长单一的激光束。

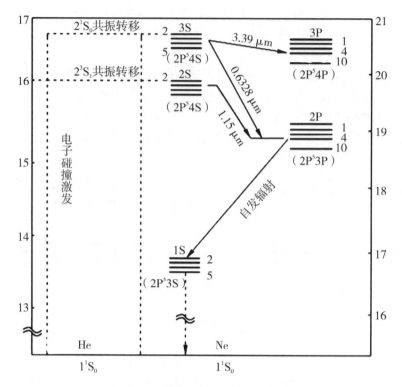

图 6-4 氦原子和氖原子的部分能级

3. 模式测量原理

当光在腔镜上发生反射时,只进行单程放大是不足以产生激光的。为了实现激光输出,必须借助谐振腔提供光学反馈,使光能够在多次往返传播中形成稳定持续的振荡。持续振荡的条件是,光波从特定起点出发,在腔内往返一周后回到初始位置时,应与初始出发的光波保持同相,即相位差为 2π。这意味着,在谐振腔中,光往返一周的光程差必须是波长的整数倍。因此,谐振腔实现共振增强的条件为

$$\Delta\varphi = \frac{2\pi}{\lambda_q} \cdot 2\eta L = q \cdot 2\pi \tag{6-2}$$

式中,$\Delta\varphi$ 为相位差;λ_q 为第 q 模的波长;L 为腔长;η 为折射率,对于空气而言,其折射率近似为 1;q 为正整数。当光的波长和腔的长度满足式(6-2)时,将在腔内形成驻波。达到谐振时,腔的光学长度为半波长的整数倍。一般将腔内沿纵轴的光场分布称为纵模,不同的 q 值对应不同的纵模,因此,q 也称为纵模序数。用频率 $v_q = c/\lambda_q$ 代入式(6-2),可得

$$v_q = q \cdot \frac{c}{2\eta L} \tag{6-3}$$

式中,C 为光速,谐振腔只对频率满足式(6-3)的光波提供正反馈,使之谐振。符合式(6-2)的 λ_q 称为腔的谐振波长,而符合式(6-3)的 v_q 称为腔的谐振

频率。

腔内相邻两个纵模的频率之差 Δv_q 称为纵模间隔，由式（6-3）可得

$$\Delta v_q = v_{q+1} - v_q = \frac{c}{2\eta L} \approx \frac{c}{2L} \quad (6-4)$$

由式（6-4）可知，Δv_q 与 q 无关。对于给定的谐振腔长度，Δv_q 为一常数，因此，腔的纵模在频率尺度上呈等距离排列，如图6-5所示。

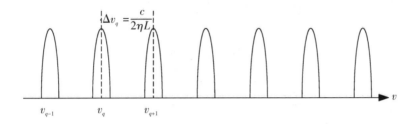

图6-5 谐振腔频谱

共焦球面扫描干涉仪是一种具有高分辨率的光谱仪，由两面曲率半径相等的反射镜、一块压电陶瓷以及锯齿波发生器组成。如图6-6所示，两面反射镜相对放置，其中，一面反射镜固定不动，另一面安装在压电陶瓷上，它们的间距等于反射镜的曲率半径，从而形成一个共焦球面谐振腔。压电陶瓷的长度变化与所施加的电压成正比。通过使用锯齿波电压线性调制压电陶瓷，扫描干涉仪的腔长将呈现波长量级的变化。

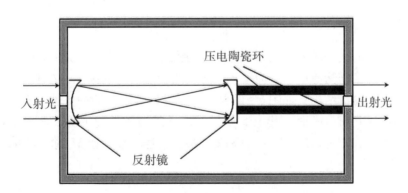

图6-6 共焦球面扫描干涉仪的结构示意

当波长为 λ 的光束近轴入射到干涉仪时，光线在干涉仪内经过4次反射后正好闭合。此时，与初始入射光线的光程差 δ 为

$$\delta = 4n_c l \quad (6-5)$$

式中，n_c 为两面反射镜间介质的折射率，l 为两面反射镜之间的间距。如果相邻两次透射光束的光程差是波长的整数倍，就会出现相干极大透射，即

$$4n_c l = k\lambda \quad (6-6)$$

式中，系数 k 为正整数。利用压电陶瓷驱动扫描干涉仪中的一个反射镜，可以实现该镜片在轴向上的周期性振动。这样一来，入射激光中的各个模式将依次通过干涉仪，并利用光电探头将接收到的光信号转换成电信号。随后，这些电信号经过放大处理后输入到示波器，从而清晰地显示透过干涉仪的激光模式频谱。图 6-7 展示了激光模式频谱示意。我们并不能从示波器上直接获得各个模式的频率值和频率差值，而是需要利用共焦球面扫描干涉仪的自由光谱范围 $\Delta v_{S.R.}$ 进行计算。示波器可以测量相邻两组纵模的周期 T 和每组纵模内相邻两个纵模的时间间隔 Δt，通过式（6-7）可计算得到纵模间隔 Δv_q：

$$\Delta v_q = \frac{\Delta t}{T} \cdot \Delta v_{S.R.} \tag{6-7}$$

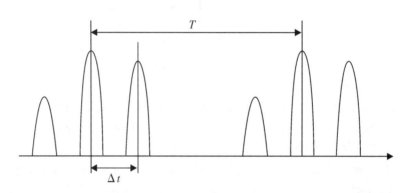

图 6-7　激光模式频谱示意

4. 偏振测量

本实验研究的是一种外腔式激光器，其特点是谐振腔与工作物质相互分离。光波需多次往返穿越工作物质窗口，为了减少窗口表面反射光的损失，在工作物质的两端采用了布儒斯特窗口结构。如图 6-8 所示，在激光管内传播的光波以布儒斯特角 i_B 的入射角度照射到窗口表面，其中 S 分量的振动逐渐被反射消除，而 P 分量则无反射损失，因此在腔内可以产生稳定的振荡。最终，通过反射镜 M_1 输出线偏振激光。

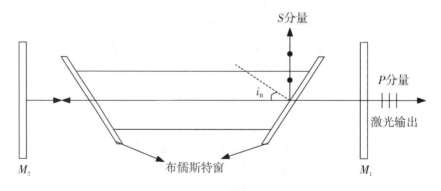

图 6-8　外腔式激光器谐振腔

当一束线偏振光投射至偏振片时，透射光强 I 与入射光强 I_0 遵循马吕斯定律：$I = I_0 \cos^2 \theta$，其中 θ 表示入射光的光偏振方向与偏振片传输轴之间的夹角。当 θ 为 $0°$ 时，透射光强达到最大值。考虑到偏振片的吸收情况，此时的透射光强记为：$I = I_{n0}$。

在夹角为 θ_n 的情况下，由马吕斯定律可得：$I = I_{n0} \cos^2 \theta_n$，则归一化光强为

$$I_n = \frac{I_{n0} \cos^2 \theta_n}{I_{n0}} = \cos^2 \theta_n \qquad (6-8)$$

因此，通过测量不同角度下的归一化光强值，并将其代入式（6-8），即可判断入射光是否为线偏振光。

四、实验步骤

1. 调节激光器

（1）将凹面反射镜安装在导轨左端，并将引导激光器固定在导轨右端。调节引导激光器座上的旋钮，使得引导激光器输出的激光与导轨平行，并准确照射到凹面反射镜的中心位置。

（2）取下凹面反射镜，将主激光器安装在导轨靠近左端的位置。调整主激光器的旋钮，使得从引导激光器发射的激光通过主激光器右端的布儒斯特窗，并从左端布儒斯特窗射出，确保入射前和出射后的光斑形状一致。

（3）重新将凹面反射镜及相应的机械部件固定在导轨的左端，并调节凹面反射镜的上下和左右旋钮，使得反射光束可以进入引导激光器的出射孔。观察凹面反射镜上的光点时，可以看到至少 3 个呈线状排列的光点。进一步微调凹面反射镜的旋钮，使得光点完全重合，此时会观察到忽亮忽暗的干涉现象。

（4）重新安装主激光器于导轨上，并将平面反射镜固定在主激光器与引导激光器之间，如图 6-9 所示。调节平面镜的上下和左右旋钮，使得其反射光束能够射入引导激光器的出射孔。在主激光器和平面镜之间放置一张白纸，继续微调平面镜的旋钮，确保在白屏上形成清晰的同心干涉圆环。

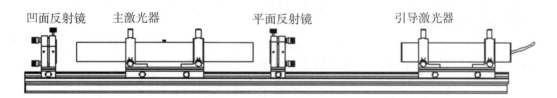

图 6-9 激光器组件示意

（5）打开主激光器电源后，应在平面镜一侧观察到激光输出。如果没有激光输出，则需要进一步微调平面镜。首先，在一个小范围内反复微调平面镜的上下调节旋钮，同时观察凹面反射镜上微弱红点的变化。然后，来回调节平面镜的左右旋钮，直

到微弱红点达到最亮。这个过程需要不断重复，直到观察到激光输出为止。

（6）移走引导激光器，并安装光功率计。仔细调整光功率计的位置，使其显示的数值最大，以确保光束能够被光功率计的探头有效接收。

（7）重新对主激光器、平面镜和凹面镜进行微调，以实现激光输出功率的最大化。

（8）测量不同谐振腔长度的激光输出功率。

2．激光模式测量

（1）如图 6-10 所示，连接示波器、共焦球面扫描干涉仪、扫描干涉仪探测器、计算机和锯齿波发生器。

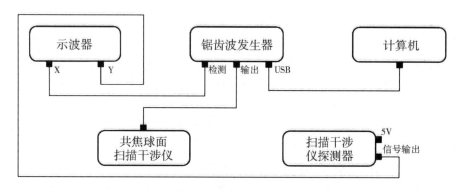

图 6-10　激光模式测量装置示意

（2）启动"扫描干涉仪控制软件"，打开连接开关，选择信号类型为"三角波输出"，并设置输出幅度和频率。调整示波器通道 1 和通道 2 为直流耦合，并将触发通道设定为通道 1。

（3）微调共焦球面扫描仪干涉的水平和高度调节旋钮，使得激光准确入射到扫描仪内。然后，调节扫描干涉仪探测器的旋钮，确保探测器能够接收信号，并在示波器上观测到纵模频谱。通过调节锯齿波发生器的振幅、频率和相位，获得稳定的干涉频谱。此时，还可以通过示波器读取周期和相邻纵模的时间间隔，并使用式（6-7）计算纵模频率间隔。

（4）微调平面输出镜的旋钮，可以观察到纵模数量保持不变，但是纵模的分裂数发生了变化，即实现了不同横模的输出。

3．偏振性检测

（1）将偏振器置于平面输出镜和激光功率计探头之间。逐渐旋转偏振器，直到功率计的读数达到最大值，这表明激光的偏振方向与偏振器的传输轴方向已经一致，即 $\theta=0°$。记录下此时的角度值和激光功率计的读数。

（2）逐渐旋转偏振器，每隔 10°记录一次激光功率计的读数，直到偏振器旋转至 90°时，激光功率计读数将达到最小值。

（3）绘制归一化光强和 $\cos^2\theta$ 随角度变化的曲线，并进行对比。归一化光强和 $\cos^2\theta$ 随角度变化的曲线如图 6-11 所示，两条曲线几乎重合，表明输出激光为线偏振光。

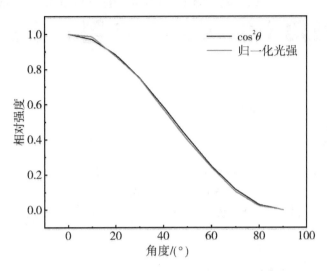

图 6-11　归一化光强和 $\cos^2\theta$ 随角度变化的曲线

五、注意事项

（1）主激光器和引导激光器的电源极性务必正确连接，完成导线连接后，需避免频繁的插拔操作。

（2）切勿将激光直接照射到人眼。

（3）在安装或移动主激光器时，请使用下方的托板握持，切勿直接手持主激光器本体。

（4）如果模式测量实验中存在较大误差，建议开启激光器 15 min 后，再进行此实验。

六、思考题

（1）激光是如何产生的？请解释其基本原理。

（2）探讨激光在通信、医学及工业中的应用，并说明其在这些领域中的优势。

（3）如何提高激光器的输出功率和效率？

实验 7　迈克尔逊和法布里 – 珀罗两用干涉（SGM-2 型）实验

一、实验目的

（1）熟悉迈克尔逊干涉仪的构造、原理和调节方法。
（2）学习用迈克尔逊干涉仪测量单色光波长的方法。
（3）学习用迈克尔逊干涉仪测量空气折射率的方法。

二、实验仪器

SGM-2 型干涉仪包括氦氖激光器、激光器架、毛玻璃屏、钠钨双灯、气室、气压表、凸透镜、小型旋臂架、微镜等。

SGM-2 型干涉仪是将迈克尔逊和法布里 – 珀罗两种干涉一体化地组装在一个平台式的基座上，如图 7 – 1 所示。其台面是一块厚钢板，起稳定作用，在基座的侧平板上有两个孔位，可以按两种光路的需要安装并锁紧光源。扩束器，本身可作二维调节，并可按需在双杠式导轨上移动。迈克尔逊干涉仪的固定镜（参考镜），法线方位可调。分束器，内侧镀半透膜；6 是补偿板，其材料和厚度与分束器相同。分束器和补偿板这两块光学平板的位置出厂前已调好平行，非特殊情况，用户无需再调。F – P 固定镜和 F – P 动镜是构成法布里 – 珀罗干涉仪的主要部件，其中 F – P 固定镜固定安装，而 F – P 动镜与动镜受预置螺旋 F – P 动镜控制移动，行程可达 10 mm。测微螺旋每转动 0.01 mm，动镜随之移动 0.0005 mm。毛玻璃屏用于接收迈克尔逊条纹，以防强光刺眼。

仪器的传动部件分上下两层。图

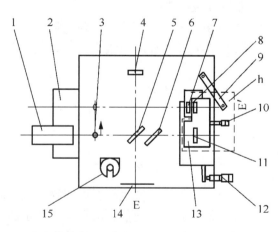

1—氦氖激光器；2—侧平板；3—扩束器；4—固定镜；
5—分束器；6—补偿板；7—F – P 固定镜；8—F – P 动镜；
9—旋臂架；10—动镜预置螺旋；11—动镜；12—测微螺旋；
13—动镜拖板；14—毛玻璃屏；15—压力表座。

图 7 – 1　SGM-2 型干涉仪

实验7 迈克尔逊和法布里－珀罗两用干涉（SGM-2型）实验

7-1中h表示上层，包括F-P动镜、预制螺旋、动镜和动镜拖板。上层便于预置动镜，并受下层测微机构控制。

三、实验原理

1. 干涉原理

光是振动的电磁波，有两个矢量，电矢量和磁矢量，用来描述光的波动特性。根据波的叠加原理，当两束或更多束光在空间相遇时，这些场强将叠加起来。

如果每束光都来自不同的光源，则各光束电磁振动之间通常不存在固定的联系，任一时刻空间都有一些点的场强被叠加至最大。可见光的振动频率远大于人眼的响应，由于电磁波的振动之间没有固定关系，某一时刻场强最大的一点，在下一时刻可能场强最小，人眼看到的是一个平均的光强。

如果各光束来自同一光源，则各光束电磁振动频率和相位之间通常存在一定程度的关联。若空间某点各光束的光一直是同相的，则叠加场总是最大，将看到一个亮点。而在空间的其他点，各光束的光一直是反相的，则叠加场强总是最小的，将看到一个暗点，即干涉现象。

2. 迈克尔逊干涉仪

如图7-2所示，从光源S发出的光束射向背面镀有膜的分束器BS，经该处反射和透射分成两路进行，一路被平面镜反射回来，另一路通过补偿板CP后被平面镜反射，沿原路返回，两光束在BS处会合发生干涉，观察者从E处可见明暗相间的干涉图样。M_2'是M_2的虚像，图7-2迈克尔逊干涉仪光路相当于M_1和M_2'之间的空气平行平板的干涉光路。平行于BS的补偿板CP与BS有相同的厚度和折射率，它使两光束在玻璃中的路程相等，并且使不同波长的光具有相同的光程差，因此有利于白光的干涉。

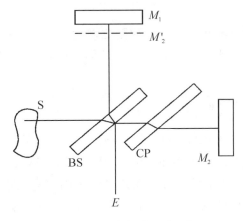

图7-2 迈克尔逊干涉现象

这种干涉仪圆条纹的形成可用图7-3来说明。图7-3中M_2'是仪器原有镜面经BS反射形成的虚像,与M_1'平行。实际干涉仪中有好几次反射,为了简化,设想扩展光源位于观察者背后L处。它经过M_1和M_2'后形成的L_1和L_2两个虚光源是相干的,因为两者各对应点的相位在任何时刻都相同。设d为M_1和M_2'的距离,则二虚光源距离为$2d$,因此,若d为$\lambda/2$的整数倍,从镜面法线方向反射的光线相位都是相同的,但以某一角度从镜面反射的光线,相位一般并不相同,从两个对应点P'和P''到眼睛的光线有程差$2d\cos\theta$,当M_1和M_2'平行时,二光线θ角相同,二光线也平行。

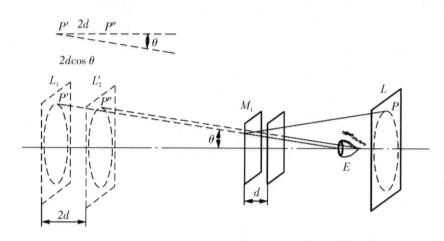

图7-3 干涉仪圆条纹的形成

因此,如用眼睛对平行光束调焦(这种情况下,特别是d很大时,最好用小望远镜),则当θ满足

$$2d\cos\theta = m\lambda \tag{7-1}$$

时,它们就能相互加强而形成极大。式中,m为波数,λ为波长,对一定的m、λ和d值,θ应是一个常量,所以极大点的轨迹形成圆环,圆心位于从眼睛到镜面的垂足上。

根据上述条件,当θ减小,它的余弦随之增大,又会有比m大1、2、……的各级极大,于是屏上就会出现一系列各级极大的同心圆环。式(7-1)也适用于多光束干涉。

3. 法布里-珀罗(F-P)干涉仪

法布里-珀罗干涉仪(Fabry-Perot interferometer),简称F-P干涉仪,是根据平行平面板反射单色光的多光束叠加产生细窄明亮干涉条纹的基本原理制造的。如图7-4所示,F-P干涉仪的主要部件是两块各有一面镀高反射膜的玻璃板G_1和G_2,使镀膜面相对,夹一层厚度均匀的空气膜,利用这层空气膜就能够产生多光束干涉现象。来自光源任一点的单色光以入射角θ照射到平行平板上,这时的透射光是许多透

过平板的平行光束的叠加。任一对相邻光束的光程差为

$$\delta = 2nd\cos\theta \qquad (7-2)$$

式中，n 为空气折射率并且由计算得出，透射光束叠加后的光强为

$$I' = I_0 \frac{1}{1 + \frac{4R}{(1-R)^2}\sin^2\frac{\pi\delta}{\lambda}}$$

$$(7-3)$$

式中，R 为镀膜层的反射率，I_0 为入射光强。结果表明，I' 随 δ 的改变而变化。

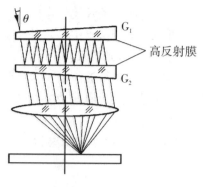

图 7-4　法布里-珀罗（F-P）干涉

当 $\delta = m\lambda$（$m = 0, 1, 2, \cdots$）时，I' 为极大值。

当 $\delta = (2m'+1)\lambda/2$（$m'$ 是波数，正整数 $m' = 0, 1, 2, \cdots$）时，I' 为极小值。

四、实验仪器

1. 迈克尔逊干涉仪

1）获得干涉条纹。

如图 7-1 所示，将扩束器转移到迈克尔逊光路以外，装好毛玻璃屏。调节氦氖激光器支架，配合"光靶"使光束平行于仪器的台面，从分束器平面的中心入射，使各光学镜面的入射和出射点至台面的距离约为 70 mm，并以此为标准，调节平面镜 M_1 和 M_2 的倾斜度，使两组光点重合在毛玻璃屏中央。然后再将扩束器置入光路，即可在毛玻璃屏上获得干涉条纹。

使用钠灯做光源时，可在灯罩上置一针孔屏，并调节固定镜和动镜，同时直接向视场观察，直到两组光点在适当水平上重合后，移开针孔屏，在光源和分束器之间插入毛玻璃屏，即有干涉条纹出现。

2）等倾干涉。

面对毛玻璃屏上的激光干涉条纹，仔细调节平面镜，逐步把干涉环的圆心调到视场中央，即可认为获得了等倾干涉图样。面对钠黄光产生的干涉圆环，还须对 M_1 和 M_2 作更细微的调节，直到眼睛上下左右移动时，环心虽然也随之移动，但无明暗变化，即无干涉环涌出或消失，所得到的一系列明暗相间的同心圆环便相当于某一厚度的平行空气膜产生的等倾干涉图样。

3）等厚干涉。

转动测微螺旋，使动镜向条纹逐一消失于环心的方向移动，直到视场内条纹极少时，仔细调节平面镜，使其微微倾斜；继续转动测微螺旋，使弯曲条纹向圆心方向移动，可见陆续出现一些直条纹，即等厚干涉条纹。

4）白光干涉（加钠钨双灯）。

在等厚干涉产生直条纹之后，使用钠钨双灯光源，使钠黄光和白光分别照亮视场

的上下两半，向直条纹比较弯曲的一侧继续缓慢地转动测微螺旋，待逐渐出现彩色条纹，便可在其中辨认出中央暗条纹，这就是光程差为 0 处的干涉。

5）测氦氖激光波长。

取等倾干涉条纹的清晰位置，记下测微螺旋的读数 d_0，继续沿此前方向转动测微螺旋，同时默数冒出或消失的条纹，每 50 环记一次读数，直至测到第 250 环为止，用逐差法计算出 Δd。因每个环的变化相当于动镜移动了半个波长的距离，若观察到 ΔN 个环的变化，则移动距离为

$$\Delta d = \frac{\Delta N \lambda}{2}$$

故

$$\lambda = \frac{2 \Delta d}{\Delta N} \quad (7-4)$$

若 Δd 是从螺旋测微器直读值算出，则式（7-4）的右边乘比例系数为 0.05。

6）测钠黄双线的波长差（加钠钨双灯）。

钠黄光含两种波长相近的单色光，所以在干涉仪动镜移动过程中，两种黄光产生的干涉条纹叠加的干涉图样会出现清晰与模糊的周期性变化（光拍现象）。根据推导，钠黄双线的波长差为

$$\Delta \lambda = \frac{\overline{\lambda}^2}{2 \Delta d} \quad (7-5)$$

式中，$\overline{\lambda}$ 为两种波长的平均值，可取第（5）的结果；Δd 是干涉图样出现一个清晰—模糊—清晰的变化周期内，平面镜和另一个平面镜的虚像之间空气膜厚度的改变量。实验中对光拍周期须作多次测量。

7）透明介质薄片的折射率（自备待测薄片）。

用测微螺旋在平面镜 M_2 向分束器移动时调出白光干涉条纹，使中央条纹对准视场中的叉丝（可画在光源与分束器之间的毛玻璃上），记下动镜位置读数 l_1，在动镜前加入一片优质的透明薄片（厚度 < 1 mm）之后，增加的光程差为

$$\delta = 2d(n-1) \quad (7-6)$$

致使彩色条纹移出视场，沿原方向转动测微螺旋至彩色条纹复位时，补偿的光程差 $\delta' = \delta$，记下动镜位置 l_2，由 l_1 和 l_2 计算出 δ，再用千分尺测出薄片的厚度，即可由式（7-6）计算出它的折射率 n。

8）空气的折射率。

用小功率激光器做光源，将内壁长为 l 的小气室置于迈克尔逊干涉仪光路中，调节干涉仪，获得适量等倾干涉条纹之后，向气室里充气（0 ～ 40 kPa 或 0 ～ 300 mmHg，1 mmHg = 133.3 Pa），再稍微松开阀门，以较低的速率放气的同时，计数干涉环的变化数 N（估计出 1 位小数）至放气终止，压力表指针回零。在实验室环境里，空气的折射率为

$$n = 1 + \frac{N\lambda}{2l} \times \frac{p_{\text{amb}}}{\Delta p} \quad (7-7)$$

式中,激光波长 λ 为已知,p_{amb}(可取 101325 Pa)为环境气压。

2. 法布里-珀罗干涉仪

1)观察多光束干涉现象。

将干涉仪整体转动 90°,使 F-P 干涉仪面向实验者,观察位置转到 E'。转动预置螺旋,直到 G_1 和 G_2 两个镜面相距约 1 mm。然后将氦氖激光管安置在 F-P 干涉仪光路上,并将毛玻璃屏插入旋臂架,置于观察位置 E' 处。若激光束在两个镜面之间反射后,在毛玻璃屏上形成一列光点,须利用镜子的调节旋钮消除镜面间的倾斜角,使这些光点重合,此时两镜面已近乎平行。接着,将扩束器 BE 推移到光路中,就能够从该系统(图 7-5)的轴向观察到一系列明亮细锐的多光束干涉圆环。经过细致调节,可将环心调到视场中央,并且在转动螺旋测微器时能观察到干涉环陆续冒出或消失的过程中,基本上没有移动。

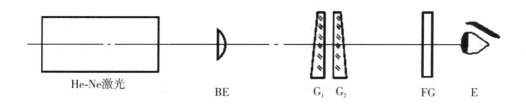

图 7-5 观察多光束干涉现象

2)测钠黄双线的波长差(配凸透镜、显微镜及架)。

按图 7-6 安排实验光路,低压钠灯发出的黄光照亮毛玻璃屏,成为面光源。先参照前面的方法调出干涉环,经微调后力求做到当眼睛上下左右移动时,中部圆环直径不发生变化。在移动动镜改变 G_1 和 G_2 的距离(要注意避免两镜相碰),在这个过程中可以发现,由两种波长的黄光产生的两套干涉环,在某长度上会重合起来,在另一长度上,一套干涉环恰好夹在另一套干涉环中间(相互居中)。通过仔细观测,可以相当准确地测定这一居中位置或重合位置。

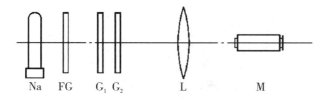

Na—低压钠灯;FG—毛玻璃;G_1、G_2—F-P 反射镜;
L—凸透镜;M—小型显微镜。

图 7-6 实验光路

因透射光的加强条件为

$$2d\cos\theta = m\lambda$$

若只考虑环系中心处（$\cos\theta = 1$），当一环系位于另一环系中间时，有

$$2d_1 = m_1\lambda_1 = \left(m_1 + \frac{1}{2}\right)\lambda_2 \qquad (7-8)$$

式中，$\lambda_1 > \lambda_2$。当动镜继续移动，经过二环系重合，再度达到中间时，有

$$2d_2 = m_2\lambda_1 = \left(m_2 + \frac{3}{2}\right)\lambda_2 \qquad (7-9)$$

用式（7-9）减式（7-8），得

$$2(d_2 - d_1) = (m_2 - m_1)\lambda_1 = (m_2 - m_1)\lambda_2 + \lambda_2$$

若 λ_1 和 λ_2 相差很小，近似相等，则得

$$\lambda_1 - \lambda_2 = \Delta\lambda = \frac{\lambda_1^2}{2(d_2 - d_1)} \qquad (7-10)$$

式中，λ_1^2 对钠黄双线可取 $(589.3\ \text{nm})^2$。

实验测量前，在利用测微螺旋移动动镜，使 G_1 和 G_2 逐渐靠近的同时，应密切注视 G_1 与 G_2 之间的距离（避免碰触），直到相距大约 0.5 mm 为止。此时，测微螺旋示值接近零（必要时可用预置螺旋调节）。钠黄光产生的两个环系大体上是重合的。然后，使动镜逐渐移开，两个环系也随之慢慢分开，直到一环系恰好位于另一环系的中间时，记下测微螺旋读数 d_1。继续移开动镜，两套环系经过重合再次分开。当一环系重新位于另一环系中间位置时，记下测微螺旋读数 d_2。将 d_1 和 d_2 代入式（7-10），即可算得钠黄双线波长差 $\Delta\lambda$。本实验宜进行多次测量，取平均结果。

实验中必须仔细认准 F-P 干涉条纹的级。如图 7-7 所示，钠黄光中两种波长 λ_1 和 λ_2（$\lambda_1 > \lambda_2$）形成的 F-P 干涉环的分离状态，无论是静止状态，还是在变化过程中，在中央形成的干涉级总是最高的，并从中心向外依次递减。为了确定上述的居中位置，需要判断的是 m 级的 λ_1 与内侧同级 λ_2 的距离是否与外侧 $m-1$ 级 λ_2 的距离相等，或 $m-1$ 级的 λ_2 与内侧 m 级 λ_1 的距离是否与 $m-1$ 级外侧 λ_1 的距离相等。

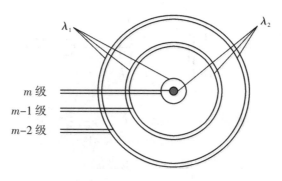

图 7-7　F-P 干涉环的级

实验7 迈克尔逊和法布里-珀罗两用干涉（SGM-2型）实验

五、实验步骤

1. 测氦氖激光器激光波长

首先按照前面步骤调出干涉条纹，然后调成等倾干涉条纹，取等倾干涉条纹的清晰位置，记下测微螺旋读数 d_0，再沿此前方向转动测微螺旋，同时默数冒出或消失的条纹，每100环记一次读数，直测到第1000环为止，用逐差法计算出 Δd。因每个环的变化相当于动镜移动了半个波长的距离，若观察到 ΔN 个环的变化，则移动距离为

$$\Delta d = \frac{\Delta N \lambda}{2}$$

故

$$\lambda = \frac{2\Delta d}{\Delta N} \tag{7-11}$$

若 Δd 是从螺旋测微器直读值算出，则式（7-11）的右边乘比例系数为0.05。

（1）根据条纹变化数计算动镜移动距离并填入表7-1中。

表7-1 条纹变化数与动镜移动距离关系

条纹变化数 N	100	200	300	400	500	600	700	800	900	1000
移动距离/mm										

（2）计算波长。

2. 测量空气的折射率

（1）采用氦氖激光，将气室安装至迈克尔逊干涉光路且窗口与光路垂直。
（2）调出干涉条纹。关闭气室阀门，向气室内充气至满偏（40 kPa）。
（3）轻轻松开阀门，缓慢放气，同时记录气室压强 P 与干涉条纹的变化数 N，直至压力表指针归零。该步骤中缓慢放气的操作较难掌握，在没有升级设备的前提下，需反复练习几次。
（4）计算不同压强下空气的折射率，并作折射率-压强关系曲线。
（5）气室玻璃窗之间的距离 $d = $ _____ cm。
（6）条纹变化数随气室压强的变化关系。

方法一：作条纹变化数随气室压强的变化关系曲线，用外推法得到 $P=0$（此时对应的压强为 1 atm）时的条纹变化数 N_0，再计算出 1 atm 下空气的折射率。

方法二：直接作折射率随气室压强的变化关系曲线，再求 1 atm 下空气的折射率。

上述两种方法任选一种进行数据处理，填入表7-2中，注意气压表测量的是气

室内气体压强与环境压强的差值。

表 7-2 气室压强与条纹变化数和气体折射率关系

气压表读数 P/mmHg									
条纹变化数 N									
气体折射率 n									
气压表读数 P/mmHg									
条纹变化数 N									
气体折射率 n									

六、注意事项

使用氦氖激光器做光源时,眼睛不可以直接面对光束传播方向凝视。接收观测激光干涉条纹,必须使用毛玻璃屏,不可用肉眼直接观察,以免视网膜受到伤害。

1) 实验室要求。

仪器应安放在远离震源的干燥、清洁、遮光的实验室使用,实验台要平稳、坚固。

2) 光学零件擦拭要求。

平常无须擦拭仪器的光学零件。必须擦拭时,先用清洁的软毛刷掸去灰尘,再用脱脂棉球滴上乙醇和乙醚混合液轻拭,禁止用手触及光学零件的透光表面。

3) 传动机构操作要求。

转动测微螺旋和调节螺丝时动作要轻,不要急促或斜向用力,不要拆卸传动机构,以免影响仪器正常使用。

不可随意拉动镜架的滑动座,以免受反弹力冲击,损坏顶尖,影响测量的正确度。

4) 工作环境要求。

在湿度大的季节,光学实验室宜安装去湿机,以防止光学零件发霉、生雾,光学零件发现异常应及时处理。

七、思考题

(1) 什么是光的相干性?什么是相干长度和相干时间?

(2) 迈克尔逊干涉仪能观察到干涉条纹的条件是什么?

(3) 什么是等厚干涉?什么是等倾干涉?等厚干涉和等倾干涉实现的条件是什么?

实验 8 阿基米德定律的测量实验

一、实验目的

（1）熟悉阿基米德定律的原理。
（2）学会用 850 数据采集器和天平两种方法完成阿基米德定律测量。

二、实验仪器

高精度力传感器、850 数据采集器、微型计算机、奥豪斯（OHAUS）三梁天平、有排水管的铝罐、1000 mL 烧杯、100 mL 烧杯、50 mL 量筒、250 mL 量筒、游标卡尺、90 cm 杆、45 cm 杆、多角度夹、铁架台底座。

三、实验原理

阿基米德定律：完全或部分浸入液体中的物体所受到的浮力等于该物体所排出液体的重量。

本实验中物体的浮力是通过测量物体在空气中的重量和减去物体在水中的重量并计算两者之差而得出。当物体被淹没在液体中时，由于向上的浮力作用，物体的表观重量小于在空气中的重量。因此，计算浮力可以通过测量物体在空气中的重量与物体在水中淹没时的表观重量并计算两者之间的差得到。如图 8-1 和图 8-2 所示。

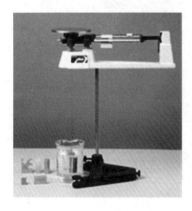

图 8-1 用天平测量浮力　　图 8-2 用高精度力传感器和 850 数据采集器测浮力

四、实验步骤

1. 用天平测量浮力

首先,将三梁天平放在铁架台上的 90 cm 杆上,如图 8 – 3 所示,依次用天平称出铜块、铝块等 6 种不同物质的重量,填入表 8 – 1 中;其次,用绳子依次穿上铜块、铝块等没入水中,绳子的另外一端接到天平上,如图 8 – 1 所示,再用 1000 mL 烧杯装约 700 mL 水,依次称出没入水中的重量,填入表 8 – 1 中,最后求出浮力。

表 8 – 1 用天平测量浮力数据记录表

实验材料	空气中的重量	水中的重量	浮力
黄铜圆柱			
铝圆柱			
黄铜立方体			
铝立方			
铝型材			
塑料			

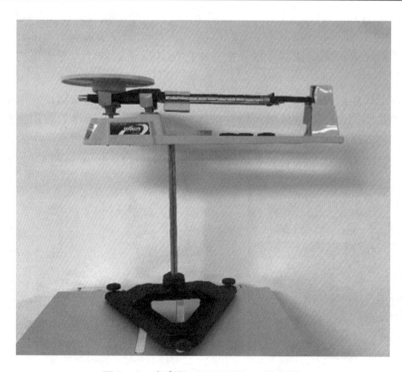

图 8 – 3 奥豪斯(OHAUS)三梁天平

实验8 阿基米德定律的测量实验

2. 用 850 数据采集器、高精度力传感器和微型计算机等测量浮力

（1）使用底座、杆子和多角度夹在烧杯上支撑高精度力传感器，如图 8-2 所示。

（2）把高精度力传感器接入 850 数据采集器，同时将高精度力传感器调零。

（3）把一根绳子绑在被测金属块或塑料块上。在绳子的另一端系一个圈，连接到高精度力传感器上。

（4）在烧杯中放入 1000 mL 的水，但不要淹没被测物体。

（5）在 PASCO Capstone 中，将采样率设置为 1 Hz，将采样模式更改为快速监视，如图 8-4 所示。

图 8-4 设置采样模式

（6）创建一个表格，如图 8-5 所示。在表格第一格创建一个名为"材料类型"的数据集，并填写对象的类型。创建名为"W 空气"（空气中的重量）和"W 水"（水中的重量）的集合，两者都以 N 为单位；最后一列包含计算：（空气-水）浮力。单位为 N，见表 8-2。

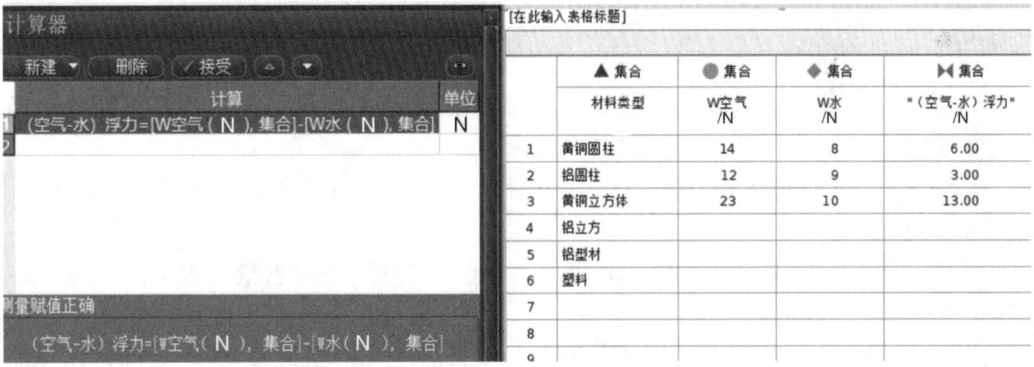

图 8-5 计算器和表的设置

表 8-2 重量法计算浮力

对象	$W_{空气}$/N	$W_{水}$/N	浮力（$=W_{空气}-W_{水}$）/N
黄铜圆柱			
铝圆柱			
黄铜立方体			
铝立方			

续表 8-1

对象	$W_{空气}$/N	$W_{水}$/N	浮力（$=W_{空气}-W_{水}$）/N
铝型材			
塑料			

在 Capstone 计算器中，创建以下计算
（空气 – 水）浮力 = [W 空气(牛顿),集合] – [W 水(牛顿),集合]　　以 N 牛顿为单位
（7）创建一个数字显示"重量"，以称重量为主，简称重量法。如图 8-6 所示。

图 8-6　高精度力传感器面板

步骤如下：没有任何东西挂在高精度力传感器上，点击"监视"　。注意数字显示中显示的重量。
①将黄铜圆柱挂在高精度力传感器上，并远离烧杯，使样品悬挂在空气中。
②将重量记录在表 8-2 的"$W_{空气}$"栏中。
③注意，你不需要开始和停止记录。步骤仍处于"监视"模式，它不断地更新显示，但实际上没有记录任何数据到电脑内存。
④移动带水的烧杯到高精度力传感器下，并将样品完全浸没，如图 8-1 所示。必要时调整高度。
⑤在"$W_{水}$"栏中记录重量。请注意，"浮力 = 空气中的重量 – 水中的重量"在最后一栏中自动计算。
⑥重复其他列出的样品，包括不规则形状的铝片（铝型材）。要不断确认，样品移除时力传感器读数为零，并确保样品被完全淹没，但不要接触烧坏底部。
⑦当你做完所有的测量，点击　。
（8）创建一个数字显示"体积"，以测量体积为主，简称体积法。
步骤如下：
①创建一个表格，如图 8-7 所示。在表格第一列中选择"对象"，在第二列中创建一个名为"体积"的数据集，其单位为 m^3；在第三列中选择计算"浮力2"，单位为 N。

实验 8　阿基米德定律的测量实验

图 8-7　测量体积求浮力

② 用卡尺测量黄铜圆柱的半径和高度，并记录你的测量结果。
③ 计算圆柱的体积，并在表 8-3 中记录数值。

表 8-3　体积法计算浮力

对象	体积/m³	浮力 2/N
黄铜圆柱		
铝圆柱		
黄铜立方体		
铝立方		
铝型材		
塑料		

④ 请注意，"浮力 = 排走的水的重量"是自动计算，在表 8-3 最后一栏。你可以亲自验算一下数值，以确保无误。同时注意单位的正确性。记住质量 m，密度 ρ 和体积 V 之间的关系是

$$m = \rho V$$

提示：要计算排走的水的重量，必须使用水的密度。

$$\rho_水 = 1000 \text{ kg/m}^3, g = 9.81 \text{ N/kg}$$

⑤使用游标卡尺测量其他样品的尺寸，并将其体积记录在表 8-3 中。要计算不规则形状物体的体积，请使用它的重量，并假设它的密度与其他铝型材相同。

（9）分析。

① 创建一个表，如图 8-8 所示。在第一列中选择"对象"，在第二列中选择"浮力"，在第三列中选择"浮力 2"，在第四列中创建一个名为"差异百分比/%"的数据集。图 8-8 即表 8-4。

通识物理实验

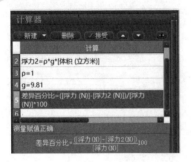

图 8-8　两种测量浮力差异百分比

表 8-4　重量法与体积法差异百分比

对象	浮力/N	浮力 2/N	差异百分比/%
黄铜圆柱			
铝圆柱			
黄铜立方体			
铝立方			
铝型材			
塑料			

 五、思考题

（1）表 8-4 记录了使用重量（称重法）和直接使用阿基米德定律（体积法）计算的浮力的结果。对比这两种结果，我们能得出什么结论？

（2）计算每个样本的差异百分比。

（3）哪些样品的体积与铝圆柱大致相同？比较它们的浮力？

（4）如果重新做这个实验黄铜只有一半淹没，结果会有什么变化？对于浮力，重量法会不会和体积法一样？

（5）塑料圆筒漂浮在水中，它的密度是什么？漂浮时它的重量是多少？漂浮时浮力是多少？如果塑料圆柱被完全淹没，它是多少？

（6）如果在烧杯里的水中加入盐，会改变它的密度。如何用挂在盐水中的黄铜圆柱的表观重量来计算这种新的密度？

实验9 声速测定实验

一、实验目的

(1) 掌握压电陶瓷超声换能器的工作原理和功能。
(2) 学会使用共振干涉法、相位比较法和时差法测量声波在不同介质中的传播速度。
(3) 深化对振动合成和李萨如图形等理论知识的理解。

二、实验仪器

声速测定实验仪器如图 9-1 所示,主要包括声速测定信号源、超声实验装置(换能器及移动支架组合)、水槽和固体样品。

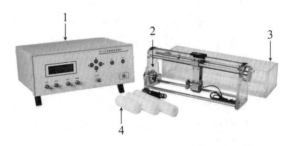

1—声速测定实验仪主机;2—超声实验装置(带机械游标卡尺);3—水槽;4—固体样品。

图 9-1 声速测定实验装置

声速测定信号源面板包括 LCD 显示屏、按键及端口,用于选择、调节和输出信号。开机后自动进入按键说明,进入工作模式选择界面,可以选择连续波或脉冲波模式。在各模式下通过调节频率和增益进行参数设置,显示屏实时反映调节结果。测量完成后可通过确认键切换界面或复位键返回"欢迎"界面。超声实验装置如图 9-2 所示,发射换能器被固定,通过转动丝杆摇柄可使接收换能器前后移动,从而改变发射器与接收器之间的距离。在丝杆上方装有机械游标卡尺,用于准确测量位置。整个装置可置于水槽中,以便改变介质状态。

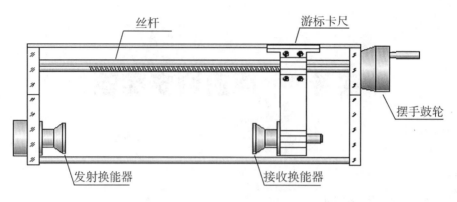

图9-2 超声实验装置(换能器及移动支架组合)

三、实验原理

声波是一种机械波,通过弹性介质传播,受到声速和声衰减等多个参数的综合影响,这些参数与介质的性质和状态密切相关。通过测定介质中的声速,我们可以了解介质的特性或状态的变化,如溶液的浓度和氯丁橡胶乳液的相对密度等。可见,声速测定在工业生产中具有一定的实用意义。人耳能听到的声波频率为20 Hz ~ 20 kHz,高于20 kHz 的被称为超声波。在自由空间同一介质中,声速通常与频率无关,因此超声波的传播速度与普通声波相同。超声波因其波长短和易于定向发射等特点,在声速测量中具备便利性。因此,声速实验通常选择频率在20 ~ 60 kHz 之间的超声波。为了获得最佳效果,实验中常采用压电陶瓷换能器作为声波的发射器和接收器。

1. 压电陶瓷换能器

压电陶瓷换能器由压电陶瓷片和轻重两种金属,在特定温度下经过极化处理制成,具备压电效应。当受到与极化方向一致的应力 F 时,会在极化方向上产生相应的电场强度 E,两者之间存在线性关系

$$E = g \cdot F \tag{9-1}$$

此时为正压电效应,即将机械能转化为电能。反之,当与极化方向一致的外加电压 U 加在压电材料上时,材料的伸缩形变 S 与 U 之间也存在线性关系

$$S = a \cdot U \tag{9-2}$$

此时为逆压电效应,即将电能转化为机械能。系数 g 和 a 称为压电常数,与材料性质有关。由于电场强度 E 与应力 F 之间存在简单的线性关系,伸缩形变 S 与外加电压 U 也存在线性关系,因此,压电陶瓷片可以将正弦交流电信号转化为压电材料纵向的长度变化,从而成为超声波的理想波源。换言之,压电陶瓷换能器能够有效地将电能转换为超声振动,充当超声波发生器的角色。反之,它也可以将声压变化转换为电压变化,充当声频信号的接收器。由此可见,压电陶瓷换能器具有双重功能,不仅能将电能转化为声能以产生声波,还能将声能转化为电能,用作声波的接收器。在本实验

中,将一个压电陶瓷换能器作为发射器,另一个压电陶瓷换能器作为接收器,两者的表面相互平行,并确保谐振频率相匹配。

2. 声速的测量方法

声波在媒质中传播的速度受多种因素影响,包括媒质的密度、弹性模量、温度和压强等。声速的测试方法可分为两类。

第一类方法是基于运动规律,通过直接应用速度关系式来计算

$$v = s/t \tag{9-3}$$

通过测量声波从发射点到接收点的传播距离和时间,便可以计算出声波的速度。该方法的主要任务是测量声波的传播时间,因此又被称为"时差法"。这一方法在工业生产、海洋学和地质学等领域中得到了广泛应用。

第二类方法是基于波动规律,利用波长和频率之间的关系来计算

$$v = f \cdot \lambda \tag{9-4}$$

通过测量频率 f 和波长 λ,可以有效计算声速。该方法的主要任务是准确测量声波的波长。为了达到这个目的,可以采用"共振干涉法"或"相位比较法"等测量技术。时差法、共振干涉法和相位比较法为测量气体、液体和固体中的声速提供了灵活而可靠的手段,有助于在科学研究和工程应用中更全面地了解声波传播的特性。

1)共振干涉法测声速。

如图9-3所示,声波由声源 S_1 发出,通过介质传播至接收器 S_2。如果接收面与发射面严格平行,在 S_2 接收声波信号的同时,部分声波信号将经原路反射回发射端。根据波的干涉理论,同一直线上沿相反方向传播的两列相干波会相互干涉形成驻波。在驻波中,振幅最大的点称为波腹,振幅最小的点称为波节,相邻波腹(或波节)之间的距离恰好等于半个波长。如果改变发射源与接收器之间的距离 L,在一系列特定的距离上将观察到稳定的驻波共振现象。此时,L 等于半个波长的整数倍,驻波的幅度达到最大值。同时,在接收面上的声压波腹相应地达到最大值。通过压电转换产生的电信号电压值也将出现峰值,即示波器显示的波形幅值最大。如果保持频率不变,通过调整接收换能器的位置,可以观察到示波器显示的波形幅度随着位置的变化而产生起伏。相邻最大值所对应的换能器位置变化值 ΔL 等于半个波长。

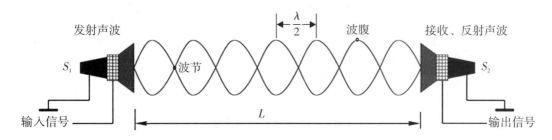

图9-3 共振干涉法测量声速

2）相位比较法测声速。

波是振动状态的传播，在传播方向上任意一点与波源之间的相位差 $\Delta\Phi$ 与频率 f、波速 v、传播距离 L 之间的关系为

$$\Delta\Phi = \frac{2\pi f L}{v} = \frac{2\pi L}{\lambda} \tag{9-5}$$

若将发射器产生的正弦信号与接收器捕获的正弦信号分别接入示波器的 X 和 Y 输入端，那么同频率的相互垂直的正弦波将发生干涉，其合成轨迹称为李萨如图。如图 9-4 所示，通过李萨如图，我们可以观察到相位差的周期性变化。

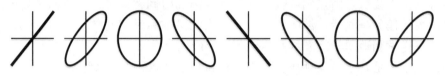

图 9-4　不同相位差的李萨如图

移动接收换能器的位置会引发相位差变化，从而导致李萨如图形的改变。当接收器和发射器之间的距离变化等于一个波长时，发射信号和接收信号之间的相位差正好发生一个周期的变化（即 $\Delta\Phi = 2\pi$），这将导致相同的图形重新出现。相反地，当我们观测到相位差变化一个周期时，通过准确测量接收器移动的距离，可以知其对应声波的波长，再结合声波的频率，便能计算出声波的传播速度。

3）时差法测声速。

当脉冲调制的正弦信号输入到发射器时，会导致发射器发出脉冲声波，经过一段时间 t 后，该声波到达距离发射器 L 处的接收器。t 可以通过测量仪器进行自动测定，也可直接从示波器上读取。只要测量得到距离 L，即可利用速度公式 $v = L/t$ 计算出声速。一旦接收器接收到脉冲信号，其能量将慢慢积累，振幅逐渐增大。随着脉冲信号的结束，接收信号开始呈现衰减振荡的状态，如图 9-5 所示。

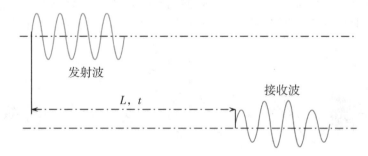

图 9-5　时差法测量声速

四、实验步骤

1. 声速测定实验装置的连接与工作频率调节

将声速测定实验仪的发射器端口连接到超声实验装置的发射换能器,实验仪相对应的示波器接口连接到示波器的 CH1 通道,用于观察发射波形。将声速测定实验仪的接收器端口与超声实验装置的接收换能器相连,实验仪相对应的示波器接口与示波器的 CH2 通道相连,用于观察接收波形。

为了获得更清晰的接收波形,需要将外加的驱动信号频率调整到发射换能器的谐振频率点,这样就可以更好地实现声能与电能的相互转换,提高实验测量的精度。预热仪器 15 min,确保其处于正常工作状态。首先,将接收端粗略调整至标尺的中间位置。接着,调节声速测定仪信号源的频率,使其频率范围在 30 ~ 45 kHz 之间,以确保接收端接收到的信号幅值最大。随后,在保持频率不变的情况下,微调接收端的位置,使信号达到最强。最后,保持接收端位置不变,微调频率,使接收到的信号幅值最大。此时,该频率可确定为压电陶瓷换能器系统的最佳工作点。

2. 用共振干涉法测量空气中的声速

信号源选择正弦波(sine-wave)模式,建议将发射增益和接收增益均设定为 2 档,或者根据实际波形调整增益。通过转动超声实验装置的丝杆摇柄,将发射器与接收器之间的距离调整为 5 cm 左右。在此位置附近,找到共振位置(即振幅最大),将其标记为第 1 个测量点并记录读数。接着,继续转动摇柄,使接收器远离发射器,并在每次达到共振时记录位置读数。总共记录 10 组数据,并整理填到表 9 – 1 中,用逐差法计算出波长。需要注意的是,在整个实验过程中需保持信号频率不变。在接收器移动过程中,若接收信号的振幅发生了显著变化并影响到测量结果,可以通过调节示波器的通道增益旋钮来控制波形显示的大小,以保持其在合理范围内。

表 9 – 1 共振干涉法测量空气中的声速

谐振频率 f_0 = _____ kHz,温度 T = ____ ℃							
测量组别 i	1	2	3	4	5	$\lambda_{\text{平均}}$	$v = f \cdot \lambda_{\text{平均}}$ 单位为 m/s
位置 L_i/mm							
测量组别 i	6	7	8	9	10		
位置 L_i/mm							
波长 λ_i/mm							

3. 用相位比较法测量空气中的声速

信号源仍然选择正弦波模式,并将发射增益和接收增益都设定为 2 档。将示波器设置为 X – Y 工作状态,连接信号源的发射监测输出信号到示波器的 X 输入端,并将其设定为触发信号;同时将接收监测输出信号连接到示波器的 Y 输入端。调整发射器与接收器之间的距离约为 5 cm,找到 $\Delta\Phi = 0$ 的点,将其标记为第 1 个测量点,并记录相应的位置读数。随后,通过转动摇柄使接收器远离发射器,在每次 $\Delta\Phi = 0$ 时记录读数。总共记录 10 组数据,并整理到表 9 – 2 中。

表 9 – 2 相位比较法测量空气中的声速

谐振频率 f_0 = _____ kHz,温度 T = _____ ℃							
测量组别 i	1	2	3	4	5	$\lambda_{平均}$	$\gamma = f \cdot \lambda_{平均}$
位置 L_i/mm							
测量组别 i	6	7	8	9	10		
位置 L_i/mm							
波长 λ_i/mm							

4. 用相位比较法测量水中的声速

首先将整个实验装置放入水槽中,并确保水的高度高出于换能器顶部 1 ~ 2 cm。选择连续波(sine-wave)模式作为信号源。示波器设置为 X – Y 工作状态,将信号源的发射监测输出信号连接到示波器的 X 输入端,并将其设为触发信号;将接收监测输出信号连接至示波器的 Y 输入端。当发射器与接收器之间的距离约为 3 cm 时,找到 $\Delta\Phi = 0$ 或 $\Delta\Phi = \pi$ 的点,将它标记为第 1 个测量点,并记录相应的读数。由于水中声波的波长约为空气中的 5 倍,为了缩短测量行程,可以在 $\Delta\Phi = 0$ 和 $\Delta\Phi = \pi$ 的位置同时进行测量,并将结果记录在表 9 – 3 中。

表 9 – 3 相位比较法测量水中的声速

谐振频率 f_0 = _____ kHz,温度 T = _____ ℃							
测量组别 i	1	2	3	4	5	$\lambda_{平均}$	$\gamma = f \cdot \lambda_{平均}$
位置 L_i/mm							
测量组别 i	6	7	8	9	10		
位置 L_i/mm							
波长 λ_i/mm							

5. 用时差法测量水中的声速

首先将信号源选择脉冲波（pulse-wave）工作模式，发射增益和接收增益均设定为 2 档。将发射器与接收器之间的距离调整为 3 cm 左右，将其作为第 1 个测量点，并记录相应的位置和时差。接着，通过转动摇柄使接收器远离发射器，每隔 20 mm 记录位置和时差的读数。总共记录 10 个点，并整理到表 9-4 中。此外，还可以通过示波器观察输出与输入波形的相对关系。

表 9-4 时差法测量水中的声速

测量组别 i	1	2	3	4	5	
位置 L_i/mm						
时刻 t_i/μs						
测量组别 i	6	7	8	9	10	$r_{平均} = s/t$
位置 L_i/mm						
时刻 t_i/μs						
速度 v_i/(m·s^{-1})						

6. 用时差法测量固体中的声速

由于被测固体样品的长度无法连续变化，因此只能通过时差法进行测量。为了提高测量的可靠性，建议在换能器端面和被测固体的端面涂覆声波耦合剂，推荐使用医用超声耦合剂。信号源选择脉冲波选取 3 个固体样品，长度分别为 10 cm、15 cm 和 20 cm 并填入表 9-5 中。工作模式，发射增益和接收增益均设定为 2 档。时间差可以从示波器上读取。选取 3 个固体样品，长度分别为 10 cm、15 cm 和 20 cm，并填入表 9-5 中。

表 9-5 时差法测量固体中的声速

固体样品	1	2	3
长度 L/cm	10	15	20
时间差/μs			
速度 v_i/(m·s^{-1})			

7. 测量室内温度

空气中的声速受多种因素影响，包括空气成分、湿度和温度等。其中，温度是影响空气中声速的主要因素。在温度为 t ℃时，干燥空气中声速的理论值为

$$\nu = \nu_0 \sqrt{1 + \frac{t}{T_0}} \quad (9-6)$$

式中，$\nu_0 = 331.45$ m/s，$T_0 = 273.15$ K。将声速理论值与实验值进行比较，计算不确定度。室内温度可从挂在墙上的温湿度计读取。

五、思考题

（1）为什么要在换能器的谐振频率条件下进行声速测定？如果将两个换能器之间的距离固定，通过改变频率来测量声速，是否可行？

（2）不同媒质中声波的传播速度有何不同？

（3）用逐差法计算波长的优点是什么？

（4）在共振干涉法测量过程中，导致接收信号振幅逐渐减弱的原因是什么？

（5）在时差法中，为什么接收信号波形呈阻尼振荡形式？

实验 10 气体比热容测量实验

一、实验目的

(1) 掌握气体比热容测量的原理和方法。
(2) 学会用数据采集器和计算机处理数据。

二、实验仪器

气体比热容实验装置、相对压强传感器、大型支架底座、45 cm 长不锈钢杆、850/550 数据采集器、微型计算机、PASCO Capstone 软件。

(1) 按照图 10-1 或图 10-2，将气体比热容实验装置安装好。

(2) 将相对压力传感器接在气体比热容测定仪的一个端口上，松开导管中的开关。

(3) 将活塞提高到标记为 8 cm 的地方，并用螺丝固定。关闭导管中的开关，使活塞保持在 8 cm 处。

(4) 在 850 数据采集器的通道 A 口插上相对压力传感器，如图 10-1 所示；将无线压力传感器接入计算机的 USB 口，如图 10-2 所示。

图 10-1 实验装置 1

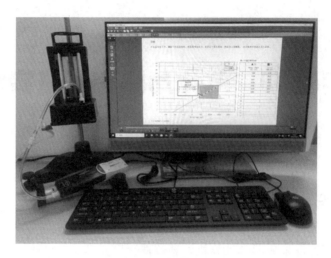

图 10-2　实验装置 2

（5）运行 PASCO Capstone 软件，建立压力 – 时间的图形，同时在表格中创建一个名为"活塞高度"和"周期"的表格。

三、实验原理

如图 10-1 所示，在圆柱体内充满空气并连接压力传感器，用手按下活塞，使之振动起来，通过记录气压随时间的变化可以得到振动周期，再根据拉其哈德法由振荡周期得到比热容比。

按照拉其哈德法，在隔热的情况下，活塞运动使得圆桶内的气体被压缩。此时，活塞会振荡至平衡位置，比热容比值 γ 可以通过测量活塞振荡的周期来衡量。

如果活塞的位置在某一测量点 x 以下，那么会有一股回复力使活塞回到平衡点。记这个力为 F，则有

$$F = -kx$$

式中，k 为空气弹簧常数，x 是活塞在圆柱体内的位置。就像一个处于弹簧上的物体，活塞会摆动起来。此时，活塞就像那个物体，被压缩的空气就是那个弹簧。弹簧上物体振动的周期 T（或者说空气的位置）是

$$T = 2\pi \sqrt{\frac{m}{k}} \qquad (10-1)$$

空气弹簧常数 k，用来计算平衡点为 x 时力的大小。当活塞位置在 x 以下，与总容积相比，此时的容积略微变小，$dV = xA$，其中 A 表示活塞的横截面积。

活塞回复力的大小由 $F = (dP)A$ 计算得到，dP 表示压力的微小变化。为了明确 dP 和 dV 的关系，假设振动是小而迅速的，圆桶内的气体的热量既没有增加也没有减少，那么整个过程中是隔热的。由此得到：

$$PV^{\gamma} = \mathrm{constant} \quad 常数 \qquad (10-2)$$

即
$$\gamma = \frac{C_P}{C_V} = 摩尔比热容比 \tag{10-3}$$

对于双原子气体：$C_V = \frac{5}{2}R$，$C_P = \frac{7}{2}R$，于是 $\gamma = \frac{7}{5}$。

由式（10-2）得
$$P\gamma V^{\gamma-1}dV + V^\gamma dP = 0 \tag{10-4}$$

从而得到：
$$dP = -\frac{P\gamma V^{\gamma-1}}{V^\gamma}dV \tag{10-5}$$

因为 $dV = xA$，所以有
$$dP = -\frac{\gamma PxA}{V} \tag{10-6}$$

代入 $F = (dP)A$ 得到
$$F = -\left(\frac{\gamma PA^2}{V}\right)x \tag{10-7}$$

将 F 代入公式 $F = -kx$，得到：
$$k = \frac{\gamma PA^2}{V} \tag{10-8}$$

将 k 代入周期公式，得到
$$T = 2\pi\sqrt{\frac{mV}{\gamma PA^2}} \tag{10-9}$$

故，
$$V = \frac{\gamma A^2 PT^2}{4\pi^2 m} \tag{10-10}$$

圆桶的总容积是 $A(h+h_0)$，其中 h 是测量得到的标记刻度，h_0 是标签零刻度以下的未知高度，将周期公式代入式（10-9）得
$$h = \left(\frac{\gamma AP}{4\pi^2 m}\right)T^2 - h_0 \tag{10-11}$$

因此，h 与这时候的体积所形成的图形将是一条直线。

用 slope 表示斜率，有
$$slope = \frac{\gamma AP}{4\pi^2 m} \tag{10-12}$$

h_0 是与 Y 轴的截距。因此，由式（10-12）可知，比热容比由式（10-13）给出
$$\gamma = \frac{4\pi^2 m(slope)}{AP} \tag{10-13}$$

式中，m 为活塞的质量，A 为活塞的横截面积，P 为气压，斜率 slope 来自于 h-T^2 图。

四、实验步骤

（1）活塞的质量以及活塞的横截面积（活塞的直径见装置的标签）。

（2）打开 PASCO Capstone 软件，在计算器中设置相关参数，如图 10 - 3 所示，点击开始运行程序。

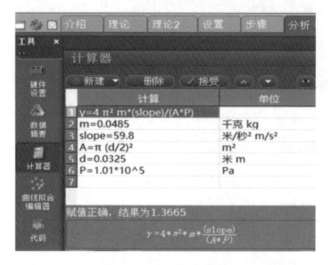

图 10 - 3 计算器设置

（3）用指尖拨动活塞的顶部，并停止运行程序。效果图如图 10 - 4 所示。

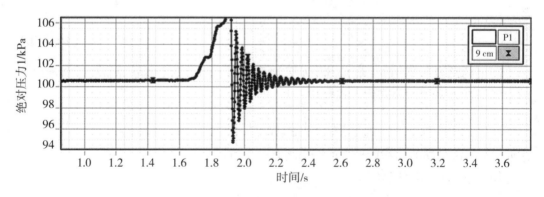

图 10 - 4 实验效果

（4）利用图上的坐标工具，确定压力 - 时间变化的振荡周期，效果图如图 10 - 5 所示。放大振荡图形，测量几座波峰的总时间，并用其除以波峰数来确定周期，将得到的周期及此时活塞的高度输入图 10 - 6 的表格中。

（5）打开的端口打开管夹，将活塞高度降到 7 cm，并在 7 cm 位置处固定活塞顶端的手拧螺丝。关闭打开的端口上的管夹。现在松开手拧螺丝，活塞会保持在 7 cm

处。重复这个过程。

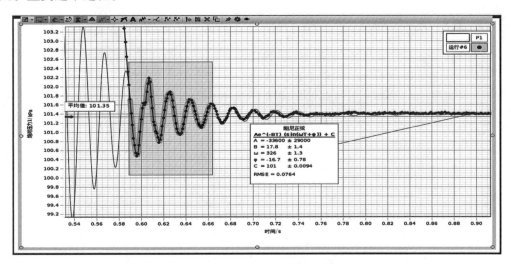

图 10-5　阻尼正弦拟合实验效果

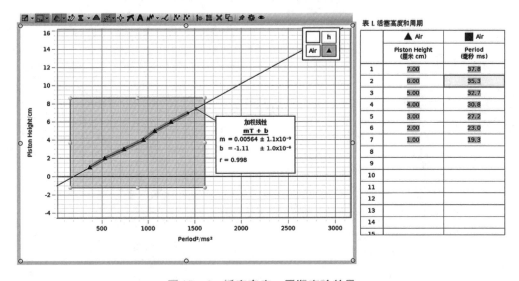

图 10-6　活塞高度-周期实验效果

（6）然后继续降低活塞，每步为 1 cm，在每次活塞位置下降处重复（5）过程，直到活塞达到 1 cm。

（7）除非需要用到气压计，设大气压为 1.01×10^5 Pa。

（8）绘出活塞高度-周期图，如图 10-6 所示为效果图。在水平轴上选择快速计算周期的平方。应用线性拟合和利用斜率计算比热容比的值，并与理论值作比较。

（9）其他气体，如氦气，可以引入气缸活塞移动到最低位置，然后将一个充满氦气的橡胶气球接在另一个未使用的端口，打开软管夹，使氦气进入气缸，推动活塞至顶部。在活塞移动到 8 cm 处时，将活塞固定并停止通气，切记直接将高压软管接在装置上。

 五、思考题

(1) 什么是双原子气体的理论比热容比？
(2) 什么是单原子气体的理论比热容比？
(3) 氦气图的斜率比空气图的斜率大还是小？为什么？
(4) 为什么我们可以假设空气是双原子呢？空气的主要成分是什么？

实验 11　材料拉力实验

一、实验目的

(1) 找出各种材料的拉伸应力与应变之间的关系。
(2) 测量测试件所受的拉伸量和拉力。
(3) 确定杨氏模量。

二、实验仪器

转动传感器、力传感器、850/550 数据采集器、不锈钢夹、应力与应变设备、PASCO Capstone 软件、微型计算机。

1. 仪器调整

(1) 将转动传感器连接到设备平台上。从转动传感器取下钳杆,将 3 级滑轮中的最大轮链接到转动传感器的轴上。用两颗螺丝将转动传感器固定到仪器平台下方。再把皮带放到 3 级滑轮的中间滑轮上,槽连到曲轴上,如图 11-1 所示。

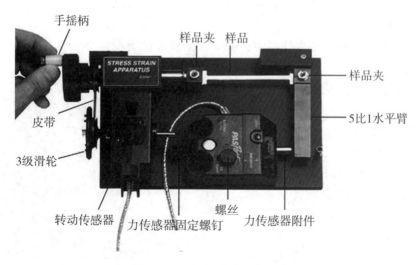

图 11-1　应力/应变设备组装

(2) 将力传感器连接到设备平台。拿掉力传感器上的钩子,并在该位置装上力传感器附件。通过安装在力传感器上的支撑杆将力传感器放到设备平台上,再将力传感器上的长螺钉插到力传感器上标有"Cart"的孔内,并将其拧入设备平台上的螺纹孔内。拧紧安装在力传感器支撑杆上的固定螺丝。

(3) 应力的计算。经 PASCO Capstone 软件计算可知,当杠杆臂的长度伸长到原来的 5 倍时,实际的应力是力传感器上读数的 5 倍。

(4) 应变的计算。当转动传感器每转动 360°,螺杆移动 1 mm,那么记应变为 x,单位为 mm,有

$$x = [Angle(°)]/360 \qquad (11-1)$$

(5) 夹住装置(可选)。使用大 C 形夹将设备平台夹紧到工作台或桌子的边缘。在平台的一侧上有 3 个脚,为了避免平台弯曲,可直接将夹子夹在中心脚上。

(6) 把力传感器连接到 850/550 数据采集器接口上,同时转动传感器也连接到 850/550 数据采集器接口上。

(7) 检查转动传感器的方向,同时监测 PASCO Capstone 软件的数字显示的位置,顺时针转动曲柄。如果软件的数字显示为负,则将转动传感器改为反向,这样方向就变成正向了;否则不改。

2. 仪器校准

在实验过程中,曲轴转动时,力将被施加到样品上,使其伸展。然而,这股力也会使杠杆压到力传感器顶端。

不管样品发生多大的应变,对于给定的力,样品的形变都是常数。一种可直接测量此变形的方法是用校准棒代替样品,目的是为校准棒创建距离与力的曲线图,其中,距离仅由装置的弯曲引起。随后,从另一个待测样品产生的类似图中减去此图,在类似图中,距离由装置的弯曲和样品的拉伸引起,最终得到一个距离是只由样品的拉伸引起的曲线图。

(1) 在 PASCO Capstone 软件中,建立一个校准位置与实际力的图像。创建实际力的数字显示。

(2) 通过下列步骤获取距离与力的数据。

①安装校准棒,如图 11-2 所示。从设备平台上取下螺母、垫圈、弹簧和上夹具。转动曲柄调整螺栓的位置,并通过校准棒里的孔滑动螺栓。在使用校准棒时,不要更换螺母。(图 11-3)

②给校准棒施加负荷以致能够轻松取下:

A. 转动曲轴使杠杆臂不接触力

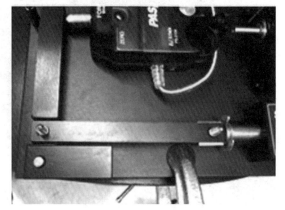

图 11-2　安装校准棒

传感器，再将力传感器调零。

B. 开始记录并转动曲柄，直到力的示数约为 5 N。这时停止转动并停止记录，把力传感器归零。

③再次开始记录并慢慢转动曲柄以便使设备伸展。当力达到 235 N 时会自动停止记录。

④根据装置的拉伸得到力与由力引起的应变之间的关系。

A. 打开一组位置与力的校准数据并进行曲面拟合。

B. 点击图表中的曲面拟合注释框，并注视左侧的曲线拟合编辑器。如果不能找到一条合适的拟合曲线，尝试选择图形上的数据以致图表的坏点不被包括进来，设置 X_0 与 B 都等于零。

C. 该曲面拟合最初锁定在 $n=4$。解锁并将 n 更改到 0.5，并再次锁定它，然后点击曲线拟合编辑器中的更新拟合。

D. 一旦找到一个合适的，解锁 n 并再次点击更新拟合。这个给出位置便作为力的函数的最终方程。

E. 打开计算器，计算 $X_{cal} = A * [实际 F(N)]\^n$ 并输入 A 和 n 的值。注意，B 和 X_0 是被故意设置成零的。$X_{cal} = A * [实际 F(N)]\^n$ 给出了设备拉伸的量值。校准位置 ΔL 的变化，从 X 中减去 X_{cal}（拉伸单位为 cm）。

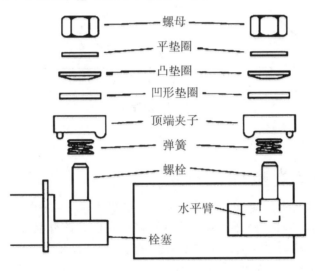

图 11-3 垫圈的安放

三、实验原理

实验的目的是找出各种材料的拉伸应力与应变之间的关系，应力与应变设备拉伸样品（除某些特殊情况外），同时也可以测量样品所受的拉伸量和拉力。通过 PASCD Capstone 软件产生应力与应变曲线图，从曲线图上能够确定杨氏模量、弹性区、塑性区、屈服点和断裂点等。

施加到材料上的力 F 与材料的横截面面积 A 的比值称为应力，即

$$应力 = \frac{F}{A} \qquad (11-1)$$

材料的长度变化 ΔL 与材料的原始长度 L_0 的比值称为应变，即

$$应变 = \frac{\Delta L}{L_0} \qquad (11-2)$$

在弹性区域内，应力正比于应变的比例系数称为杨氏模量，记作 Y，如图 11-4 所示

$$Y = \frac{应力}{应变} \qquad (11-3)$$

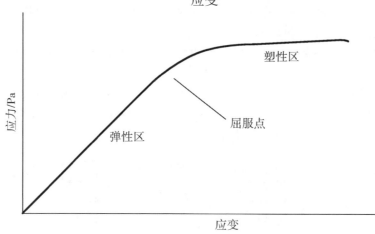

图 11-4 应变曲线

四、实验步骤

（1）取下校准棒并重新安装弹簧、夹子、垫圈和螺母，如图 11-3 所示。

（2）在安装样品时，松开螺母，但不要移动它们。该样品能够在钳位下部和端点顶部之间滑动。转动手摇柄，为样品腾出空间，使样品不能弯曲，保持直的。然后用扳手尽可能拧紧螺母，确保样品不扭曲，如图 11-5 所示。将传感器接入 850，如图 11-6 所示。计算器设置部分程序如下：

Actual F = 5 *［力,通道 P2（牛顿 N），▼］　　　　牛顿 N
A = 0.00827
n = 0.692
xcal = ［A］*（［Actual F（牛顿 N），▼］）^［n］　　毫米 mm
Area = 2.482
Plastic Stress = ［Actual F（牛顿 N），▼］/［Area］　　MPa
x = ［角（度°），▼］/360　　　　　　　　　　　　　毫米 mm

实验 11　材料拉力实验

ΔL =［x（毫米 mm），▼］－［xcal（毫米 mm），▼］　　　毫米 mm
L_{02} = 78　　　　　　　　　　　　　　　　　　　　　　　毫米 mm
Metal Strain =［ΔL（毫米 mm），▼］/［L_{02}　　　　（毫米 mm）］
A□ = 0.303
Metal Stress =［Actual F（牛顿 N），▼］/［A_2］　　　　MPa
L_0 = 21.5
Plastic Strain =［ΔL（毫米 mm），▼］/［L_0］

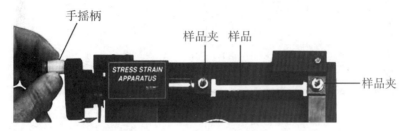

图 11 - 5　夹紧样品

图 11 - 6　传感器接入 850

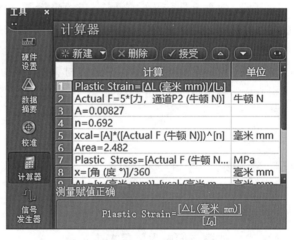

图 11 - 7　计算器设置

（3）预加载样品：本步骤是每次测试样品时必须要照做的。必须预先加载样品使其最初的松弛度小，并使力传感器在零位置处归零。

①在 PASCO Capstone 软件中，建立一个实际作用力的数字显示。

②转动曲轴使水平杆不接触力传感器，将力传感器调零。

③开始记录并转动曲轴，观察数字显示的力。当力值达到约 5 N 时，停止记录并按下力传感器上的归零按钮。

④现在该仪器记录样品曲线的准备工作已经做好。再次开始记录，并在整个范围内继续拉伸样品。

（4）创建金属应力与金属应变的图形。此时需要知道金属样品的截面积与狭窄部分的长度。使用式（11 - 1）和式（11 - 2）创建名为"金属应力"和"金属应变"的计算公式，如图 11-8 所示。此外，通过塑性样品的截面积与狭窄部分的长度建立"塑性应力"和"塑性应变"的计算公式。

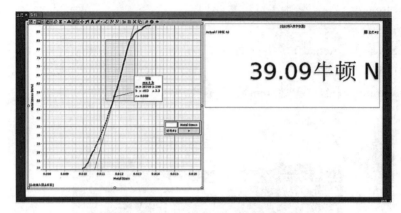

图 11-8　金属材料效果

（5）安装样品并预加载。
（6）建立金属应力 - 金属应变的坐标图，效果如图 11-8 所示。
（7）在记录过程中，缓慢转动曲轴直到样品断裂或达到最大拉伸长度。然后停止记录。
（8）重命名运行以确定被测试材料的类型的数据。
（9）测试其他样品。当测试一个塑料样品时，建立塑料应力 - 塑料应变的坐标图。

五、思考题

（1）在应力与应变图的起始部分，选择直线斜率的初始部分。截取一条直线并通过斜率找到杨氏模量。
（2）屈服点的应力值是多少？
（3）材料的最大抗拉强度是多少？
（4）材料的最大伸长率是多少？
（5）材料会裂开吗？在什么角度？
（6）用图上的标注来识别不同的区域，并讨论在这些区域中应力与应变之间的关系。
（7）描述你看到的不同材料的哪些功能是不同的。举例来说，从弹性区到塑性区每种材料的外表特征有哪些转变？
（8）试件理论所能承受的最大力是否与其实际所受应力相等？解释原因。
（9）试件理论所能承受的最大力是否与其实际所受应变相等？解释原因。

实验 12 空气热机实验

一、实验目的

(1) 学习热机的原理及循环过程。
(2) 测量不同冷热端温度时的热功转换值,并以此验证卡诺定理。
(3) 测量热机输出功率随负载及转速的变化关系,计算热机实际效率。

二、实验仪器

空气热机测试仪、电加热型热机实验仪、空气热机电加热器电源、微型计算机、通信器、示波器。

1. 空气热机实验仪

(1) 电加热型热机实验仪如图 12-1 所示。

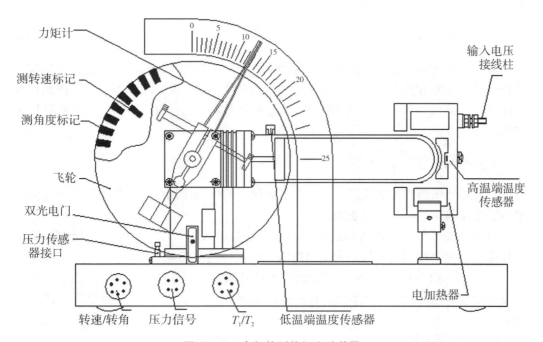

图 12-1 电加热型热机实验装置

飞轮下部装有双光电门，上边的一个用以定位工作活塞的最低位置，下边的一个用以测量飞轮转动角度。热机实验仪以光电门信号为采样触发信号。汽缸的体积随工作活塞的位移而变化，而工作活塞的位移与飞轮的位置有对应关系。在飞轮边缘均匀排列着45个挡光片，采用光电门信号上下沿均触发方式，飞轮每转4°给出一个触发信号，由光电门信号可确定飞轮位置，进而计算汽缸体积。

压力传感器通过管道在工作汽缸底部与汽缸连通，以测量汽缸内的压力。在加热器内装有温度传感器，测量高温区的温度；低温端气流通道内的温度传感器测量低温区的温度。底座上的三个插座分别输出转速/转角信号、压力信号和高低温端信号，使用专门的线和实验仪相连，传送实时的测量信号。电加热器上的输入电压接线柱分别使用黄色、黑色两种线连接到电加热器电源的电压输出正、负极上。

热机实验仪采集光电门信号、压力信号和温度信号，经微型计算机处理后，在仪器显示窗口显示热机转速和高低温区的温度。在仪器前面板上提供压力和体积的模拟信号，供连接微型计算机或文波器显示 $P-V$ 图。所有信号均可经仪器前面板上的串行接口连接到计算机。

加热器电源为加热电阻提供能量，输出电压从 24～36 V 连续可调，可以根据实验的实际需要调节加热电压。

力矩计悬挂在飞轮轴上，调节螺钉可调节力矩计与轮轴之间的摩擦力，由力矩计可读出摩擦力矩 M，进而算出摩擦力和热机克服摩擦力所做的功。经简单推导可得，热机的输出功率 $P=2\pi nM$，式中，n 为热机每秒的转速，即输出功率为单位时间内的角位移与力矩的乘积。

（2）电加热器电源。可以根据加热需要调节电源的输出电压，调节范围为24～36 V。

2. 空气热机测试仪

空气热机测试仪分为微机型和智能型两种型号。微机型测试仪可以通过串口和计算机通信，并配有热机软件，可以通过该软件在计算机上显示并读取 $P-V$ 图面积等参数和观测热机波形；智能型测试仪不能和计算机通信，只能用示波器观测热机波形。

3. 各部分仪器的连接方法

将各部分仪器安装摆放好后，根据实验仪上的标识使用配套的连接线将各部分仪器装置连接起来。其连接方法为：

（1）用适当的连接线将测试仪的"压力信号输入""T_1/T_2 输入""转速/转角信号输入"三个接口与热机底座上对应的三个接口连接起来。

（2）用一根 Q9 线将主机测试仪的压力信号和双踪示波器的 Y 通道连接，再用另一根 Q9 线将主机测试仪的体积信号和双踪示波器的 X 通道连接（智能型热机测试仪）。

（3）用1394线将主机测试仪的通信接口和热机通信器相连，再用 USB 线与计算

实验 12 空气热机实验

机的 USB 接口连接。热机测试仪配有计算机软件,将热机与计算机相连,可在计算机上显示压力与体积的实时波形,显示 $P-V$ 图,并显示温度、转速、$P-V$ 图面积等参数(微机型热机测试仪)。

(4)用两芯的连接线将测试仪后面板上的"转速限制接口"和电加热器电源后面板上的"转速限制接口"连接起来。

三、实验原理

热机是将热能转换为机械能的机器。斯特林在 1816 年发明的空气热机,是以空气作为工作介质。空气热机是学习热机原理与卡诺循环等热力学知识很好的热学实验教学仪器。

空气热机的结构及工作原理如图 12-2 所示。热机主机由高温区、低温区、工作活塞及汽缸、位移活塞及汽缸、飞轮、连杆、热源等部分组成。

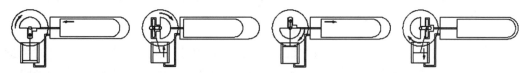

(a)工作活塞处于最底端　(b)气体进入高温区　(c)工作活塞处于最顶端　(d)气体进入低温区

图 12-2　空气热机工作原理

热机中部为飞轮与连杆机构,工作活塞与位移活塞通过连杆与飞轮连接。飞轮的下方为工作活塞与工作汽缸,飞轮的右方为位移活塞与位移汽缸,工作汽缸与位移汽缸之间用通气管连接。位移汽缸的右边是高温区,可用电热方式或酒精灯加热;位移汽缸的左边有散热片,构成低温区。工作活塞使汽缸内气体封闭,并在气体的推动下对外做功。位移活塞是非封闭的占位活塞,其作用是在循环过程中使气体在高温区与低温区之间不断交换,气体可通过位移活塞与位移汽缸间的间隙流动。工作活塞与位移活塞的运动是不同步的,当某一活塞处于位置极值时,它本身的速度最小,而另一个活塞的速度最大。

当工作活塞处于最底端时,位移活塞迅速左移,使汽缸内气体向高温区流动,如图 12-2(a)所示;进入高温区的气体温度升高,使汽缸内压强增大并推动工作活塞向上运动,如图 12-2(b)所示,在此过程中热能转换为飞轮转动的机械能;工作活塞在最顶端时,位移活塞迅速右移,使汽缸内气体向低温区流动,如图 12-2(c)所示;进入低温区的气体温度降低,使汽缸内压强减小,同时工作活塞在飞轮惯性力的作用下向下运动,完成循环,如图 12-2(d)所示。在一次循环过程中气体对外所作净功等于 $P-V$ 图所围的面积。

根据卡诺对热机效率的研究而得出的卡诺定理,对于循环过程可逆的理想热机,热机转换效率 η 为

$$\eta = A/Q_1 = (Q_1 - Q_2)/Q_1 = (T_1 - T_2)/T_1 = \Delta T/T_1$$

式中，A 为热机每一循环中做的功，Q_1 为热机每一循环从热源吸收的热量，Q_2 为热机每一循环向冷源放出的热量，T_1 为热源的绝对温度，T_2 为冷源的绝对温度。温度的单位为 K。

实际的热机都不可能是理想热机，由热力学第二定律可以证明，循环过程不可逆的实际热机，其效率不可能高于理想热机，此时热机效率为

$$\eta \leqslant \Delta T / T_1$$

卡诺定理指出了提高热机效率的途径，就过程而言，应当使实际的不可逆机尽量接近可逆机；就温度而言，应尽量提高冷热源的温度差。

由"傅里叶定律"公式，有

$$q = \frac{dQ}{dS} = -\lambda \frac{\partial T}{\partial n}$$

式中，q 为 n 方向的导热热流密度，单位 W/m^2；Q 为 n 方向的导热传热速率或热流量，单位 W 或 J/s；S 为与热流方向垂直的导热面积，单位为 m^2；λ 为导热系数，单位为 W/(m·K) 或 W/(m·°C)；$\frac{\partial T}{\partial n}$ 为 n 方向的温度变化率，单位为 K/m 或 °C/m。

在几何结构不变的前提下，吸收的热流量 Q 与 ΔT 成正比。一次循环吸收的热量为 Q_1，则单位时间内热机循环 n 次，则单位时间内吸收的热量应为 nQ_1，即为吸收的热流量。于是 nQ_1 与 ΔT 成正比，即热机每一循环从热源吸收的热量 Q_1 正比于 $\Delta T/n$。又因转换效率 $\eta = A/Q_1$，所以 η 正比于 $nA/\Delta T$。

n、A、T_1 及 ΔT 均可测量，测量不同冷热端温度时的 $nA/\Delta T$，观察它与 $\Delta T/T_1$ 的关系，若二者为正比关系，就能证明理想热机的转换效率正比于 $\Delta T/T_1$，便可间接验证卡诺定理。

当热机带负载时，热机向负载输出的功率可由力矩计测量计算而得，且热机实际输出功率的大小随负载的变化而变化。在这种情况下，可测量计算出不同负载大小时热机的实际输出功率。

四、实验步骤

由于空气热机测试仪分为微机型和智能型两种型号，所以实验有微机测量和利用示波器的智能型测量两种不同的方法。

连接好仪器——空气热机测试仪、电加热型热机实验仪以及空气热机电加热器电源。如果是用微型计算机和通信器测量，则空气热机测试仪的通信接口连接通信器的通信接口，通信器的 USB 接口连接微型计算机的 USB 端口，不接示波器。如果是利用示波器测量的智能型测量，则空气热机测试仪的示波器输出压力接口通过 Q9 线与示波器 Y 通道连接，可以观测压力信号波形；体积接口通过 Q9 线与示波器 X 通道连接，可以观测体积信号波形。

实验开始空载时将电加热器电源电压调至 24 V，当 Δ 接近 80 K，T_1 与 T_2 的温差

为 80～100 K 时，用手顺时针拨动飞轮，飞轮开始转动。将加热电压分别调为：24 V、26 V、28 V、30 V、32 V、34 V 和 36 V，待相应的温度和转速平衡后，记录当前加热电压，并从热机测试仪（或计算机）上读取温度和转速，从双踪示波器显示的 $P-V$ 图估算（或计算机上读取）$P-V$ 图面积，即将对应的热端温度 T_1(K)、温度差 ΔT(K)、热机转速 n 等空载数据，填入表 12-1 中。做负载实验时电压为 36 V，将数据填入表 12-2 中。

表 12-1 测量不同冷热端温度时的热功转换值

加热电压 U/V	热端温度 T_1/K	温度差 ΔT/K	$\Delta T/T_1$	A（$P-V$ 图面积）/J	热机转速 n 转/s	$nA/\Delta T$

表 12-2 测量热机输出功率随负载及转速的变化关系

热端温度 T_1/K	温度差 ΔT/K	输出力矩 M/Nm	热机转速 n 转/s	输出功率 $P_o = 2\pi nM$	输出效率 $\eta_{o/i} = P_o/P_i$

输入功率 $P_i = UI$

1）微机测量。

开微型计算机，打开实验软件，如图 12-3 所示。点击"开始实验"，如果 T_1 与 T_2 的温差为 80～100 K，用手顺时针拨动飞轮，热机即可运转，这时就出现如图 12-4 所示曲线，如果是空载，就可以将相应数据填写到表 12-1 中，如果是负载，就可以将相应数据填写到表 12-2。

以 $\Delta T/T_1$ 为横坐标，$nA/\Delta T$ 为纵坐标，在坐标纸上作 $\Delta T/T_1$ 与 $nA/\Delta T$ 的关系图，验证卡诺定理。

在最大加热功率下，用手轻触飞轮让热机停止运转，然后将力矩计装在飞轮轴上，拨动飞轮，让热机继续运转。调节力矩计的摩擦力（不要停机），待输出力矩、转速和温度稳定后，读取并记录各项参数于表 12-2 中。保持输入功率不变，逐步增大输出力矩，重复以上测量5次以上。以 n 为横坐标，P_o 为纵坐标，在坐标纸上作 n 与 P_o 的关系图，表示同一输入功率下，输出负载不同时输出功率或效率随负载的变化关系。

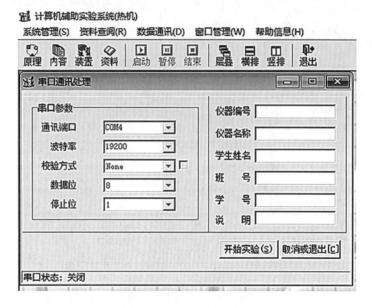

图 12-3　打开实验软件

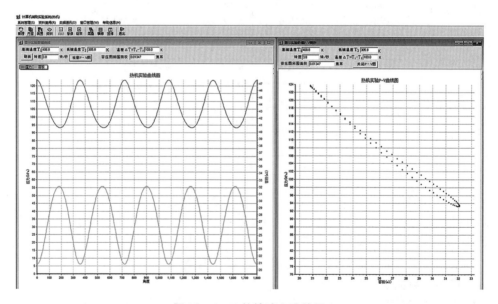

图 12-4　飞轮转动实验效果

表 12-1、表 12-2 中的热端温度 T_1、温差 ΔT、转速 n、加热电压 U、加热电流 I、输出力矩 M 等可以直接从仪器上读出来；$P-V$ 图面积 A 可以根据示波器上的图形估算得到，也可以从计算机软件直接读出（仅适用于微机型热机测试仪），其单位

为 J；其他的数值都可以根据前面的读数计算得到。

2）智能型测量。

对于某些示波器 $P-V$ 图面积的估算方法如下。用 Q9 线将仪器上的示波器输出信号和双踪示波器的 X、Y 通道相连。将 X 通道的调幅旋钮旋到 "0.1 V" 档，将 Y 通道的调幅旋钮旋到 "0.2 V" 档，然后将两个通道都打到交流档位，并在 "X-Y" 档观测 $P-V$ 图，再调节左右和上下移动旋钮，便可以观测到比较理想的 $P-V$ 图。再根据示波器上的刻度，在坐标纸上描绘出 $P-V$ 图，如图 12-5 所示。以图 12-5 中椭圆所围部分每个小格为单位，采用割补法、近似法（如近似三角形、近似梯形、近似平行四边形等）等方法估算出每小格的面积，再将所有小格的面积加起来，得到 $P-V$ 图的近似面积，单位为 "V^2"。根据容积 V，压强 P 与输出电压的关系，可以将 V^2 换算为 J。容积（X 通道）——$1V=1.333\times10^{-5}m^3$，压力（Y 通道）——$1V=2.164\times10^4$ Pa，则：$1V^2=0.288$ J。

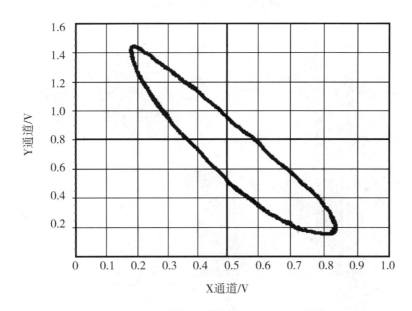

图 12-5　示波器观测的热机实验 $P-V$ 曲线

对于双通道 100 MHz 泰克示波器，则不能完成图 12-5 的效果，为此可以采用 $P-V$ 图面积的方法。

首先，从示波器导出数据到 U 盘，保存选 "波形"，信源选 "所有"，保存为 "CSV 格式"。泰克示波器面板如图 12-6 所示。

（1）方法一：用 origin 求面积。

①打开 origin 软件，导入数据，第一列为时间，第二列为 CH1 通道输出的体积信号，第三列为 CH2 通道输出的压强信号，单位均为 V。删去最上面十几行的信息，只保留数据。origin 求面积输入数据如图 12-7 所示。

②以时间为 x 轴，以体积信号为 y 轴，画图。只保留一个周期的数据，删掉超过

通识物理实验

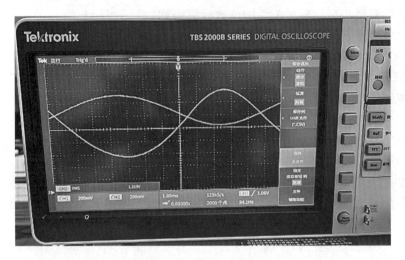

图 12-6　泰克示波器面板

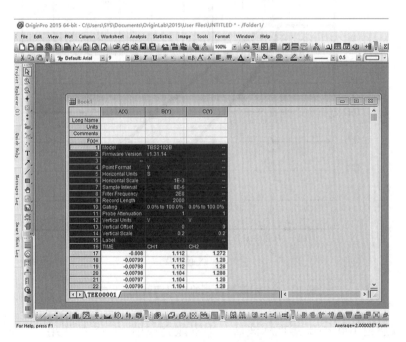

图 12-7　origin 求面积输入数据

一个周期的数据,使得 $P-V$ 图形刚好只围一圈。origin 软件画一个周期数据如图 12-8 所示。

③以体积信号为 x 轴,压强信号为 y 轴,画图。点击"analysis"-"mathematics"-"polygon area"-"open dialog",弹出的对话框中 area type 选择"absolute area"。点击"确定"后,便可显示 $P-V$ 图第一圈所围面积,单位为伏^2。origin 软件求所围面积如图 12-9 所示。

实验 12 空气热机实验

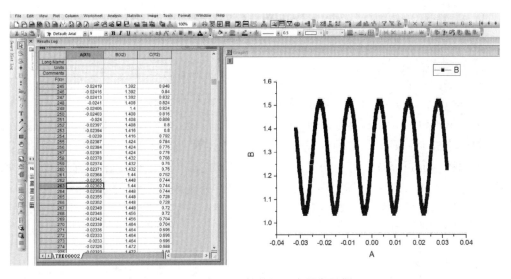

图 12-8 origin 软件画一个周期数据

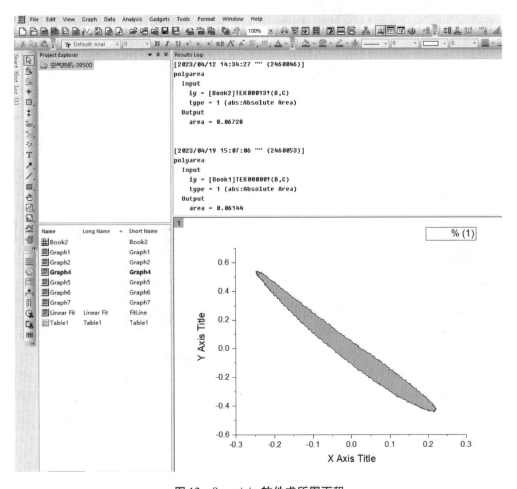

图 12-9 origin 软件求所围面积

④将面积的单位由伏² 换算为 J：1 V² = 0.288 J。

（2）方法二：excel 求面积。

任意多边形面积计算公式为 $S = \dfrac{1}{2} \left| \sum\limits_{i=1}^{n}(x_i y_{i+1} - x_{i+1} y_i) \right|$，其中 (x_i, y_i) 为各顶点坐标，$x_{n+1} = x_1, y_{n+1} = y_1$。下面举例说明 $P-V$ 图面积的计算方法。

①在 excel 中以 CH1 列为 x 轴，CH2 列为 y 轴，绘制带平滑线和数据标记的散点图，并适当放大。导出的数据一般是一圈以上的数据，为计算方便，只需计算出第一圈所围面积。通过鼠标右键点击散点图 - "选择数据" - "编辑"，同步更改 "X 轴系列值" 和 "Y 轴系列值" 的最后一个数据值，并观察散点图的变化情况，直到从第 3 行数据到设置行数据刚好使 $P-V$ 图围成 1 圈，记录该设置行行数。用 excel 软件求面积如图 12 - 10 所示。

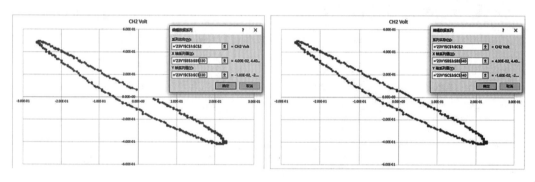

图 12 - 10 用 excel 软件求面积

②在 D 列和 E 列分别增加，如图 12 - 11 中所示 ［图中画左图 C4 （excel 表中 C4）部分的行数为上面得到的设置行行数］。

	A	B	C	D	E
1	X	CH1	CH2		
2	Second	Volt	Volt	x(i)*y(i+1)-x(i+1)*y(i)	S(V2/r)
3	-6.00E-02	4.00E-02	-1.60E-02	=B3*C4-B4*C3	0.06528
4	-5.98E-02	4.40E-02	-2.40E-02	1.92E-04	
5	-5.96E-02	5.20E-02	-2.40E-02	-8.32E-04	
6	-5.94E-02	5.20E-02	-4.00E-02	-2.56E-04	
7	-5.92E-02	5.60E-02	-4.80E-02	3.84E-04	
8	-5.90E-02	6.40E-02	-4.80E-02	-3.20E-04	
9	-5.88E-02	6.80E-02	-5.60E-02	-3.20E-04	
10	-5.86E-02	7.20E-02	-6.40E-02	-3.26E-04	

	A	B	C	D	E	F
1	X	CH1	CH2			
2	Second	Volt	Volt	x(i)*y(i+1)-x(i+1)*y(i)	S(V2/r)	
3	-6.00E-02	4.00E-02	-1.60E-02	-2.56E-04	=ABS(SUM(D3:D340))/2	
4	-5.98E-02	4.40E-02	-2.40E-02	1.92E-04		
5	-5.96E-02	5.20E-02	-2.40E-02	-8.32E-04		
6	-5.94E-02	5.20E-02	-4.00E-02	-2.56E-04		
7	-5.92E-02	5.60E-02	-4.80E-02	3.84E-04		
8	-5.90E-02	6.40E-02	-4.80E-02	-3.20E-04		
9	-5.88E-02	6.80E-02	-5.60E-02	-3.20E-04		
10	-5.86E-02	7.20E-02	-6.40E-02	-3.26E-04		

图 12 - 11 excel 表格输入的参数

③在数据中找到设置行，并更改设置行的公式，将第 $n+1$ 组数据改为第 1 组数据。重新返回查看 E 列的面积数据，该值即为 $P-V$ 图第一圈所围面积，单位为 S。excel 表格输入的参数如图 12 - 12 所示。

338	7.00E-03	2.80E-02	8.00E-03		-2.56E-04	338	7.00E-03	2.80E-02	8.00E-03		-2.56E-04
339	7.20E-03	3.20E-02	0.00E+00		-5.12E-04	339	7.20E-03	3.20E-02	0.00E+00		-5.12E-04
340	7.40E-03	4.00E-02	-1.60E-02	=B340*C341-B341*C340		340	7.40E-03	4.00E-02	-1.60E-02	=B340*C3-B3*C340	
341	7.60E-03	4.40E-02	-1.60E-02		-7.04E-04	341	7.60E-03	4.40E-02	-1.60E-02		-7.04E-04
342	7.80E-03	4.40E-02	-3.20E-02		2.56E-04	342	7.80E-03	4.40E-02	-3.20E-02		2.56E-04

图 12 – 12　excel 表格输入的参数

五、注意事项

（1）加热端在工作时温度很高，而且在停止加热后 1 h 内仍然会有很高温度，请小心操作，以防被烫伤。

（2）热机在没有运转的状态下，严禁长时间大功率加热，若热机运转过程中因各种原因停止转动，必须用手拨动飞轮帮助其重新运转或立即关闭电源，否则会损坏仪器。

（3）热机汽缸等部位为玻璃制造，容易损坏，请谨慎操作。

（4）记录测量数据前须保证已基本达到热平衡，避免出现较大误差。等待热机稳定读数的时间一般在 15 min 左右。

（5）在读力矩的时候，力矩计可能会摇摆。这时可以用手轻托力矩计底部，缓慢放手后可以稳定力矩计。如还有轻微摇摆，则读取中间值。

（6）飞轮在运转时，应谨慎操作，避免被飞轮边沿割伤。

（7）热机实验仪上贴的标签不可撕毁，否则保修无效。

六、思考题

（1）为什么 P – V 图的面积等于热机在一次循环过程中将热能转换为机械能的数值？

（2）简述热机及其应用。

（3）简述空气热机的结构及工作原理。

实验13　高速摄影力学实验

一、实验目的

（1）观察单摆的运动轨迹，计算单摆周期，测量重力加速度。
（2）观测平抛运动的过程与轨迹，将平抛运动分解为水平方向和竖直方向的运动，测量平抛运动的初速度。
（3）观测弹簧振子的运动过程，测量振动周期，测量弹簧的劲度系数。
（4）观测碰撞过程，测量碰撞前后物体的速度，验证动量守恒定律。
（5）测量自由下落物体速度与时间的关系，测量重力加速度。

二、实验仪器

实验装置由拍摄背景、运动物体、录像及分析系统等组成，即由拍摄背屏、运动小球、各类固定小球、发射装置、摄像头、补光灯等组成。并配套有视频录制、分析软件，如图13-1所示。

（1）拍摄背景与运动物体。其中拍摄背景为黑色，运动物体采用了白色金属球和蓝色尼龙球。通常运动小球和背景的对比度越高，识别效果越好。为了去除干扰，小球的支架、释放装置（内置电磁铁）、弹簧也全部都定义为黑色，以减少识别干扰。

（2）高速相机。采用了330 fps高帧率相机，该相机可以清晰抓拍到运动的物体，同时配合有补光灯，还可以在拍摄过程中有效去除实验室灯光频闪引起的画面闪烁。

（3）分析系统。配套有特定的分析软件系统，能够分析出单小球运动和双小球（一蓝一白）运动的坐标与时间的关系，可据此进一步计算出小球的运动速度与加速度并进行显示。

实验 13 高速摄影力学实验

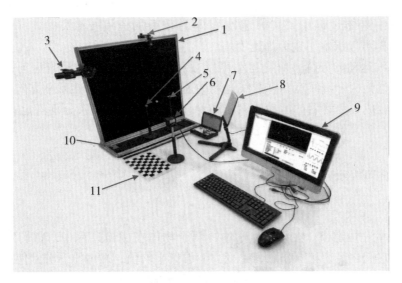

1—速摄影背屏；2—悬挂支架；3—平抛发射器；4—小球支架；5—释放装置；6—高速相机；
7—力学测试组件收纳盒；8—补光灯；9—微型计算机；10—桌垫；11—标定板。

图 13-1 高速摄影力学实验装置

三、实验原理

（1）瞬时速度。小球在运动过程的一段距离内，其平均速度可以表示为

$$\bar{v} = \frac{\Delta s}{\Delta t} \tag{13-1}$$

当时间间隔 Δt 或位移 Δs 取极限时，有

$$v = \lim_{\Delta t \to 0} \frac{\Delta s}{\Delta t} \tag{13-2}$$

在实验中，由于拍照帧率 f 极高（每两帧间隔时间 $< 1/100$ s），可看作 $\Delta t \to 0$，故可以用中心差分法求得的瞬时速度代替真实瞬时速度

$$v = (r_{n+\frac{1}{2}} - r_{n-\frac{1}{2}})f \tag{13-3}$$

式中，v 为质点在第 n 帧时的瞬时速度，r_n 为质点在第 n 帧时的位移，$r_{n+\frac{1}{2}}$ 和 $r_{n-\frac{1}{2}}$ 通过线性插值计算得到。

（2）匀加速直线运动。物体在运动过程中，其速度的变化量与发生这一变化所用时间的比值称为加速度。若一物体沿直线运动，且在运动的过程中加速度保持不变，则称这一物体在做匀加速直线运动。它的加速度为某一个定值 a，当这个定值恒为零时，就变为匀速直线运动或静止。其中速度与时间的关系可以表示为

$$v = v_0 + at \tag{13-4}$$

式中，v_0 为初速度。将速度对时间积分，即可得到位移与时间的关系

$$s = v_0 t + \frac{1}{2}at^2 \tag{13-5}$$

在物体的自由落体过程中，其加速度 a 即为重力加速度 g。根据式（13-3）和式（13-5）即可以求解出重力加速度。

（3）曲线运动的分解。曲线运动可以被分解为水平运动和竖直运动，将复杂的曲线运动简化为两个直线运动。曲线运动的速度可以看作物体在水平方向和竖直方向上的速度的合成，分解后的运动速度和位移随时间的变化关系分别满足式（13-1）和式（13-2）。其合速度大小可表示为

$$v = \sqrt{v_x^2 + v_y^2} \qquad (13-6)$$

其合速度方向可表示为

$$\theta = \arctan\left(\frac{v_y}{v_x}\right) \qquad (13-7)$$

（4）动量守恒定律。在经典力学中，两个物体在碰撞过程中，它们发生的形变不断变化，它们之间的相互作用力是变力，取其平均值，对两小球分别使用动量定理

$$Ft = m_1 v'_1 - m_1 v_1 \qquad (13-8)$$
$$F't = m_2 v'_2 - m_2 v_2 \qquad (13-9)$$
$$F = -F' \qquad (13-10)$$
$$m_1 v_1 + m_2 v_2 = m_1 v'_1 + m_2 v'_2 \qquad (13-11)$$

式中，m 为质量，v 为速度，下标代表小球 1 和小球 2，上标代表碰撞后的状态。

式（13-11）为动量守恒定律。由式（13-3）获得碰撞前后两小球的速度，代入式（13-11），即可验证动量守恒定律。

（5）简谐运动（振动）。小角单摆和弹簧振子的运动均可以看作简谐运动，它们的运动过程通常用式（13-12）描述

$$x = A\cos(\omega t + \varphi) \qquad (13-12)$$

式中，A 为振幅，ω 为角频率，T 为周期，其满足 $\omega = 2\pi/T$，x 为质点位移，φ 为初始相位。

一般简谐运动的周期为

$$T = 2\pi\sqrt{\frac{m}{k}} \qquad (13-13)$$

式中，m 为振子质量，k 为振动系统的回复力系数。当振动系统为单摆时，$k = mg/l$，其中 l 为单摆摆长；当振动系统为弹簧振子时 k 即为弹簧的劲度系数。

通过式（13-2）求得简谐运动的速度-时间关系图，从图中获得运动周期，将周期和质量代入式（13-13），即可计算出重力加速度或弹簧的劲度系数。

四、实验步骤

13.1 镜头畸变校正实验

软件在安装后第一次使用时，需要对镜头做畸变校正，使图像中的坐标与现实坐标的对应关系为线性关系（即二者仅存在等比缩放的关系）。安装好的软件及摄像头，须确保能通过软件打开摄像头。保持环境光线明亮，调节镜头，将镜头聚焦至离

镜头约 40 cm 的位置。在软件中打开相机后，选择相机标定。手持标定板，拍摄软件提示数量的照片。注意保持拍摄画面能够清晰地拍摄到完整的标定板（无反光且黑白分明，边缘清晰）。拍摄完成后，点击"开始校正"按钮完成校正。观察校正后的画面，将钢尺置于画面中不同位置，观察钢尺是否有明显变形，如果有则重复以上步骤重新进行校正。注意校正结束后，如果需要对焦，则不应该调节镜头，而应该移动相机位置。每次调节镜头后，建议重新进行校正。

13.2 单摆实验

通过对单摆运动数据的采集，可以直观地观测单摆的运动曲线，建立单摆运动方程，分析单摆摆长、摆球质量、摆动角度对单摆运动的影响。利用单摆周期公式，可以测量出当地的重力加速度。

通过软件打开摄像头后，打开补光灯，调节摄像头曝光参数，使小球和背景有较高的对比度。适当移动补光灯的位置，使背景成为暗色，且小球在视场中的各个位置均没有特别高光的情况。

将细绳用螺钉固定在小球上，悬挂于背景板顶部支架，悬挂时，调节摆长并测量长度。适当调节摄像头位置，使小球位于视场内，且镜头中轴线与背景板尽量垂直（可在软件画面右下角打开十字辅助线辅助调节），此时摄像头的成像面与背景板平行。放置好释放装置，接通电源。将单摆拉至一定高度，吸至释放装置上。单摆实验安装示意如图 13-2 所示。

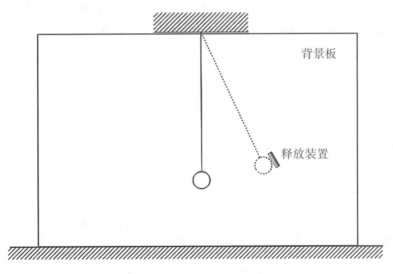

图 13-2 单摆实验安装示意

实验前先释放几次单摆，观察单摆的摆动方向是否和背景板平行，如果不平行，应适当调节释放装置的位置和朝向使其平行。调节补光灯的位置，使画面中小球的正面清晰可见，且除小球外的其他物体和场景较暗。如果没有提前标定像素坐标和实际坐标的比例尺关系，可将钢尺竖直或水平地安放于画面中，如果因像素问题导致钢尺刻度不清晰，可以适当将摄像头的位置调近或使用标定板代替钢尺（标定板的格子

边长固定为 25 mm）注意：钢尺所在的平面选为小球靠近相机一侧的竖直切面。录制一段视频后，可将钢尺或标定板移开，以防干扰实验。

断开释放装置开关，使单摆自由摆动。录制约 30 s 单摆视频后，停止录像并开始分析。打开视频，选择小球开始运动的帧数作为起始帧（也可任意选择小球运动过程中的某一帧作为起始帧），选择一定的运动时长后的帧数作为结束帧。在界面中拖动红框，框选小球的运动范围，并在钢尺或标定板上选择一部分范围，测量其像素长度（在图中使用鼠标大致测量，单位为 px）和实际长度（直接读数，单位为 mm），将其输入参数框中，并计算出其比例 q，单位为 px/mm。

点击"开始分析视频"，调节灰度阈值，使其尽量能识别出整个小球，但同时其他干扰越少越好。调整好后，点击"开始分析"。分析结束后，关闭分析窗口，将会自动生成小球坐标数据以及位移图、速度图。可在图表中分析或选择导出数据后进行分析。

注意：尽量保证摄像头拍摄到的画面与背景板平行，如果想使用单摆周期公式尽量准确地计算重力加速度，则应当在实验过程中注意单摆近似做简谐振动的条件。摆球吸在释放装置上以后，注意使小球球心与摆线在同一直线上，避免在摆动过程中小球出现抖动现象。

数据记录与处理：分析导出的原始数据表格，如表 13-1 所示。从选择的分析区域的第一帧开始，分别记录每一秒的帧数，小球的 x、y 坐标。根据摄像头帧率 f，可得每两帧间隔时间为 $1/f$，再根据像素坐标与真实坐标的比例关系，即可将时间单位以及位移单位转换为标准单位（时间从帧转换为 s，1 s = f 帧；长度从 px 转换为 mm，1 mm = q px）。

表 13-1 时间与坐标

时间/帧	x 坐标/px	y 坐标/px
1		
2		
…		

查看小球的 x 坐标，找到 3 次或更多的最大值的行数（帧数），也可在位移图中直接找到两次最大值，计算出单摆的平均周期

$$T = \frac{1}{n-1}(f_n - f_1)\Delta h \quad (13-14)$$

式中，n 为选择的 x 坐标最大值的次数，f_n、f_1 分别为第 n 次和第 1 次 x 坐标最大值所对应的帧数；Δh 为相邻两帧的时间间隔，取 $1/f$。

将摆长 L 和周期 T 代入式（13-15），计算出重力加速度 g，并对比当地的重力加速度值 g'，计算相对误差 η

$$T = 2\pi\sqrt{\frac{L}{g}} \quad (13-15)$$

$$g = \frac{4\pi^2 L}{T^2} \quad (13-16)$$

$$\eta = \frac{g - g'}{g'} \times 100\% \quad (13-17)$$

注意：寻找单摆周期更简单的办法是对位移图作傅里叶变换，将时域信号转换为频域信号，得到幅度最大处的频率 f，周期即为 $1/f$。

13.3 平抛实验

通过对变速运动的拍摄，分析其运动轨迹，可以直观地理解牛顿第二定律，也可对复杂运动的运动方式进行分析。平抛运动是一种非常典型的匀加速运动，使用高速摄影对平抛运动进行记录，可以重复观看其运动轨迹，加深理解运动的合成与分解。

如图 13-3 所示，平抛发射器固定在背景板上，调节好平抛发射器的高度，将小球放入发射器中，拉动发射栓。摄像头位于背景板的正前方，补光灯置于摄像头后方，打开软件录制界面，适当调节摄像头位置使其视场区域内均为背景板内的部分。

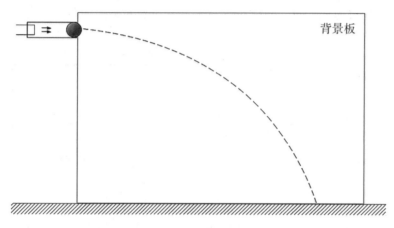

图 13-3 平抛运动实验示意

摄像头刚打开的短时间内，其帧率并不稳定，须等待软件显示帧率稳定后，再进行视频录制，以保证每两帧的时间间隔尽可能一致。如果没有提前标定像素坐标和实际坐标的比例尺关系，可将钢尺或标定板竖直或水平地安放于画面中一段时间（具体方法参考本实验步骤 2）。

在视频录制界面点击"开始录像"按钮以录制视频，按下平抛发射器开关，发射小球。录制好视频后，框选小球的运动范围，并测量小球像素直径和实际直径的比例（采用本实验步骤 2 中的钢尺或标定板测量法更加准确），将其输入至参数框中，然后开始分析。将分析得到的小球时间 - 坐标信息以及相关绘图保存导出留做数据分析。调节平抛发射器的发射力度，重复以上步骤，研究不同初速度下的平抛运动。

注意：尽量保证摄像头拍摄到的画面与背景板平行。由于相机在采集图像的过程中，每一帧的时间间隔会有微小的波动，如果小球下落的速度很快，将会造成速度误差偏大，因此建议尽量拍摄小球刚开始运动的时候的视频。

数据记录与处理:分析导出的原始数据表格,如表 13-2 所示,从选择的分析区域的第一帧开始,分别记录帧数,小球的 x、y 坐标。根据相机的帧率 f,可得每两帧的间隔时间为 $1/f$;再根据像素坐标与真实坐标的比例关系,即可将时间单位以及位移单位转换为标准单位。

表 13-2 平抛运动原始数据

时间/帧	x 坐标/px	y 坐标/px
1		
2		
…		

同时分析软件会自动绘制出与其相应的位移图和速度图,方便观察与分析。位移与时间的关系如图 13-4 所示。测量平抛运动示例还须注意本示例小球的水平运动方向与图 13-3 定义方向相反,具体情况视平抛发射器安装于屏幕的左右而定。

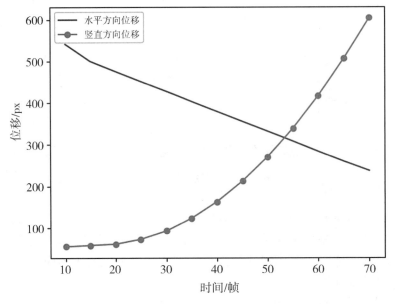

图 13-4 位移与时间的关系

13.4 简谐振动实验

通过对弹簧简谐振子的拍摄,分析其运动轨迹,可以直观地观测简谐振动,也可对复杂运动的运动方式进行分析。

在实验开始之前,先使用天平测量弹簧与小球的总质量 m。使用钢尺测量弹簧挂上小球后小球质心的位置,更换不同小球后,再次测量弹簧与小球的总质量 m',以及弹簧挂上小球后,小球质心的位置,依据胡克定律和当地可查的重力加速度,计算

出弹簧劲度系数 k'。

如图 13-5 所示,将弹簧悬挂于背景板上方夹持装置上,将释放装置置于小球正下方,拉动小球吸在释放装置上。然后释放小球,录制简谐运动视频并开始分析。数据处理可在图表中进行或选择导出后进行。

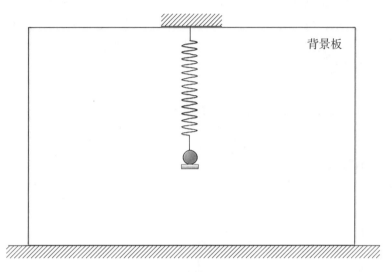

图 13-5 弹簧振子实验示意

注意:弹簧的初始振幅不宜过大,否则向上回弹的位置可能超过弹簧收缩的最短位置。为了较好的实验效果,通常推荐的初始振幅在 4 cm 左右,也可根据弹簧的劲度系数选择合适的振幅。

数据记录与处理:根据实验步骤 2 中的方法做好单位转换。

查看小球的 y 坐标,找到 3 次或更多的最大值的行数(帧数),计算出弹簧振子的平均周期 T 和振幅 A

$$T = \frac{1}{n-1}(f_n - f_1)\Delta h \tag{13-18}$$

$$A = \frac{1}{2(n-1)}\left(\sum_{i=0}^{n} y_{\max}^{i} - \sum_{i=0}^{n} y_{\min}^{i}\right) \tag{13-19}$$

式中,n 为选择 y 坐标极大值的次数,$y_{\max}^i$ 为对应的第 i 次的 y 的最大值,$y_{\min}^i$ 为对应的第 i 次的 y 的最小值,f_n 和 f_1 分别为第 n 次和第 1 次 y 的最大值所对应的帧数,Δh 为两帧间的时间间隔,取 $1/f$,其中 f 为帧率。

对位移图数据按简谐振动动方程进行拟合得到其运动方程

$$y = A\cos(\omega t + \varphi) + C \tag{13-20}$$

根据弹簧振子周期公式(13-13)计算出弹簧的劲度系数 k

$$k = \frac{4\pi^2 m}{T^2} \tag{13-21}$$

可与根据胡克定律计算得到的劲度系数对比,分析相对于胡克定律实验所测劲度系数的相对误差 η。

$$\eta = \frac{k - k'}{k'} \times 100\% \qquad (13-22)$$

式中，k' 为根据胡克定律计算得到的劲度系数。

13.5 动量守恒实验

准备白色和蓝色小球各 1 个，称量其质量并记录。

如图 13-6 所示，选择蓝色小球作为被撞小球，将其安放于小球支架上；将白色撞击小球悬挂于屏幕顶部支架（单摆），调节二者的位置，使两小球刚好在平行于背景屏幕的面内等高接触。

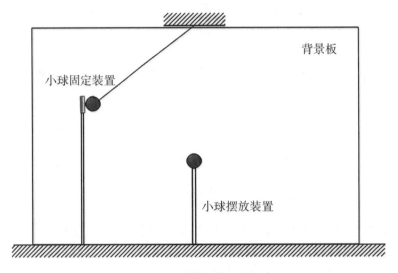

图 13-6　动量守恒实验示意

在顶部支架安放辅助重垂线（带有金属悬挂环的重垂小球），使其处于被撞小球和撞击小球组成的平面内。拉动撞击小球，使其吸于释放装置上；再调节其位置，使其位于辅助重垂线和被撞小球所在的平面内。位置安装好后，将辅助重垂线取下。

将摄像头连接到电脑，打开补光灯后打开软件。打开相机后，将曝光调到较低的值（能拍摄到小球的最低值，为防止拍摄过程曝光时间波动过大，不能勾选自动），而其他相机参数使用默认值。适当调节摄像头位置，使小球位于视场内，且镜头中轴线与背景板尽量垂直，此时摄像头的成像面与背景板平行。

释放小球，录制碰撞视频后开始分析。打开视频，选择白色小球开始运动的帧数作为起始帧，选择一定的运动时长后（碰撞结束且蓝色小球离开视野区前）的帧数作为结束帧。框选小球的运动范围，并测量任一小球的像素直径和实际直径，将其输入参数框中（可参考本实验步骤 2 中的方法）。点击"开始分析视频"，调节灰度阈值，使其尽量能识别出小球，同时其他干扰越少越好。调整好后，点击"开始分析"。分析结束后，关闭分析窗口，计算机将会自动生成小球坐标数据以及数据图，其中数据表格中前两栏为白色小球的数据，后两栏为蓝色小球的数据。数据分析可在图表中进行或选择导出后进行。

同时注意以下 4 点：①尽量保持两小球的运动平面与背景板平行。②撞击小球的质量应当选择与被撞小球接近的，因为质量差异太大会导致无法测量到大质量小球碰撞前后的速度变化。③两小球的颜色应当不同。④尽量使小球摆到最低点时能与支架上的小球在平行背景板的平面内发生水平对心碰撞。

数据记录与处理：在碰撞瞬间前后极短时间内，两小球均可看作仅在水平方向运动，因此，在验证动量守恒时仅需要计算水平方向上的动量即可。同时可根据本实验步骤 2 中的方法做好单位转换。

将两小球的 $t-x$ 坐标图绘制于一张图上。选择二者最近的点作为碰撞点（此时两球的 x 坐标的差值的绝对值最小）。取碰撞前后三个点，分别计算两小球碰撞前后的速度［如果两小球没有水平碰撞，蓝色小球会和支架产生相互作用（尽量保证对心水平碰撞可以减小此影响），因此选择碰撞后速度点时，可根据实际情况决定是否选择离碰撞点稍远的一两帧］

$$v_b = \frac{x_{i-1} - x_{i-2}}{\Delta h} \tag{13-23}$$

$$v_a = \frac{x_{i+2} - x_{i+1}}{\Delta h} \tag{13-24}$$

式中，v_b 为碰撞前的速度，v_a 为碰撞后的速度，x_i 为碰撞点处的 x 坐标，$i+1$ 为视频中下一帧，$i-1$ 为视频中上一帧，Δh 为两帧间的时间间隔，其值为视频帧率 f 的倒数。计算完成后，以 1 上标代表蓝色小球，以 2 上标代表白色小球，再分别计算两小球在碰撞前后（p_b 和 p_a）的总动量

$$p_b = m^1 v_b^1 + m^2 v_b^2 \tag{13-25}$$

$$p_a = m^1 v_a^1 + m^2 v_a^2 \tag{13-26}$$

计算碰撞前后的总动量相对误差 η，判断小球碰撞过程中是否确实守恒

$$\eta = \frac{p_a - p_b}{p_b} \times 100\% \tag{13-27}$$

13.6 自由落体实验

将电磁铁连同支撑杆从底座上取下，然后将直杆固定于顶部支架上（注意电磁铁方向朝下），再将小球吸于电磁铁上。

使用钢尺或标定板进行定标，释放小球，录制自由落体视频后开始分析。

注意：由于相机在采集图像的过程中，每一帧的时间间隔会有微小的波动，如果小球下落的速度很快，将会造成速度计算误差偏大，因此建议尽量拍摄小球刚开始运动的时候（小球在相机画面内开始释放最佳），如果需要更高的测量准确性，建议按实验步骤 2 中的方法使用钢尺或标定板进行定标。

数据记录与处理：使用实验步骤 2 中的方法进行坐标转换。按照中心差分法，计算出小球每一帧的速度

$$v_i = \frac{y_{i+1} - y_{i-1}}{2\Delta h} \tag{13-28}$$

式中，Δh 为两帧间的间隔时间，其值为 $1/f$，v_i 为第 i 帧的速度，y_i 为第 i 帧的 y 坐

标，y_{i+1} 为时间轴上向后一帧的小球的 y 坐标，y_{i-1} 为时间轴上向前一帧的小球的 y 坐标。绘制速度与时间的关系图（分析软件中已经直接绘制），选取直线上的点或使用拟合的方法，求取其斜率，即为重力加速度。计算所测得的重力加速度与当地的垂直加速度参考值的相对误差 η

$$\eta = \frac{g - g'}{g'} \times 100\% \qquad (13-29)$$

式中，g' 为当地重力加速度参考值。

五、思考题

（1）解析动量守恒实验。
（2）你知道测量万有引力常数有哪几种方法？
（3）为什么在实验开始前要进行镜头畸变校正？

附录　相机画面的定标

通过给摄像画面定标，可以获得像素距离和实际距离的比例大小。只有定标之后，才能将捕捉到的小球坐标单位转换为标准长度单位。通常情况下，像素与实际长度的比例尺可以通过以下两种方式来确定：

（1）使用小球的直径。小球在摄像头画面中的成像是一个圆。设小球的直径为 d（单位为 mm），画面中的圆的直径为 d'（单位为 px），于是定标比例尺为：mm : px = $d : d'$。事实上，小球的直径可以使用游标卡尺较为精确地测量得到，但画面中的圆往往并非标准的球的投影。由于越靠近边缘，小球表面的法线和摄像头中轴线的夹角就越大，反射进镜头的光也就越少，因此，摄像头画面中的圆往往会比小球的投影要小，结果会使比例尺偏大。此种标定方法在精度要求不高的情况下可以简单快速地进行定标。

（2）使用钢尺或标定板进行标定。由于使用小球直径直接进行标定会出现比例尺偏大的问题，因此，使用钢尺或标定板这样的平面进行标定更加准确。

如图 13-7 所示，在图像识别的过程中，N 点是小球图像的中心点，因此需要在 N 点所在的竖直平面进行定标。但由于镜头角度的问题，N 点会因为小球的位置不同而在球面上发生变化，因此，直接在 N 点所在平面进行定标是难以完成的。

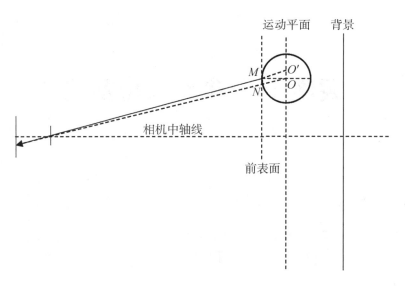

图 13-7 相机拍摄小球时的成像情况

由于本实验采用的相机其镜头角度对小球的成像在一定范围内影响较小，即小球的中心总是在 M 点附近，因此可以选择如图 13-7 中所示的前表面作为标定面（靠近相机一端的竖直切面），这样定标仍然有一定的误差（可能会导致比例尺偏小），但所引起的误差远比将定标面选在运动平面上（导致比例尺偏大）要小。此处引起的误差在自由落体、平抛运动等对位置-时间信息非常敏感的实验中表现较为明显。

如要避免选择前表面所带来的定标误差，可以适当增加摄像头的拍摄距离，这样在小球的运动过程中 N 点将会更加接近 M 点。

实验 14 风力发电实验

一、实验目的

（1）熟悉风能转换成电能的过程及基本原理。
（2）了解影响风电转换效率的相关因素及提高风力发电机功率系数的方法。

二、实验仪器

风力发电实验仪如图 14-1 所示。

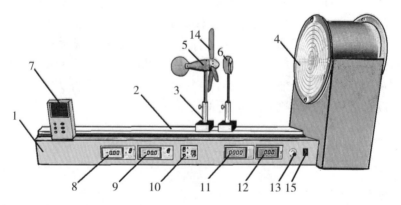

1—底座；2—导轨；3—滑块；4—风机；5—风力发电机；6—测风头；7—风速计；8—输出电压表；
9—输出电流表；10—发电机电力输出；11—发电机转速；12—风机电压表；13—风机电压调节；
14—风轮叶；15—风机电源。

图 14-1 多功能风力发电实验仪

三、实验原理

风能是太阳致空气流动所形成的。把风的动能转变成机械能，推动发电机转子转动，再转化为电能，这就是风力发电。风能是可再生的清洁能源，具有储量巨大、清洁无污染、成本低廉、安全可靠等特点。风电是重要的战略新兴产业，具有广阔的发展前景。

空气的定向流动就形成了风。设风速为 V_1、质量为 Δm 的空气单位时间通过垂直于气流方向、面积为 S 的截面的动能为

$$E = \frac{1}{2}\Delta m V_1^2 = \frac{1}{2}\frac{\rho L S}{t}V_1^2 = \frac{1}{2}\rho S V_1^3 \qquad (14-1)$$

式中，L 为气流在时间 t 内所通过的距离；ρ 为空气密度，在标准状态下取值为 1.293 kg/m³，一般随高度及温度增大而减小。由式（14-1）可知空气的动能与风速的立方成正比。

风能利用效率的基本理论，是德国物理学家贝兹提出的贝兹定律。该定律建立在假定风轮是理想的基础上，气流通过风轮时没有阻力，气流经过整个风轮扫掠面时是均匀的，并且气流通过风轮前后的速度为轴向方向。

以 V_1 表示风机的上游风速，V_0 表示气流流过风轮旋转面 S 时的风速，V_2 表示流过风扇叶片截面后的下游风速。

根据动量定理，流过风轮旋转面 S、质量为 Δm 的空气，在风轮上产生的作用力为

$$F = \frac{\Delta m(V_1 - V_2)}{\Delta t} = \frac{\rho S V_0 \Delta t(V_1 - V_2)}{\Delta t} = \rho S V_0(V_1 - V_2) \qquad (14-2)$$

风轮吸收的功率为

$$P = F V_0 = \rho S V_0^2(V_1 - V_2) \qquad (14-3)$$

此功率是由空气动能转换而来的，从风机上游至下游，单位时间内空气动能的变化量为

$$\Delta E = \frac{1}{2}\rho S V_0(V_1^2 - V_2^2) \qquad (14-4)$$

令式（14-3）、式（14-4）两式相等，得到

$$V_0 = \frac{1}{2}(V_1 + V_2) \qquad (14-5)$$

将式（14-5）代入式（14-3），可得到功率随上下游风速的变化关系式

$$P = \frac{1}{4}\rho S(V_1 + V_2)(V_1^2 - V_2^2) \qquad (14-6)$$

当上游风力 V_1 不变时，令 $dP/dV_2 = 0$，可知当 $V_2 = \frac{1}{3}V_1$ 时，式（14-6）取得极大值，且

$$P_{\max} = \frac{8}{27}\rho S V_1^3 \qquad (14-7)$$

将式（14-7）除以式（14-1），可以得到风力发电机的最大理论效率（贝兹极限）

$$\eta_{\max} = \frac{P_{\max}}{\frac{1}{2}\rho S V_1^3} = \frac{16}{27} \approx 0.593 \qquad (14-8)$$

将风力发电机的实际风能利用系数（功率系数）C_P 定义为风力发电机实际输出功率与流过风轮旋转面 S 的全部风能之比，即

$$C_P = \frac{P}{E} = \frac{2P}{\rho S V_1^3} \qquad (14-9)$$

功率系数 C_P 总是小于贝兹极限，风机工作时，C_P 一般在 0.4 左右。但 C_P 不是一个常数，它随风速、发电机转速、负载以及叶片参数如翼型、翼长、桨距角等而变化。

由式（14-9）可知，风力发电机实际的功率输出为

$$P = \frac{1}{2}C_P \rho S V_1^3 = \frac{1}{2}C_P \rho R^2 V_1^3 \qquad (14-10)$$

式中，R 为风轮半径。式（14-10）是本实验的基本理论依据，它展示了风力发电机功率输出与各物理量的依赖关系。对风力发电机的功率输出影响大的因素依次是风速 V_1 和风轮半径 R，这对风场的选址和叶片长度的选择具有决定性的指导意义。在本实验中，将分别就这些参量对风机功率输出的影响进行验证。

四、实验步骤

1. 用风速计测风头导轨上不同位置的风速

在导轨上将风力发电机滑块移动到远离风机一端，在风力发电机和风机间放置风速计测风头滑块，在距风机 10 cm 的位置上调整测风头的高度和角度使风速计显示出该位置的最大读数值（5.4 m/s 以上）。在导轨上移动测风头滑块到不同设定位置，测量风速值并记录到表 14-1 中。做此项实验时，应尽量减小外界气流扰动，从高风速开始到低风速依次测量，待读数稳定后再记录，并重复测量 2 次后取平均值。注意：测量时风速计要用"平均风速（AVG）"测量档。

表 14-1 导轨上不同位置的风速

导轨位置/cm	10	20	30	40	50	60	70	80	90
$V_1/(\text{m}\cdot\text{s}^{-1})$									
$V_2/(\text{m}\cdot\text{s}^{-1})$									
$\overline{V}/(\text{m}\cdot\text{s}^{-1})$									

2. 风速与风力发电机的输出功率关系实验

放置风速计测风头滑块到离风机最远端的导轨上，将发电机滑块安放在测风头和风机之间。在发电机轮毂上安装 3 片同类型风轮叶片，先旋松前端固定圈，再转中间调节圈，使调整叶片在轮毂上的角度都为 5° 左右的位置，然后拧紧固定圈。注意：风轮叶片共有三种类型，安装时不要混装。

在九孔实验板上按图 14-2 插上元件模块，连接成三相桥式全波整流电路，电路

输出连接到输出电流、电压表。若将元件模块的二极管换成发光二极管（LED），可直接观察到三相桥式全波整流电路的工作情况。

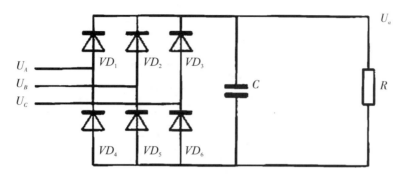

图 14-2 三相桥式全波整流电路

合上风机电源开关，观察表上显示的电压、电流值。调整负载电阻 R，并填入表 14-2 中。

表 14-2 可调负载各点的电阻值

负载指示点	a	b	c	d
电阻值/Ω	0	100	200	470

根据步骤 1 测出的风速与导轨位置关系，在导轨上移动风力发电机滑块到不同风速位置上，观察表上的电压、电流值并记录到表 14-3 中。根据功率与电压及电流的关系算出相应的风机输出功率。

表 14-3 风速与风力发电机输出功率间的关系

风速/(m·s^{-1})	5.4	5.2	5.0	4.8	4.6	4.4	4.2
I/mA							
U/V							
P/mW							

3. 叶片形状与风机输出功率关系的实验

参照步骤 2 的操作，其他不变，变换叶片形状为异型 1、异型 2 及平板型等。观察并记录不同叶型下的输出功率值，记录到表 14-4 中。

表 14-4　叶片形状与风力发电机输出功率间的关系

V/(m·s^{-1})		5.4	5.0	4.6
异形叶片 1	I/mA			
	U/V			
	P/mW			
异形叶片 2	I/mA			
	U/V			
	P/mW			
平板型叶片	I/mA			
	U/V			
	P/mW			

4. 画出风速 V 和风力发电机输出功率 P 的关系图（略）

五、思考题

（1）什么是贝兹理论？

（2）简述风力发电的原理。风能的效率最大是多少？

（3）风能的优点是什么？

实验 15　磁耦合谐振式无线电能传输实验

一、实验目的

（1）掌握磁耦合谐振式无线电能传输的基本原理和特点。
（2）分析磁耦合谐振式无线电能传输效率和功率的影响因素。
（3）了解磁耦合谐振式无线电能传输的实际应用。

二、实验仪器

磁耦合谐振式无线电能传输实验装置如图 15 - 1 所示。

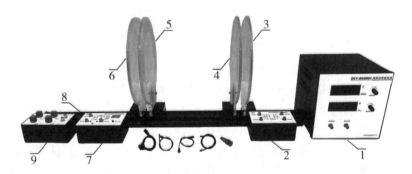

1—高频功率信号源；2—发射线圈适配器；3、6—单匝线圈；4、5—谐振线圈；
7—接收线圈适配器；8—导轨；9—电阻箱。

图 15 - 1　磁耦合谐振式无线电能传输实验装置

三、实验原理

1. 磁耦合谐振式无线电能传输简介

人类对电能的应用已有数百年的历史。初期，电能主要通过电线进行有线传输。随着社会进步和科技的发展，传统的有线传输在某些特殊场景下无法满足对可靠性和便捷性的需求。因此，无线电能传输技术随之兴起，成为众多学者研究的热点。根据传输机理的不同，无线电能传输技术可分为三种方式，如图15-2所示。其中，电场耦合式和磁场耦合式属于近场耦合传输方式，适用于较短距离的传输；而电磁辐射式被归类为远场辐射传输方式，适用于较长距离的传输。近场耦合传输方式在实际生产和生活中得到广泛应用，相关理论也相对成熟。

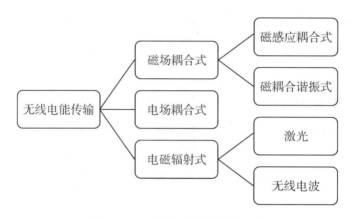

图15-2　无线电能传输技术分类

电场耦合式主要依赖电场传输能量。发射端产生电场，接收端通过电场耦合来接收能量。这种方法通常在近距离时效果较好。电磁辐射式主要通过辐射电磁波的方式传输能量。在发射端，电能被转换为电磁波并辐射出去；在接收端，通过天线接收电磁波，并将其转化为电能。这种方法能够实现远距离的能量传输，但存在能量辐射的问题，可能引起电磁辐射干扰。磁感应耦合式通常利用磁场的耦合传输能量。发射端产生一个变化的磁场，接收端的线圈感应到磁场的变化并从中提取能量。这种方法常用于近距离的能量传输。磁耦合谐振式是一种通过磁场的耦合和谐振来实现能量传输的技术。发射端谐振线圈中的能量通过磁场耦合传到接收端的谐振线圈，随后从接收端的谐振线圈中提取能量。这种传输方式在传输效率和功率方面具有一定优势。

如图15-3所示为四线圈磁耦合谐振式无线电能传输的结构示意。发射线圈在高频电流的作用下形成交变磁场，而发射线圈和接收线圈由于具有相同的谐振频率，在磁场的作用下产生谐振，进而实现能量的传递。谐振线圈作为基本单元可被视为电感和电容构成的回路，其中，线圈电感对应于磁场的储能和释放。因此，线圈之间的能量传输介质是交变磁场，采用的是磁耦合方式进行传输。当两个谐振线圈之间的距离一定时，通常存在弱的电磁耦合。但当两者固有频率一致并发生谐振时，系统阻抗最小，能量耦合将得到增强。在整个传输过程中，谐振是核心，因此这一技术被称为磁耦合谐振式无线电能传输。基于两个谐振线圈的架构，四线圈无线电能传输系统在功率源与谐振线圈之间，以及谐振线圈和负载之间增加了发射环路和接收环路，这两个环路通常由单匝线圈构成。通过引入由单匝线圈与电源或负载构成的环路，可以实现低损耗和高比率的阻抗变换；同时，这种配置还能隔离电源和负载对谐振线圈的影响。由于单匝线圈和谐振线圈之间的距离较近，且频率特性存在较大的差异，因此它们之间的能量传输通过直接感应的方式进行。

实验 15 磁耦合谐振式无线电能传输实验

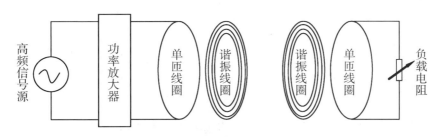

图 15-3 四线圈磁耦合谐振式无线电能传输结构示意

2. 耦合模理论

耦合模本质是一种微扰法，通过避开复杂物理模型，直接对物体间的能量耦合进行分析，以便揭示传输过程中的物理本质。在研究该实验模型时，考虑到存在损耗和外在激励的影响，可以将系统等效视为图 15-4 所示的两个 LC 振荡回路。线圈回路上存在电阻损耗 Γ_1 和 Γ_2（对应的回路电阻分别为 R_1 和 R_2），同时线圈 1 上存在持续的激励模 $A_S e^{j\omega t}$（由外部电源提供）。

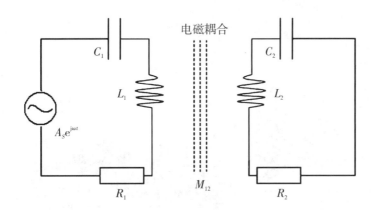

图 15-4 有损耗有激励时两线圈无线电能传输系统（L 为电感，C 为电容）

此时耦合模方程为

$$\begin{cases} \dfrac{da_1}{dt} = (j\omega_1 - \Gamma_1)a_1 + K_{12}a_2 + A_S e^{j\omega t} \\ \dfrac{da_2}{dt} = (j\omega_2 - \Gamma_2)a_2 + K_{21}a_1 \end{cases} \quad (15-1)$$

式中，$-\Gamma_1 a_1$ 为环路损耗，$K_{12}a_2$ 为线圈 2 的模式对线圈 1 的耦合影响，K 为耦合率，ω_1 和 ω_2 为线圈固有频率。为了方便计算，可先考虑实验系统具有完全对称性的情况，即：$K_{12} = K_{21} = K$；$\omega_1 = \omega_2 = \omega_0$；$\Gamma_1 = \Gamma_2 = \Gamma$。在研究该系统时，我们感兴趣的是系统稳定后的结论，在忽略衰减项后，方程式（15-1）的解可写为

$$\begin{cases} a_1(t) = \dfrac{j\omega - j\omega_0 + \Gamma}{-(\omega-\omega_0)^2 + \Gamma^2 + j2\Gamma(\omega-\omega_0) - K^2} \cdot A_S e^{j\omega t} \\ a_2(t) = \dfrac{-K}{-(\omega-\omega_0)^2 + \Gamma^2 + j2\Gamma(\omega-\omega_0) - K^2} \cdot A_S e^{j\omega t} \end{cases} \quad (15-2)$$

输出端的负载功率为

$$P_L = 2\Gamma |a_2|^2 \quad (15-3)$$

考虑到谐振特性，耦合率 K 和两线圈互感耦合系数 k 之间满足

$$K = j\omega_0 k/2 \quad (15-4)$$

同时，损耗系数 Γ 可写为品质因数 Q 的函数：

$$\Gamma = \omega_0 / 2Q \quad (15-5)$$

基于以上信息和公式，通过 Matlab 仿真，可得到负载功率 P_L 与耦合系数 k 和角频率 ω/ω_0 的关系，如图 15-5 所示。

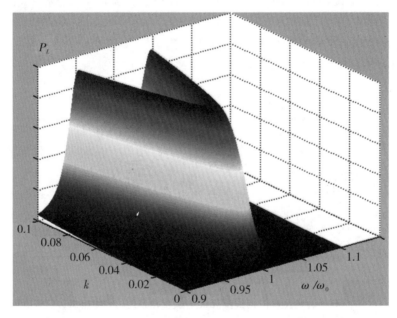

图 15-5 负载功率 P_L 与耦合系数 k 和角频率 ω/ω_0 的关系（$Q_1 = Q_2 = 30$）

以 $k = 1/Q$ 为分界点，可以得出以下结论：

（1）当耦合系数较大时（$k > 1/Q$），会出现频率分裂现象，存在 2 个极大值 ω_1 和 ω_2 以及一个极小值 ω_3。在这个频率分裂的范围内，负载功率的极大值基本不随耦合系数的变化而改变，这被称为强耦合区域。此时，无线电能传输电路的 Q 值通常较高，耦合系数可以近似表示为：

$$k = \Delta\omega/\omega_0 \quad (15-6)$$

因此，可以通过测量强耦合区域中频率分裂的程度来估算线圈之间的耦合系数。

（2）当 $k = 1/Q$ 时，频率分裂现象消失。在尽量提高传输距离的前提下，负载有功功率达到最大值。因此，这个点也被称为无线电能传输的临界耦合点或最佳工

作点。

（3）当耦合系数较小时（$k<1/Q$），负载功率随频率变化呈单峰分布，极大值对应于谐振频率 ω_0。随着耦合系数的减小，负载功率 P_L 迅速减小，这被称为欠耦合区域。

3. 等效电路理论分析及 Matlab 模拟

相较于耦合模理论，等效电路分析具有简单易懂的特点，且电路参数的含义较为明确，便于建立模型进行分析。该方法需要准确获知线圈的电阻、电感、电容，以及电路中存在的调节器件和线圈之间的互感系数。这些参数与线圈的材料、形状、尺寸和匝数等密切相关。在实验中，线圈结构完全对称，而谐振线圈则采用平面螺旋结构。具体参数见表 15-1。

表 15-1 模拟线圈参数

谐振线圈			
线圈外径 D_{max}/cm	28.5	寄生电阻 $R_{10,20}$/Ω	0.365
平均半径 r_{avg}/cm	12.25	线圈电感 $L_{1,2}$/μH	27
匝数 N	8	谐振频率 ω_0/MHz	3.0
单匝线圈			
匝数 N	1	线圈外径 D/cm	28.5
线圈电感 $L_{S,L}$/μH	0.55	寄生电阻 $R_{S0,L0}$/Ω	0.053
其他			
耦合系数 $k_{S1}=k_{2L}$	0.38	取样电阻 R_0/Ω	1
电源内阻 R_S/Ω	50	负载电阻 R_L/Ω	50

为了方便讨论，在接近谐振频率 ω_0 的范围内，忽略表 15-1 中的参数随频率变化的影响，将它们近似视为定值，均取谐振点处的数值。图 15-6 展示了实验中的磁耦合谐振式无线电能传输等效电路模型及各个参数。

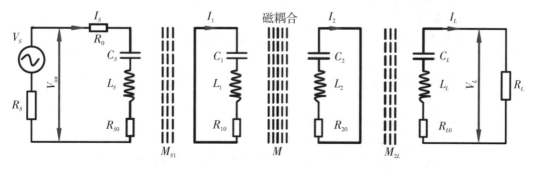

图 15-6 磁耦合谐振式无线电能传输等效电路

考虑系统完全对称的情况下，设电源电压为 V_S，激励角频率为 ω，电源内阻 R_S = 负载电阻 R_L，实验中用于测试电流的取样电阻为 R_0；单匝线圈 $R_{L0} = R_{S0}$，$C_L = C_S$，$L_L = L_S$；谐振线圈 $R_{10} = R_{20}$，$C_1 = C_2$，$L_1 = L_2$；互感系数 $M_{S1} = M_{2L}$；谐振线圈回路的固有频率 $\omega_1 = \omega_2$；谐振线圈 1 和谐振线圈 2 之间的互感系数为 M；图 15 - 6 中四个回路的电流依次为 I_S、I_1、I_2 和 I_L；线圈输入电压为 V_{int}，输出电压为 V_L。

基于上述模型和参数，利用 Matlab 进行仿真可观察系统负载功率 P_L 和传输效率 τ 的变化。仿真结果如图 15 - 7 所示。根据图 15 - 7 中的频率分裂现象以及表 15 - 1 中的参数，可以得知该无线传输系统的最佳传输距离（即临界耦合点）约为 30 cm。

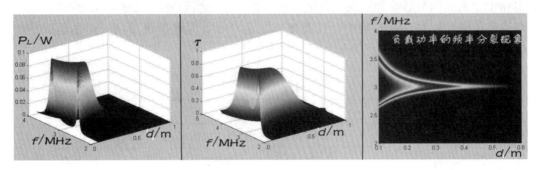

图 15 - 7　负载功率 P_L 和传输效率 τ 随频率 f 及间距 d 的变化，以及频率分裂现象

四、实验步骤

1. 基本传输特性测试

测试 $R_L = R_S = 50\ \Omega$，发射和接收回路完全对称时，负载的输出功率 P_L 和传输效率 τ 随频率 f 与间距 d 的变化。

（1）按照图 15 - 8 所示连接线路。信号源的输出电压始终设置为 5 V_{rms}。在该实验中，将发射和接收端的单匝线圈与相应的谐振线圈之间的间距固定为 4 cm。此外，设置"示波器 1"的触发信号为"U_v"，"示波器 2"的触发信号为 $U_{monitor}$。

为了方便记录，在后续实验步骤和表格中，我们使用以下默认符号，并且符号之间的计算满足以下关系：

U_v：发射线圈适配器"电压测量"接口测得的输入电压（均方根值），单位为 V。

U_i：发射线圈适配器"电流测量"接口测得的采样电阻（1 Ω）电压（均方根值），单位为 mV。

$|\Phi|$：U_v 和 U_i 相位差的绝对值，单位为 rad。

U_L：负载电阻两端的电压（均方根值），单位为 V。

$U_{monitor}$：示波器监测得到的高频功率信号源实际输出电压（均方根值），单位为 V。

实验 15 磁耦合谐振式无线电能传输实验

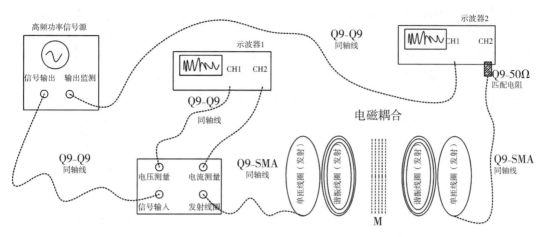

图 15-8 发射和接收回路完全对称时的实验电路连接

τ：传输效率，$\tau = \dfrac{1000 U_L^2}{R_L U_v U_i \cos|\Phi|}$。

P_L：负载的输出功率，$P_L = 1000 \left(\dfrac{5 U_L}{U_{\text{monitor}}}\right)^2 / R_L$，单位为 mW。

（2）测试 P_L、τ 随频率 f 和间距 d 的变化。将两个谐振线圈之间的距离调整为 10 cm，保持单匝线圈同步移动，并将信号源频率调整为 2.2 MHz，依次记录表 15-2 中的数据。保持 10 cm 的距离不变，设置频率测试步长，在 2.2 MHz～3.8 MHz 范围内的不同频率下，记录数据。然后，按顺序将谐振线圈间距 d 设置为 10 cm、14 cm、18 cm、20 cm、22 cm、24 cm、26 cm、28 cm、31 cm、35 cm、40 cm 和 45 cm，重复上述步骤。

表 15-2 发射和接收回路完全对称时的数据总表

d/cm	f/MHz	U_v/V	U_i/mV	$|\Phi|$/rad	U_L/V	U_{monitor}/V	P_L/mW	τ/%
10								
…								

对上述数据进行处理，将不同间距下的实验结果汇总为两个图表，分别是描述输出功率 P_L 随频率 f 和间距 d 的变化，以及传输效率 τ 随频率 f 和间距 d 的变化。根据这些结果，可以初步了解系统在不同间距下的耦合情况和频率分叉现象。此外，通过观察输出功率 P_L 的极值点，可以得到谐振频率 f_0。

（3）测试谐振频率下，负载输出功率 P_L 和传输效率 τ 随间距 d 的变化。根据表 15-2 中的实验数据，可以得到当 $f=f_0$（谐振频率）时，不同间距下负载输出功率 P_L 和传输效率 τ 的数值，将其填入表 15-3 中。然后，利用这些数据绘制出负载输出功率 P_L 和传输效率 τ 随间距 d 的变化曲线，并确定系统的最佳传输间距 d_{best}。

表 15-3　谐振频率下，负载输出功率 P_L 和传输效率 τ 随间距 d 的变化

d/cm	f_0/MHz	P_L/mW	τ/%
10			
14			
18			
20			
…			

（4）测试负载输出功率最大值 $P_{L(max)}$ 在最大功率跟踪下，负载输出功率 P_L 随间距 d 的变化。根据前面的实验数据，可以得知，输出功率的峰值并不会出现在谐振频率上。因此，在实际应用中，为了获得更高的输出能量，我们需要在不同间距下通过改变频率，确保系统始终工作在输出功率的最大点。根据表 15-2 中的实验数据，可以得到负载输出功率在不同间距下的最大值 $P_{L(max)}$，将其填入表 15-4 中。然后，绘制出 $P_{L(max)}$ 随间距 d 的变化曲线，并将该曲线与谐振频率下的功率曲线进行对比，加以讨论。

表 15-4　负载输出功率最大值 $P_{L(max)}$ 随间距 d 的变化

d/cm	$P_{L(max)}$/mW
10	
14	
18	
20	
…	

（5）了解频率分裂现象。整理表 15-2 中的实验数据，确定不同间距下负载输出功率极大值对应的频率。绘制出 P_L 极大值频率与间距 d 的关系图。通过该图，可以进一步了解频率分裂现象。

（6）测试耦合系数 k 随间距 d 的变化。根据表 15-2 中的实验数据，整理出临界耦合点到强耦合区域，间距 d 和频率分裂宽度 Δf 之间的关系。利用 Δf 的数值，可以计算出相应的耦合系数 k，将其填入表 15-5 中，并绘制出耦合系数 k 随间距 d 的变化曲线。

表 15-5　耦合系数 k 随间距 d 的变化

f_0/MHz	d/cm	Δf/MHz	$k = \Delta f/f_0$

2. 扩展实验

（1）测试负载电阻 R_L 对负载功率 P_L 和传输效率 τ 的影响。在实际应用中，电路并不总是满足完全对称的条件（$R_S = R_L = 50\ \Omega$）。因此，我们需要研究负载电阻变化对系统输出的影响。为此，我们将间距 d 设置为 10 cm，频率调整至谐振频率，选择负载为"电阻箱"，在 20～300 Ω 范围内改变负载阻值 R_L，将输入端 U_v、U_i 及相位差 $|\Phi|$ 依次记录于表 15-6 中，同时记录负载电压 U_L 和信号源 U_{monitor} 的数值。然后，将间距 d 逐次增加至 26 cm 和 40 cm，重复上述步骤。最后，在这 3 种间距下，绘制出输出功率 P_L 和传输效率 τ 随负载 R_L 的变化曲线。

表 15-6　负载电阻 R_L 对负载功率 P_L 和传输效率 τ 的影响

d/cm	R_L/Ω	U_v/V	U_i/mV	$|\Phi|$/rad	U_L/V	U_{monitor}/V	P_L/mW	τ/%
10								

（2）测试耦合系数 $k_{S1,2L}$ 对传输功率 P_L 的影响。负载选择"匹配电阻（50 Ω）"，频率设置为谐振频率 f_0，信号源输出电压始终为 5 V_{rms}。首先，将两个谐振线圈之间的间距 d 设置为 27.5 cm，单匝线圈与谐振线圈之间的间距 d_{S1} 和 d_{2L} 均设置为 1.5 cm。记录输出端电阻箱的电压 U_L 和信号源 U_{monitor} 于表 15-7 中。接着，按照表 15-7 同步改变 d_{S1} 和 d_{2L}，并记录相应数据。然后，将两个谐振线圈的间距 d 改为 22 cm，重复上述步骤。根据实验数据绘制图表，分析不同情况下 $k_{S1,2L}$ 对无线电能传输功率 P_L 的影响。

表 15-7 耦合系数 $k_{S1,2L}$ 对无线电能传输功率 P_L 的影响

d/cm	$d_{S1}=d_{2L}$/cm	U_L/V	U_{monitor}/V	P_L/mW
27.5	1.5			
	2			
	2.5			
	3			
	4			
	5			
	6			
	8			
	10			
	12			
	15			
...				

五、思考题

（1）阐述磁耦合谐振式无线电能传输的基本原理。

（2）哪些参数对能量传输的效率有影响？分析并解释这些参数的作用。

（3）磁耦合谐振式无线电能传输具有广泛的应用前景但也存在许多问题。你认为该技术目前存在的主要问题是什么？

实验 16 氢氧燃料电池实验

一、实验目的

（1）通过氢氧燃料电池实验熟悉能量转换。
（2）倡导节约能源和使用清洁能源。
（3）学习用 850 数据采集器分析处理数据。

二、实验仪器

氢氧燃料电池实验仪、PASCO 电流电压传感器、PASCO 850 或 550 数据采集器、台灯（含 60 W 或 100 W 白炽灯）、微型计算机。

图 16-1 为氢氧燃料电池实验仪组成。

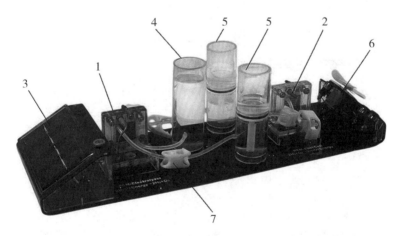

1—质子交换膜电解槽；2—质子交换膜燃料电池；3—底座（含太阳能电池板和负载）；
4—盛水管；5—氢/氧气储气管；6—风扇叶片；7—塑料止水夹。

图 16-1 氢氧燃料电池实验仪

三、实验原理

1. 系统部件

1) 太阳能电池。

太阳能电池能够将光能转化成电能。太阳能电池技术是以半导体晶体材料作为基础的，如硅和锗。在纯净的半导体中加入微量的杂质，如磷、硼，其导电能力会显著增加，这个过程叫掺杂。掺杂质会导致大量自由载流子增加，因为掺入杂质的性质不同，杂质半导体分为 N 型半导体和 P 型半导体。太阳能电池一般是 N 型和 P 型半导体的综合。

当光照在 PN 结附近时，会产生自由电子。在 PN 结之间的电场导致正负载流子的分离，这使得太阳能电池能够有大约 0.5 V 的电势差（如图 16-2 所示）。如果想要更大的电势差，我们可以把多个太阳能电池进行串联。太阳能电池以一种环保的方式发电，然而这并不是它唯一的优势。

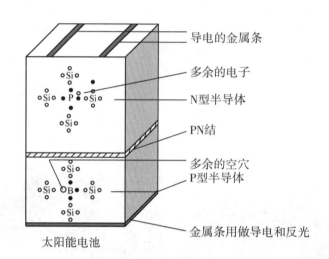

图 16-2　太阳能电池结构

2) 质子交换膜电解槽。

电解：来自于希腊语 lyein，意即溶解。1795 年，英国牛津大学的 Asch 教授发现了在水（或相似的物质）中电流能够分解化学键。传统的电解剂使用流体以促进水的分解，然而越来越多地被 PEM 技术所取代。

PEM（prolon exchange mernbrone）表示质子交换膜。PEM 技术的中央部分是一层质子导电聚合物的薄膜，薄膜两边被一层催化材料所覆盖。这两边构成了电池的阴极和阳极。

化学方程式如下：

阳极：$2H_2O \rightarrow 4e^- + 4H^+ + O_2$

阴极：$4H^+ + 4e^- \rightarrow 2H_2$

总方程式：$2H_2O \rightarrow 2H_2 + O_2$

氢离子（也就是质子）通过质子交换膜到阴极，和电路中的电子结合并生成氢气。

质子交换膜电解槽的基本原理如图 16-3 所示。

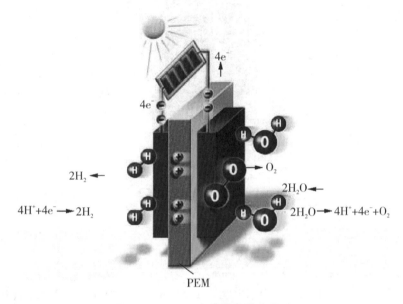

图 16-3　PEM 电解槽的基本原理

3）PEM 燃料电池。

燃料电池是一种电化学的电力来源。产生电能是电解的一个逆向过程。质子交换膜中的催化材料铂有以下两个用途：

（1）分离氢原子产生氢离子（质子）和电子。

（2）分裂和电离氧气。这样便会在两电极之间产生电压。

当电路连通后，会发生以下两个过程：

（1）电子穿过电路到达阴极后使氧气电离。

（2）氢离子（质子）穿过质子交换膜也到达负极，和氧离子反应生成水。

单个电池能够产生 1 V 左右的电压。通过堆叠电池以及将其串联，能够获得高达 200 V 的电压。燃料电池的电能效率大约为 50%，并且当氢气发生反应时不会产生任何污染物。

PEM 燃料电池的基本原理如图 16-4 所示。

此反应的化学方程式如下：

正极：$2H_2 \rightarrow 4H^+ + 4e^-$（氧化反应）

负极：$O_2 + 4H^+ + 4e^- \rightarrow 2H_2O$（还原反应）

反应方程式：$2H_2 + O_2 \rightarrow 2H_2O$

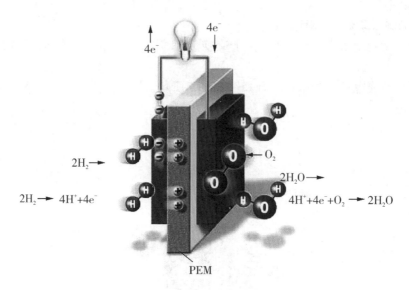

图 16-4 PEM 燃料电池的基本原理

2. 技术参数

（1）太阳能电池板，如图 16-5 所示。

电压：2.5 V，电流：300 mA，尺寸：135 mm(L)×70 mm(W)×3.5(H)mm。

（2）质子交换膜电解槽。输入电压：1.5～3 V DC，输入电流：700 mA，体积（$W \times H \times D$）：54 mm×54 mm×15 mm；

氢气产生率：7 mL/min（电流为1A时），氧气产生率：3.5 mL/min（电流为1A时）；

颜色：蓝色。

（3）质子交换膜燃料电池。输出电压：0.6V DC，输出电流：360 mA，体积（$W \times H \times D$）：54 mm×54 mm×15 mm。

（4）氢气/氧气储气管。容量：40 mL。

（5）微型电机。功率：20 mW，工作电压：0.5～1 V DC。

（6）LED 灯工作电压：1.7 V DC，工作电流：20 mA，外形尺寸：ϕ5 mm。

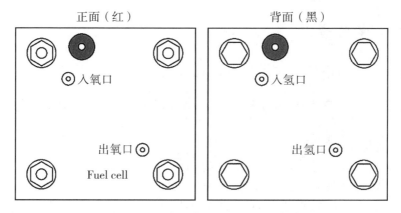

图 16-5　太阳能电池板正面和背面

3. 维护

1）质子交换膜电解槽的维护。

电解槽并不需要特殊的维护。但是，请注意以下 4 点：

(1) 错误的极性将会损坏电解槽。请确保正确的连接，红（黑）色导线对红（黑）色接线柱。

(2) 请勿在电压 >3.0 V 的操作环境下使用电解槽。

(3) 请使用新鲜的去离子水或蒸馏水（导电性 <2 μs/cm）。

(4) 电解槽中的薄膜只有在其处于湿润的条件下才能使用。注意只能向电解槽的正极（氧气出口）注入水，为保持其完全湿润，请至少浸泡 3 min。如果薄膜在干燥的情况下连接太阳能板或者电源，会造成不可挽回的损坏。

2）质子交换膜燃料电池的维护。

燃料电池并不需要特殊的维护。但是，请注意不要直接给燃料电池提供电源供应，这可能会直接损坏燃料电池。

如果燃料电池没有正常工作或者运行缓慢，可能存在以下 2 种原因：

(1) 薄膜已经干透。正常情况下，薄膜在运行过程中会自行浸湿。另外，也可以用针注射蒸馏水使其浸润。

(2) 薄膜受到了空气中微粒的污染。在燃料电池上的止水夹开启的短暂时间内，薄膜将会受到氢气与氧气的冲洗。

3）实验结束后的维护。

(1) 氢/氧气储气管以及盛水管中的蒸馏水（纯净水）需要全部取出，以保持储气管及盛水管的清洁。

(2) 整机保持干燥、清洁，避免留下水渍。止水夹除 D 号管及 D 号旁边的 F 号管外（确保 D 号管面薄膜湿润），其他的都可松开，避免止水夹长时间夹紧，造成硅胶软管黏合。

四、实验步骤

16.1 太阳能电池的光电流和电压实验

根据光源和太阳能电池的距离以及入射光角度的变化测量太阳能电池的光电流和短路电压。

实验安装与步骤如下：

（1）根据图 16-6 所示设置实验。我们使用 60 W 或 100 W 的灯泡来代替太阳光。

（2）灯光均匀地照亮太阳能电池板大约 5 min，以避免温度变化造成的影响，测量光电流和短路电压。

（3）把灯泡放在离太阳能电池 20 cm 处，再次测量电流和电压。

（4）改变灯泡和太阳能电池的距离（比如每次增加 20 cm），在表 16-1 中记录相应的电流和电压。

（5）描绘数据图并分析结果。先用万用表测量，然后用电流、电压传感器和数据采集器作曲线。

（6）使用的测试工具：两只万用表或电流、电压传感器。

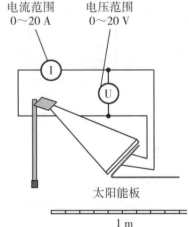

图 16-6 距离与电流、电压的关系实验设置

表 16-1 距离与电流、电压的关系

距离/cm	20	30	50	60	70	80	90	100
I/mA								
U/V								

16.2 太阳能电池的电流-电压特性实验

太阳能电池的电流-电压特性能够反应太阳能电池的性能，且能决定最大功率点。

实验设置与步骤如下：

（1）按图 16-7 连接实验装置。

（2）在测量之前需要把太阳能电池照亮 5 min，这样能够使太阳能电池受热均匀。

（3）慢慢地改变电阻值，从 0.2～28 Ω（最开始应把电阻调至最大），并记录相应的电压和电流值，填入表 16-2 中。

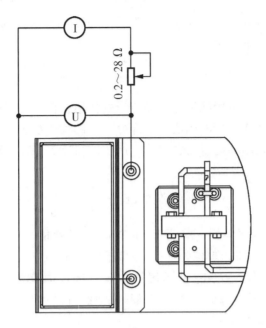

图 16-7 太阳能电池的电流-电压特性实验装置

表 16-2 太阳能电池的电流-电压特性中各参数对应值

R/Ω									
I/mA									
U/V									

（4）伏安特性曲线能够看出太阳能电池的性能，并且能够算出电池的最大功率点。

（5）依照伏安特性曲线，画出功率-电压曲线。先用万用表测量，然后用电流、电压传感器和数据采集器作曲线。

（6）使用的测试工具：滑动变阻器，两只万用表或电流、电压传感器。

16.3 法拉第第一定律和电解槽电解效率实验

将 PASCO 电流、电压传感器接到 850 或 550 数据采集器，数据采集器连接计算机的 USB 接口，并配合使用 PASCO Capstone 软件作曲线和进行数据分析。

法拉第第一定律描述了电解槽的电流和气体产生量之间的关系。电解槽的效率为实际产生气体量与理论产生气体量的比值：

法拉第第一定律：$V = \dfrac{R \cdot I \cdot T \cdot t}{F \cdot P \cdot z}$

式中，V 为产生气体体积，单位为 m^3；R 为通用气体常数，$R = 8.314 \text{ J/(mol) K}$；

T 为环境温度;I 为电流,单位为 A;t 为时间,单位为 s;P 为环境气压;F 为法拉第常数,$F = 96485$ C/mol;Z 为所带电荷数 [比如 $Z(H_2) = 2$,$Z(O_2) = 4$]。

法拉第效率可以由下式得到:

$$\eta_{法拉第} = \frac{V_{H_2}(实际产生)}{V_{H_2}(理论产生)}$$

能量效率可以定义为可用能量与消耗能量的比值,也就是说产生氢气中的储存热能和用于产生氢气的消耗电能的比值。一部分产生的气体没有离开燃料电池,因此损失了这部分能量。可使用的能量由全部氢气产生的热能提供,消耗的能量是由电能用于产生氢气:

$$\eta_{energetic} = \frac{E_{hydrogen}}{E_{electric}} = \frac{V_{H_2} \cdot H_0}{U \cdot I \cdot t}$$

式中,V_{H_2} 为实验产生氢气体积,单位为 cm^3;H_0 为总热值,$H_0 = 12745$ kJ/m^3;U 为电压,单位为 V;I 为电流,单位为 A;T 为时间,单位为 s。

总热值包括氢气中的全部能量(包括水蒸气的冷凝能量),纯发热能量 $H_U = 10800$ kJ/m^3 更常用,因为这是内燃机和燃料电池的直接对照。

实验安装和步骤如下:

(1) 如图 16-8 所示,完成实验的安装。

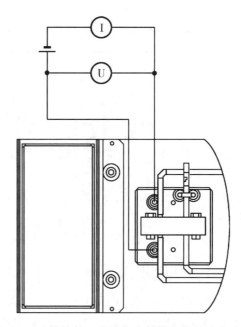

图 16-8 法拉第第一定律和电解槽电解效率实验装置

(2) 在实验开始前,电解槽需要在 0.6 A 恒定电流和低于 1.6 V 电压的工作环境下运行至少 10 min。

(3) 关闭电流,检查收集气体前的准备工作是否完成。

注意:止水夹 D 和 E 一定要处于关闭状态。

(4) 准备工作完成之后，打开电流（0.6 A），开始记录时间。每隔一定的体积（如 5 mL）将所用时间、电流和电压并填在表 16-3 中。

表 16-3 法拉第第一定律和电解槽电解效率实验数据

VH_2/mL	t / s	U / V	I / A	P/W
5				
10				
15				
20				
25				
30				

(5) 计算电解槽的功率和理论产生气体的体积，将实际产生气体体积和理论产生气体体积代入法拉第效率公式，求得法拉第效率。也可以通过计算可用能量与消耗能量的比值，求得能量效率。

16.4 法拉第第一定律和燃料电池化合效率实验

该实验需要用 PASCO 电流、电压传感器、850 或 550 数据采集器，且与 PASCO 软件使用。与电解槽效率实验步骤相类似，可通过使用法拉第第一定律来获得燃料电池的效率。法拉第第一定律计算燃料电池的理论消耗值的公式为：

$$V = \frac{R \cdot I \cdot T \cdot t}{F \cdot P \cdot z}$$

法拉第效率可以通过实际消耗值与理论消耗值的比值而获得：

$$\eta_{\text{Faraday}} = \frac{V_{H_2}(\text{calculated consumption})}{V_{H_2}(\text{real consumption})}$$

按照燃料电池内部的扩散过程，实验中使用的气体体积会稍稍大于理论体积（类似于电解槽）。

燃料电池效率（类似于电解电池效率）极大地取决于功率。负载越接近于燃料电池的有效功率，效率也就越高，尽管燃料电池会在它潜在功率下运行：

$$\eta_{\text{energetic}} = \frac{E_{\text{electric}}}{E_{\text{hydrogen}}} = \frac{U \cdot I \cdot t}{V_{H_2} \cdot H_U}$$

式中，V_{H_2} = 消耗氢气体积，单位为 cm^3；H_U 为氢气净发热，H_U 为 10800 kJ/m^3；U 为电压，单位为 V；I 为电流，单位为 A；t 为时间，单位为 s。

实验安装与实验步骤如下：
确保两极的正确性。
(1) 当氢气盛气管加满时，关闭电解槽的 A、B 止水夹。
(2) 打开 D、E 止水夹，使气流流通。

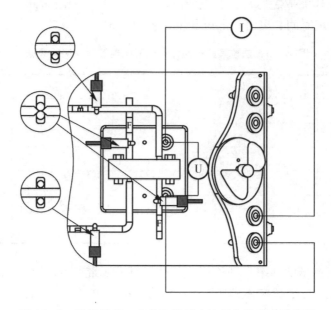

图 16-9 法拉第第一定律和燃料电池化合效率实验装置

（3）如果风扇没有旋转，我们需要再排出混杂的气体直到风扇开始旋转。

（4）检查氢气储气罐的液面是否为 5 mL。如果低于 5 mL，则打开燃料电池 F 止水夹 H_2 入口，直到液面达到 5 mL，然后关掉 F 止水夹和 A、B 止水夹。如果超过 5 mL，则继续收集 H_2 直到液面降到 5 mL，再关掉 A、B 止水夹。

（5）开始记录时间，并测量电流、电压、体积。

（6）建议电流、电压以及运行时间的测量以恒定体积的间隔的方式进行（如每 20 mL 测量一组数据），将结果记录到表 16-4 中。

表 16-4 燃料电池化合效率测试数据

t/min								
I/A								
U/V								
P/W								

五、思考题

（1）请你谈谈氢氧燃料电池的发展前景。

（2）目前实验中氢氧燃料电池存在的问题有哪些？

实验 17　密立根油滴实验

一、实验目的

（1）学习用油滴实验测量电子电荷的原理和方法。
（2）验证电荷的不连续性。
（3）测量电子的电荷量。

二、实验仪器

实验食品主要有：主机、CCD 成像系统、油滴盒、监视器和喷雾器等。

其中主机包括可控高压电源、计时装置、A/D 采样、视频处理等单元模块。主机部件示意如图 17-1 所示。CCD 成像系统包括 CCD 传感器、光学成像部件等。油滴盒包括高压电极、照明装置、防风罩等部件。监视器是视频信号输出设备。主机部件 CCD 模块及光学成像系统用来捕捉暗室中油滴的像，同时将图像信息传给主机的视频处理模块。实验过程中可以通过调焦旋钮来改变物距，使油滴的像清晰地呈现在 CCD 传感器的窗口内。电压调节旋钮可以调整极板之间的电压大小，从而控制油滴的平衡、下落及提升。计时"开始/结束"按键用来计时，"0V/工作"按键用来切换仪器的工作状态，"平衡/提升"按键可以切换油滴平衡或提升状态，"确认"按键可以将测量数据显示在屏幕上。油滴盒是一个关键部件，其具体构成如图 17-2 所示。上、下极板之间通过胶木圆环支撑，三者之间的接触面经过机械精加工后可以将极板间的不平行度、间距误差控制在 0.01 mm 以下，基本上消除了极板间的"势垒效应"及"边缘效应"，保证了油滴室处在匀强电场之中，减小了实验误差。胶木圆环上开有两个进光孔和一个观察孔，光源通过进光孔给油滴室提供照明，照明由带聚光的高亮发光二极管提供。而成像系统则通过观察孔捕捉油滴的像。油雾室可以暂存油雾，使油雾不会过早地散逸；进油量开关可以控制落油量；防风罩可以避免外界空气流动对油滴产生影响。

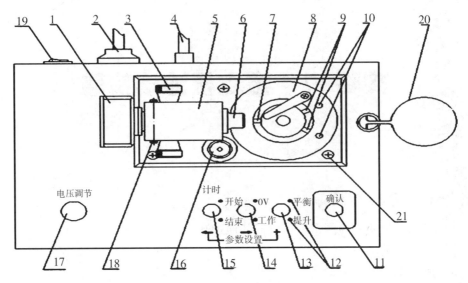

1—CCD盒；2—电源插座；3—调焦旋钮；4—Q9视频接口；5—光学系统；6—镜头；7—观察孔；
8—上极板压簧；9—进光孔；10—光源；11—确认键；12—状态指示灯；13—平衡/提升切换键；
14—0V/工作切换键；15—计时开始/结束切换键；16—水准泡；17—电压调节旋钮；18—紧定螺钉；
19—电源开关；20—油滴管收纳盒安放环；21—调平螺钉（3颗）。

图 17-1 主机部件示意

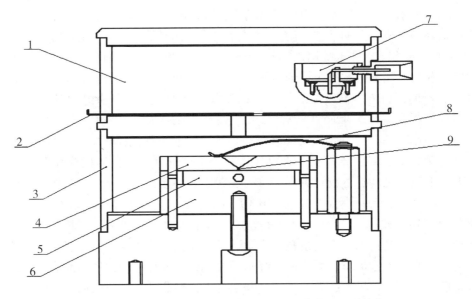

1—油雾室；2—进油量开关；3—防风罩；4—上极板；5—油滴室；
6—下极板；7—油雾发生器；8—上极板压簧；9—落油孔。

图 17-2 油滴盒装置示意

三、实验原理

美国著名物理学家密立根（Robert A. Millikan）经历十多年设计并完成的油滴实验是测量基本电荷 e 的一个经典实验。由于在测定基本电荷值和测出普朗克常数等方面做出的成就，密立根在 1923 年获得了诺贝尔物理学奖。目前公认的元电荷 $e = (1.60217733 \pm 0.00000049) \times 10^{-19}$ C。密立根油滴实验测量基本电荷的设计思想是使带电油滴在两金属极板之间处于受力平衡状态。按运动方式分类，可分为平衡法和动态法。

1. 平衡法

平衡测量法是使油滴在均匀电场中静止在某一位置，或在重力场中做匀速运动。在重力场中一个足够小的油滴运动，此油滴半径为 r（亚微米量级），质量为 m_1，空气是黏滞流体，此运动油滴除重力和浮力外还受黏滞阻力的作用。由斯托克斯定律，黏滞阻力与物体运动速度成正比。设油滴以速度 v_f 匀速下落，则有：

$$m_1 g - m_2 g = K v_f \tag{17-1}$$

式中，m_2 为与油滴同体积的空气的质量，K 为比例系数，g 为重力加速度。油滴在空气及重力场中的受力情况如图 17-3（a）所示。当油滴在电场中平衡时，如图 17-3（b）所示，油滴在两极板间受到的电场力 qE、重力 $m_1 g$ 和浮力 $m_2 g$ 达到平衡，从而静止在某一位置，即：

$$qE = (m_1 - m_2) g \tag{17-2}$$

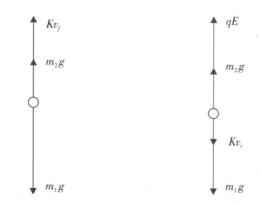

（a）重力场中油滴的受力示意　　（b）电场中油滴的受力示意

（如果油滴平衡则不受空气阻力影响）

图 17-3　重力场和电场中油滴受力示意

由于喷雾器喷出的油滴的半径 r 是亚微米数量级，直接测量其质量 m_1 是困难的，因此希望消去 m_1，而以容易测量的量代之。设油滴与空气的密度分别为 ρ_1、ρ_2，于

是半径为 r 的油滴的视重为：

$$m_1 g - m_2 g = \frac{4}{3}\pi r^3 (\rho_1 - \rho_2) g \tag{17-3}$$

根据斯托克斯定律，黏滞流体（此处为空气）对球形运动物体的阻力与物体速度成正比，其比例系数 K 为 $6\pi\eta r$，其中 η 为空气黏度，r 为物体半径，可将式(17-3) 代入式 (17-1)，有：

$$v_f = \frac{2gr^2}{9\eta}(\rho_1 - \rho_2) \tag{17-4}$$

因此，

$$r = \left[\frac{9\eta v_f}{2g(\rho_1 - \rho_2)}\right]^{\frac{1}{2}} \tag{17-5}$$

将式（17-5）代入式（17-3）并联立式（17-1）可解出：

$$q = 9\sqrt{2}\pi \frac{1}{E}\left[\frac{\eta^3 v_f^3}{g(\rho_1 - \rho_2)}\right]^{\frac{1}{2}} \tag{17-6}$$

在实验中常常固定油滴运动的距离 s，通过测量油滴在距离 s 内运动所需要的时间 t 来求得其运动速度 v_f，且电场强度为：

$$E = \frac{U}{d} \tag{17-7}$$

式中，d 为两平行平板间的距离，U 为所加的电压。考虑到油滴的直径与空气分子的间隙相当，空气已不能看成是连续介质，空气黏度 η 需修正为 η' 则有：

$$\eta' = \frac{\eta}{1 + \frac{b}{pr}} \tag{17-8}$$

式中，p 为空气压强；b 为修正常数，且 $b = 0.00823$ N/m。因此式（17-6）最终可写为：

$$q = 9\sqrt{2}\pi d\left[\frac{(\eta s)^3}{(\rho_1 - \rho_2)g}\right]^{\frac{1}{2}} \frac{1}{U}\left(\frac{1}{t_f}\right)^{\frac{3}{2}}\left[\frac{1}{1 + \frac{b}{pr}}\right]^{\frac{3}{2}} \tag{17-9}$$

2. 动态法

动态法不要求油滴在电场中静止，在建立动力学方程时，需要考虑油滴在电场中匀速上升的情况。若此油滴所带电荷为 q，并处在场强为 E 的均匀电场中，设电场力 qE 方向与重力方向相反，如图 17-3（b）所示，如果油滴以速度 v_r 匀速上升，则：

$$qE = (m_1 - m_2)g + Kv_r \tag{17-10}$$

由式（17-10）和式（17-1）消去比例系数 K，可解出：

$$q = \frac{(m_1 - m_2)g}{Ev_f}(v_f + v_r) \tag{17-11}$$

由式（17-11）可以看出，要测量油滴上的电荷量 q，需要分别测出 m_1、m_2、E、v_f、v_r 等物理量。其中 m_1 和 m_2 可根据 r 和 ρ_1、ρ_2 得到，参考式（17-5），代入式

(17-11) 并整理得到:

$$q = 9\sqrt{2}\pi\left[\frac{\eta^3}{(\rho_1-\rho_2)g}\right]^{\frac{1}{2}}\frac{1}{E}\left(1+\frac{v_r}{v_f}\right)v_f^{\frac{3}{2}} \quad (17-12)$$

因此,如果测出 v_r、v_f 和 η、ρ_1、ρ_2、E 等宏观量即可得到 q 值。再代入式 (17-7)、式 (17-8),则:

$$q = 9\sqrt{2}\pi d\left[\frac{(\eta s)^3}{(\rho_1-\rho_2)g}\right]^{\frac{1}{2}}\frac{1}{U}\left(\frac{1}{t_f}+\frac{1}{t_r}\right)\left(\frac{1}{t_f}\right)^{\frac{1}{2}}\left[\frac{1}{1+\frac{b}{pr}}\right]^{\frac{3}{2}} \quad (17-13)$$

式中有些量和实验仪器以及实验条件有关,选定之后在实验过程中不变,如 d、s、$\rho_1-\rho_2$ 及 η 等,将这些量与常数一起用 C 表示,可称为仪器常数,于是式 (17-13) 简化成:

$$q = C\frac{1}{U}\left(\frac{1}{t_f}+\frac{1}{t_r}\right)\left(\frac{1}{t_f}\right)^{\frac{1}{2}}\left[\frac{1}{1+\frac{b}{pr}}\right]^{\frac{3}{2}} \quad (17-13')$$

由此可知,测量油滴上的电荷,只体现在 U、t_f、t_r 的不同。对同一油滴,t_f 相同,U 与 t_r 不同,标志着电荷的不同。

元电荷的测量方法如下。

测量油滴上所带电荷量 q 的目的是找出电荷的最小单位 e。为此可以对不同的油滴,分别测出其所带的电荷值 q_i,它们应近似为元电荷的整数倍。油滴电荷量的最大公约数,或油滴带电量之差的最大公约数,即为元电荷 e:

$$q_i = n_i e \ (n_i \text{ 为整数}) \quad (17-14)$$

也可用作图法求 e 值,根据式 (17-14),e 为直线方程的斜率,通过拟合直线即可求的 e 值。

附:平衡法系统参数的原理公式为

$$q = 9\sqrt{2}\pi d\left[\frac{(\eta s)^3}{(\rho_1-\rho_2)g}\right]^{\frac{1}{2}}\frac{1}{U}\left(\frac{1}{t}\right)^{\frac{3}{2}}\left[\frac{1}{1+\frac{b}{pr}}\right]^{\frac{3}{2}}$$

式中,r 为油滴半径,$r = \left[\frac{9\eta s}{2g(\rho_1-\rho_2)t}\right]^{\frac{1}{2}}$;$d$ 为极板间距,$d = 5.00\times10^{-3}$ m;η 为空气黏度,$\eta = 1.83\times10^{-5}$ kg/(m·s);s 为下落距离,默认为 1.6 mm;ρ_1 为钟表油密度,$\rho_1 = 981$ kg/m (20℃);ρ_2 为空气密度,$\rho_2 = 1.2928$ kg/m (标准状况下);g 为重力加速度,$g = 9.788$ m/s (广州);b 为修正常数,$b = 8.23\times10^{-3}$ N/m(6.17×10⁻⁶ m·cmHg);p 为标准大气压强,$p = 101325$ Pa(76.0 cmHg);U 为平衡电压;t 为油滴匀速下落的时间。

注意:①由于油的密度远远大于空气的密度,即 $\rho_1 \gg \rho_2$,因此 ρ_2 相对于 ρ_1 来讲可忽略不计(当然也可代入计算);②标准状况是指大气压强 $p = 101325$ Pa,温度 $t = 20$℃,相对湿度 $\varphi = 50\%$ 的空气状态。实际大气压强可由气压表读出,温度可由温度计读出;③油的密度随温度变化关系见表 17-1;④一般来讲,流体黏度受压强影响不大，当气压从 1.01×10^5 Pa 增加到 5.07×10^6 Pa 时，空气的黏度只增加 10%，在工程应用中通常忽略压强对黏度的影响。温度对气体黏度有很强的影响。

表 17 – 1　油的密度随温度变化关系

$tW/℃$	0	10	20	30	40
$\rho/(\text{kg} \cdot \text{m}^{-3})$	991	986	981	976	971

气体黏度可用萨特兰公式来表示

$$\frac{\mu}{\mu_0} = \frac{\left(\dfrac{T}{T_0}\right)^{\frac{3}{2}}(T_0 + T')}{T + T'}$$

式中，μ_0 为绝对温度，T_0 为动力黏度，通常取 $T_0 = 273$ K 时的黏度，则 $\mu_0 = 1.71 \times 10^{-5}$ kg/(m·s)；常数 n 和 T' 通过数据拟合得出，对于空气，$n = 0.7$，$T' = 110$ K。

四、实验步骤

选择合适的油滴测量电荷。要求至少测量 5 个不同的油滴，每个油滴测量 5 次。

1. 调整仪器

（1）水平调整。调整实验仪主机的调平螺钉旋钮，直到水准泡正好处于中心。

（2）油雾发生器调整。使用注射器将少量钟表油缓慢加入到油盒中的储油腔内，使钟表油淹没提油细管的下部，油不宜太多。为防止油洒落至储油腔外，可用镊子放少量棉花至储油腔底部。

（3）仪器硬件接口连接。主机电源线接交流 220 V/50 Hz。监视器：视频线缆输入端接"VIDEO"，另一 Q9 端接主机"视屏输出"。适配器接的 220 V 交流电通过转换后输出直流电压到显示器。前面板调整旋钮从左至右依次为显示开关、返回键、方向键、菜单键（建议亮度调整为 20，对比度调整为 100）。

（4）实验仪联机使用。打开实验仪电源及监视器电源。按主机上任意键，监视器出现参数设置界面后，首先设置实验方法，然后根据该地的环境适当设置重力加速度、油密度、大气压强、油滴下落距离等。"←"表示左移键、"→"表示为右移键、"+"表示数据设置键。按确认键后出现实验界面：计时"开始/结束"键为"结束"、"0 V/工作"键为"0 V"、"平衡/提升"键为"平衡"。

（5）CCD 成像系统调整。打开进油量开关，通过喷雾器吹气使其产生油雾，此时监视器上应该出现大量运动油滴的像。若没有看到油滴的像，则需调整调焦旋钮或检查喷雾器是否有油雾喷出。

2. 熟悉实验界面

在完成参数设置后，按确认键，监视器显示实验界面，如图 17 – 2。采用不同的实验方法的实验界面有一定差异。

		（极板电压） （计时时间）
0		（电压保存提示）
		（保存结果显示区） （共 5 格）
（下落距离）		
（距离标志）		（实验方法）
		（仪器生产厂家）

图 17－2　实验界面示意

极板电压：实际加到极板的电压，显示范围：0 ～ 1999 V。

计时时间：计时开始到结束所经历的时间，显示范围：0 ～ 99.99 s。

电压保存提示：将要作为结果保存的电压，每次完整的实验后显示。当保存实验结果后（即按下“确认”键）会自动清零。显示范围 0 ～ 99.99 V。

保存结果显示：显示每次保存的实验结果，共 5 次。显示格式与实验方法有关。如图 17－3 所示。

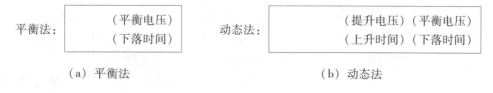

平衡法：

（平衡电压） （下落时间）

（a）平衡法

动态法：

（提升电压）	（平衡电压）
（上升时间）	（下落时间）

（b）动态法

图 17－3　平衡法、动态法显示的格式

当需要删除当前保存的实验结果时，按下确认键 2 s 以上，当前结果便被清除（不能连续删）。

下落距离：显示设置的油滴下落距离。当需要更改下落距离的时候，按住“平衡/提升"键 2 s 以上，此时距离设置栏被激活［动态法步骤（1）和步骤（2）之间不能更改］，通过"+"键（即"平衡/提升"键）修改油滴下落距离，然后按"确认"键确认修改。距离标志相应发生变化。

距离标志：显示当前设置的油滴下落距离，在相应的格线上做数字标记，显示范围：0.2～1.8 mm。垂直方向视场范围为 2 mm，分为 10 格，每格 0.2 mm。

实验方法：显示当前的实验方法（平衡法或动态法），在参数设置界面设定。欲改变实验方法，只有重新启动仪器（关、开仪器电源）。对于平衡法，实验方法栏仅显示"平衡法"字样；对于动态法，实验方法栏除了显示"动态法"以外，还显示即将开始的动态法步骤。如将要开始动态法第一步（油滴下落），实验方法栏显示"1 动态法"。同样，做完动态法第一步骤，即将开始第二步骤时，实验方法栏显示"2 动态法"。

3．平衡法测量

（1）开启电源，进入实验界面，将工作状态按键切换至"工作"，红色指示灯点亮；将"平衡/提升"按键置于"平衡"。

（2）将平衡电压调整为 400 V 左右，通过喷雾口向油滴盒内喷入油雾，此时监视器上将出现大量运动的油滴。选取合适的油滴，仔细调整平衡电压，使其平衡在起始（最上面）格线上。

（3）将"0 V/工作"状态按键切换至"0 V"，此时油滴开始下落。当油滴下落到有"0"标记的格线时，立即按下计时"开始"键，同时计时器启动，开始记录油滴的下落时间 t。

（4）当油滴下落至有距离标志的格线时（例如，1.6），立即按下计时"结束"键，同时计时器停止计时，油滴立即静止，"0 V/工作"按键自动切换至"工作"。通过"确认"按键将这次测量的"平衡电压和匀速下落时间"结果同时记录在监视器屏幕上。

（5）将"平衡/提升"按键置于"提升"，油滴将向上运动。当回到高于有"0"标记的格线时，将"平衡/提升"键切换至"平衡"状态，油滴停止上升，重新调整平衡电压［注意，如果此处的平衡电压发生了突变，则该油滴得到或失去了电子，这次测量不能作数，从步骤（2）开始重新找油滴］。

（6）重复（3）（4）（5），并将数据（平衡电压及下落时间）记录到屏幕上。当 5 次测量完成后，按"确认"键，系统将计算 5 次测量的平均平衡电压 $\overline{U}$ 和平均匀速下落时间 $\overline{t}$，并根据这两个参数自动计算并显示出油滴的电荷量 q。

（7）重复（2）（3）（4）（5）（6）步，共找 5 颗油滴，并测量每颗油滴的电荷量 q_i。

4．数据处理

计算法：首先测量至少 5 颗油滴，并记录每颗油滴的电荷量 q_i，再计算 $\dfrac{q_i}{e_{理论}}$，对商四舍五入取整后得到每颗油滴所带电子个数 n_i；由 $\dfrac{q_i}{n_i} = e_i$ 得到每次测量的基本电荷，再求出 n 次测量的平均值 $\bar{e}$，与理论值比较求百分误差及不确定度。

作图法：得到 q_i 和对应的 n_i 后，以 q 为纵坐标，n 为横坐标作图，拟合得到的直线斜率即为基本电荷 $e_{测量}$，再将 $e_{测量}$ 与理论值比较求百分误差及不确定度。

5. 动态法

（1）动态法分两步完成，第一步是油滴下落过程，其操作同平衡法一致（参看"平衡法测量"）。完成第一步后，如果对本次测量结果满意，可以按下"确认"键保存这个步骤的测量结果；如果不满意，则可以删除（删除方法如前面所述）。

（2）第一步完成后，油滴处于距离标志格线以下。通过"0 V/工作"键、"平衡/提升"键相互配合使油滴下偏"1.6"标志格线一定距离。调节"电压调节"旋钮加大电压，使油滴上升，当油滴到达"1.6"标志格线时，立即按下计时"开始"键，此时计时器开始计时；当油滴上升到"0"标志格线时，再次按下"计时"键，停止计时，但油滴继续上升，再次调节"电压调节"旋钮使油滴平衡于"0"格线以上，按下"确认"键保存本次实验结果。

（3）重复以上步骤完成 5 次完整实验，然后按下"确认"键，出现实验结果画面。动态测量法分别测出下落时间 t_f、提升时间 t_r 及提升电压 U，并代入式（17-9）即可求得油滴带电量 q。动态法的数据处理与平衡法相同。

 五、实验数据记录

将实验结果记录于表 17-2 中。

表 17-2　实验数据记录

油滴序号	油滴实验次数	平衡法测量油滴电量					动态法测量油滴电量					
		U/V	t/s	q/C	计算出的电子数/n	计算出的相对误差/%	上升电压/V	下落时间/s	上升时间/s	计算出的油滴电量/C	计算出的电子数/n	计算出的相对误差/%
1	1											
	2											
	3											
	4											
	5											
	均值											

续表17-2

油滴序号	油滴实验次数	平衡法测量油滴电量					动态法测量油滴电量					
		U/V	t/s	q/C	计算出的电子数/n	计算出的相对误差/%	上升电压/V	下落时间/s	上升时间/s	计算出的油滴电量/C	计算出的电子数/n	计算出的相对误差/%
2	1											
	2											
	3											
	4											
	5											
均值												
3	1											
	2											
	3											
	4											
	5											
均值												
4	1											
	2											
	3											
	4											
	5											
均值												
5	1											
	2											
	3											
	4											
	5											
均值												

实验17 密立根油滴实验

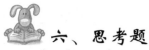

六、思考题

（1）简述密立根油滴实验测量基本电荷的两种方法：平衡法和动态法。

（2）如何选择合适的油滴进行测量？

实验18 各向异性磁阻传感器和磁场测量实验

一、实验目的

（1）学习各向异性磁阻（anisotropic magneto-resistive sensors，AMR）的原理及其特性。
（2）测量赫姆霍兹线圈的磁场分布。
（3）测量地磁场。

二、实验仪器

实验仪器包括各向异性磁阻传感器与磁场测量仪、磁场实验仪。

实验仪结构如图18-1所示，是由核心部分是磁阻传感器，辅以磁阻传感器的角度、位置调节及读数机构，赫姆霍兹线圈等组成。磁阻传感器的工作范围为 ±6 Gs，灵敏度为 1 mV/(V·Gs)，即当磁阻电桥的工作电压为 1 V，被测磁场的磁感应强度为 1 Gs 时，输出信号为 1 mV。磁阻传感器的输出信号通常须经放大电路放大后，再接显示电路，故由显示电压计算磁场强度时还需考虑放大器的放大倍数。实验仪电桥工作电压为 5 V，放大器的放大倍数为 50，磁感应强度为 1 Gs 时，对应的输出电压为 0.25 V。

赫姆霍兹线圈是由一对彼此平行的共轴圆形线圈组成。两线圈内的电流方向一致，大小相同，线圈之间的距离 d 正好等于圆形线圈的半径 R。这种线圈的特点是能在公共轴线中点附近产生较广泛的均匀磁场。根据毕奥-萨伐尔定律，可以计算出赫姆霍兹线圈公共轴线中点的磁感应强度为

$$B_0 = \frac{8}{5^{3/2}} \cdot \frac{\mu_0 NI}{r}$$

式中，N 为线圈匝数；I 为流经线圈的电流强度；r 为赫姆霍兹线圈的平均半径；μ_0 为真空中的磁导率，$\mu_0 = 4\pi \times 10^{-7}$ H/m。采用国际单位制时，由上式计算出的磁感应强度单位为特斯拉（1 T = 10000 Gs）。当本实验仪的线圈匝数 $N = 310$，线圈的平均半径 $R = 0.14$ m，线圈电流为 1 mA 时，赫姆霍兹线圈中部的磁感应强度为 0.02 Gs。

实验 18 各向异性磁阻传感器和磁场测量实验

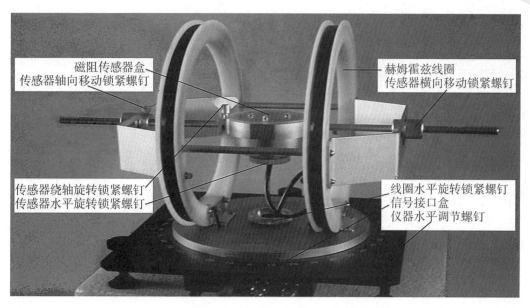

图 18-1 磁场实验仪

用恒流源为赫姆霍兹线圈提供电流，电流的大小可以通过旋钮调节，电流值由电流表指示。电流换向按钮可以改变电流的方向。补偿（offset）电流调节旋钮调节补偿电流的方向和大小。电流切换按钮可调节电流表使其显示赫姆霍兹线圈电流或补偿电流。传感器采集到的信号经放大后，由电压表指示电压值。放大器校正旋钮可在标准磁场中校准放大器的放大倍数。复位（R/S）按钮每按下一次，会向复位端输入一次复位脉冲电流，仅在需要时使用。

三、实验原理

物质在磁场中电阻率发生变化的现象称为磁阻效应，磁阻传感器是利用磁阻效应制成。磁阻元件的发展经历了半导体磁阻（MR）、各向异性磁阻（AMR）、巨磁阻（GMR）、庞磁阻（CMR）等阶段。本实验主要学习 AMR 的特性并利用它对磁场进行测量。

AMR 由沉积在硅片上的坡莫合金（$Ni_{80}Fe_{20}$）薄膜形成电阻。沉积时外加磁场，形成易磁化轴方向。铁磁材料的电阻和电流与磁化方向的夹角有关，电流与磁化方向平行时电阻 R_{max} 最大，电流与磁化方向垂直时电阻 R_{min} 最小，电流与磁化方向成 θ 角时，电阻可表示为

$$R = R_{min} + (R_{max} - R_{min})\cos^2\theta$$

在磁阻传感器中，为了消除温度等外界因素对输出的影响，由 4 个相同的磁阻元件构成惠斯通电桥，结构如图 18-2 所示。在图 18-2 中，易磁化轴方向与电流方向的夹角为 45°。理论分析与实践表明，采用 45°偏置磁场，当沿与易磁化轴垂直的方向施加外磁场，且外磁场强度不太大时，电桥输出与外加磁场强度成线性关系。

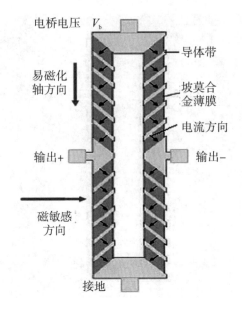

图 18-2 磁阻电桥

无外加磁场或外加磁场方向与易磁化轴方向平行时，磁化方向即易磁化轴方向，电桥的 4 个桥臂电阻阻值相同，输出为零。当在磁敏感方向施加如图 18-2 所示方向的磁场时，合成磁化方向将在易磁化方向的基础上逆时针旋转，使左上和右下桥臂电流与磁化方向的夹角增大，电阻减小 ΔR；右上与左下桥臂电流与磁化方向的夹角减小，电阻增大 ΔR。通过对电桥的分析可知，此时输出电压可表示为

$$U = V_b \times \Delta R/R$$

式中，V_b 为电桥工作电压；R 为桥臂电阻；$\Delta R/R$ 为磁阻阻值的相对变化率，与外加磁场强度成正比。故 AMR 磁阻传感器的输出电压与磁场强度成正比，可利用磁阻传感器测量磁场。

商品磁阻传感器已制成集成电路，除图 18-2 所示的电源输入端和信号输出端外，还有复位/反向置位端和补偿端两对功能性输入端口，以确保磁阻传感器的正常工作。复位/反向置位的工作机理参见图 18-3。当 AMR 置于超过其线性工作范围的磁场中时，磁干扰可能导致磁畴排列紊乱，从而改变传感器的输出特性。此时可在复位端输入脉冲电流，通过内部电路沿易磁化轴方向产生强磁场，使磁畴重新整齐排列，恢复传感器的使用特性。若脉冲电流方向相反，则磁畴排列方向反转，传感器的输出极性也将相反。

从补偿端每输入 5 mA 补偿电流，通过内部电路将在磁敏感方向产生 1 Gs 的磁场，这个磁场便可用来补偿传感器的偏离。图 18-4 为 AMR 的磁电转换特性曲线。其中电桥偏离是在传感器制造过程中 4 个桥臂电阻不严格相等带来的，外磁场偏离是测量某种磁场时外界干扰磁场带来的。不管要补偿哪种偏离，都可调节补偿电流，用人为的磁场偏置使图 18-4 中的特性曲线平移，使所测磁场为零时输出电压也为零。

实验 18　各向异性磁阻传感器和磁场测量实验

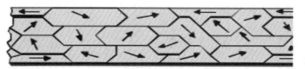

（a）磁干扰导致磁畴排列紊乱

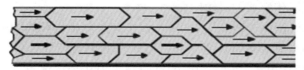

（b）复位脉冲使磁畴沿易磁化轴方向整齐排列

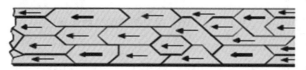

（c）反向置位脉冲使磁畴排列方向反转

图 18-3　复位/反向置位脉冲的作用

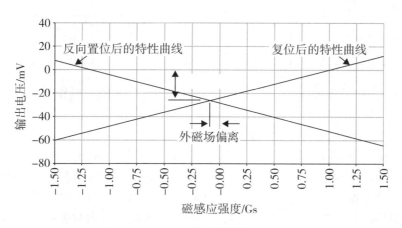

图 18-4　AMR 的磁电转换特性曲线

四、实验步骤

测量准备：连接实验仪与电源，开机预热 20 min。将磁阻传感器位置调节至赫姆霍兹线圈中心，传感器磁敏感方向与赫姆霍兹线圈轴线保持一致。

调节赫姆霍兹线圈电流为零，按"复位"键（恢复传感器特性），调节补偿电流（补偿地磁场等因素产生的偏离），使传感器输出为零。将赫姆霍兹线圈电流调节至 300 mA（线圈产生的磁感应强度为 6 Gs），同时调节放大器校准旋钮，使输出电压为 1.5 V。

1. 磁阻传感器特性测量

1) 测量磁阻传感器的磁电转换特性。

磁电转换特性是磁阻传感器最基本的特性。磁电转换特性曲线的直线部分对应的磁感应强度即磁阻传感器的工作范围；直线部分的斜率除以电桥电压与放大器放大倍数的乘积，即为磁阻传感器的灵敏度。

按表 18-1 的线圈电流数据从 300 mA 逐步调小赫姆霍兹线圈电流，并记录相应的输出电压值。切换电流换向开关（赫姆霍兹线圈电流反向，磁场及输出电压也将反向），逐步调大反向电流，记录相应的反向输出电压值。注意，电流换向后，必须按"复位"按键消磁。

表 18-1 AMR 磁电转换特性的测量

线圈电流/mA	300	250	200	150	100	50	0	-50	-100	-150	-200	-250	-300
磁感应强度/Gs	6	5	4	3	2	1	0	-1	-2	-3	-4	-5	-6
输出电压/V													

以磁感应强度为横轴，输出电压为纵轴，以表 18-1 的数据作图，并确定所用传感器的线性工作范围及灵敏度。

2) 测量磁阻传感器的各向异性特性。

AMR 只对磁敏感方向上的磁场敏感，当所测磁场与磁敏感方向有一定夹角 α 时，AMR 测量的是所测磁场在磁敏感方向的投影。由于补偿调节是在确定的磁敏感方向进行的，实验过程中应注意在改变所测磁场方向时，保持 AMR 方向不变。

将赫姆霍兹线圈电流调节至 200 mA，测量所测磁场方向与磁敏感方向一致时的输出电压。松开线圈水平旋转锁紧螺钉，每次将赫姆霍兹线圈与传感器盒整体转动 10°后锁紧；松开传感器水平旋转锁紧螺钉，将传感器盒向相反方向转动 10°（保持 AMR 方向不变）后锁紧，将输出电压数据记录于表 18-2 中。

表 18-2 AMR 方向特性的测量

夹角 α/(°)	0	10	20	30	40	50	60	70	80	90
输出电压/V										

注：磁感应强度为 4 Gs。

以夹角 α 为横轴，输出电压为纵轴，以表 18-2 的数据作图，检验所做曲线是否符合余弦规律。

2. 赫姆霍兹线圈的磁场分布测量

1) 赫姆霍兹线圈轴线上的磁场分布测量。

根据毕奥－萨伐尔定律，可以计算出通电圆线圈在轴线上任意一点产生的磁感应强度矢量垂直于线圈平面，方向由右手螺旋定则确定，与线圈平面距离为 X_1 的点的磁感应强度为

$$B(x_1) = \frac{\mu_0 r^2 I}{2(r^2 + x_1^2)^{3/2}}$$

赫姆霍兹线圈是由一对彼此平行的共轴圆形线圈组成。两线圈内的电流方向一致，大小相同，线圈匝数为 N，线圈之间的距离 d 正好等于圆形线圈的半径 r，若以两线圈中点为坐标原点，则轴线上任意一点的磁感应强度是两线圈在该点产生的磁感应强度之和

$$B(x) = \frac{\mu_0 N R^2 I}{2\left[R^2 + \left(\frac{R}{2}+x\right)^2\right]^{3/2}} + \frac{\mu_0 N R^2 I}{2\left[R^2 + \left(\frac{R}{2}-x\right)^2\right]^{3/2}}$$

$$= B_0 \frac{5^{3/2}}{16}\left\{\frac{1}{\left[1+\left(\frac{1}{2}+\frac{x}{R}\right)^2\right]^{3/2}} + \frac{1}{\left[1+\left(\frac{1}{2}-\frac{x}{R}\right)^2\right]^{3/2}}\right\}$$

式中，当 B_0 是 $X=0$ 时，赫姆霍兹线圈公共轴线中点的磁感应强度。表 18-3 列出了 X 取不同值时 $B(X)/B_0$ 值的理论计算结果。

表 18-3 赫姆霍兹线圈轴向磁场分布测量

$B_0 = 4 \text{ Gs}$

位置 X	-0.5r	-0.4r	-0.3r	-0.2r	-0.1r	0	0.1r	0.2r	0.3r	0.4r	0.5r
$B(X)/B_0$ 计算值	0.946	0.975	0.992	0.998	1.000	1	1.000	0.998	0.992	0.975	0.946
$B(X)$ 测量值/V											
$B(X)$ 测量值/Gs											

将传感器磁敏感方向调节至与赫姆霍兹线圈轴线一致，位置调节至赫姆霍兹线圈中心（$X=0$），测量输出电压值。已知 $r=140$ mm，将传感器盒每次沿轴线平移 $0.1r$，记录测量数据于表 18-3 中。

以表 18-3 的数据作图，并据图讨论赫姆霍兹线圈的轴向磁场分布特点。

2) 赫姆霍兹线圈空间磁场分布测量。

根据毕奥－萨伐尔定律，同样可以计算赫姆霍兹线圈空间任意一点的磁场分布。由于赫姆霍兹线圈的轴对称性，只要计算（或测量）过轴线的平面上两维磁场分布，

就可得到空间任意一点的磁场分布。

理论分析表明,在 $X \leq 0.2\,r$, $Y \leq 0.2\,r$ 的范围内,$(B_X - B_0)/B_0$ 小于百分之一,B_Y/B_X 小于万分之二,可以认为在赫姆霍兹线圈中部较大的区域内,磁场方向沿轴线方向磁场大小基本不变。

按表 18-4 的数据改变磁阻传感器的空间位置,记录 X 方向磁场产生的电压 V_X,测量赫姆霍兹线圈空间的磁场分布。

表 18-4 赫姆霍兹线圈空间磁场分布测量

$B_0 = 4$ Gs

V_X \ X \ Y	0	0.05 r	0.1 r	0.15 r	0.2 r	0.25 r	0.3 r
0							
0.05 r							
0.10 r							
0.15 r							
0.20 r							
0.25 r							
0.30 r							

根据表 18-4 的数据讨论赫姆霍兹线圈的空间磁场分布特点。

3. 地磁场测量

地球本身具有磁性,地表及近地空间存在的磁场叫地磁场。地磁的北极、南极分别在地理南极、北极附近,彼此并不重合,可用地磁场强度、磁倾角、磁偏角三个参量表示地磁场的大小和方向。磁倾角是地磁场强度矢量与水平面的夹角,磁偏角是地磁场强度矢量在水平面的投影与地球经线(地理南北方向)的夹角。

在现代的数字导航仪等系统中,通常用互相垂直的三维磁阻传感器测量地磁场在各个方向的分量,然后根据矢量合成原理,计算出地磁场的大小和方位。本实验将采用单个磁阻传感器测量地磁场的方法。

将赫姆霍兹线圈电流调节至零,同时将补偿电流调节至零,将传感器的磁敏感方向调节至与赫姆霍兹线圈轴线垂直(以便在垂直面内调节磁敏感方向)。

将传感器盒上平面调节至与仪器底板平行,同时将水准气泡盒放置在传感器盒正中,然后调节仪器水平调节螺钉使水准气泡居中,使磁阻传感器水平。松开线圈水平旋转锁紧螺钉,在水平面内仔细调节传感器方位,使输出最大(如果不能调到最大,则需要将磁阻传感器在水平方向旋转 180° 后再调节)。此时,传感器磁敏感方向与地理南北方向的夹角就是磁偏角。

松开传感器绕轴旋转锁紧螺钉,在垂直面内调节磁敏感方向,至输出最大时转过的角度就是磁倾角。找到该角度并记录此角度。

记录输出最大时的输出电压值 U_1 后,松开传感器水平旋转锁紧螺钉,将传感器转动180°,并记录此时的输出电压 U_2。将 $U = (U_1 - U_2)/2$ 作为地磁场磁感应强度的测量值(此法可消除电桥偏离对测量的影响),并将各值填入表18-5中。

表 18-5 地磁场的测量

磁倾角/(°)	磁感应强度			
	U_1/V	U_2/V	$U = \frac{1}{2}(U_1 - U_2)$/V	$B = 4U$/Gs

在实验室内测量地磁场时,建筑物的钢筋分布、同学携带的铁磁物质等都可能影响测量结果,因此实验重在掌握测量方法。

五、注意事项

(1)禁止将实验仪处于强磁场中,否则会严重影响实验结果。
(2)为了降低实验仪间磁场的相互干扰,任意两台实验仪之间的距离应大于 3 m。
(3)实验前请先将实验仪调水平。
(4)在操作所有的手动调节螺钉时用力应适度,以免滑丝。
(5)为保证使用安全,三芯电源须可靠接地。

六、思考题

(1)简述 AMR 的原理。
(2)在实验室内测量地磁场是否准确?

实验 19　积木式电路设计实验

一、实验目的

（1）熟悉整流、滤波和稳压电路。
（2）学会电表改装。
（3）掌握电路混沌效应。

二、实验仪器

实验仪器主要有低频功率信号源 DH－WG1、直流恒压源 DH－VC1、3 位半数字万用表、示波器、九孔板等。实验元件主要包括电阻、电容、电感、二极管、可调电阻、可调电容、可调电感、微安表头、开关、连接线等。

19.1　整流、滤波和稳压电路实验

（一）实验目的
（1）掌握整流、滤波、稳压电路工作原理及各元件在电路中的作用。
（2）学习直流稳压电源的安装、调整和测试方法。
（3）熟悉和掌握线性集成稳压电路的工作原理。

（二）实验元件
DH－AV1 交流电源盒 1 台（输出 6 V、12 V、18 V）、稳压集成块 2 只（LM317 1 只，LM7812 1 只）、二极管 4 只（IN4007 4 只）、电容 6 只（0.1 μF 1 只，1 μF 1 只，10 μF 2 只，100 μF 2 只）、电阻 2 只（100 Ω/2 W 1 只，510 Ω/1 W 1 只）、电位器 1 只（1 kΩ）、短接桥和连接导线若干、九孔板 1 块等。

（三）电路原理
1）整流滤波电路。
常见的整流电路有半波整流、全波整流和桥式整流电路。本实验是半波整流电路和桥式整流电路。

（1）半波整流电路。如图 19－1 所示为半波整流电路。交流电压 U 经过二极管 D 后，由于二极管的单向导电性，只有信号的正半周 D 能够导通，在 R 上形成压降；负半周 D 截止。电容 C 并联于 R 两端，起滤波作用。在 D 导通期间，电容充电；在 D 截止期间，电容 C 放电。用示波器可以观察 C 接入和不接入电路时的差别，以及

不同 C 值和 R 值时的波形差别,不同电源频率时的差别。

(2) 桥式整流电路。如图 19 – 2 所示电路为桥式整流电路。在交流信号的正半周,D_2、D_3 导通,D_1、D_4 截止;负半周 D_1、D_4 导通,D_2、D_3 截止,所以在电阻 R 上的压降始终为上"+"下"−"电路与半波整流电路相比,信号的另半周也被有效地利用了起来,减小了输出的脉动电压。电容 C 同样起到滤波的作用。用示波器可以比较桥式整流与半波整流的波形区别。

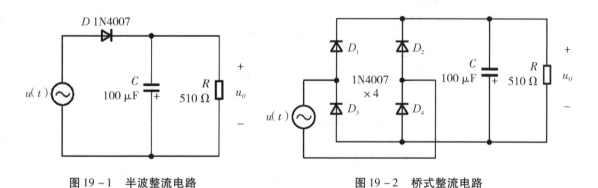

图 19 – 1 半波整流电路　　　　图 19 – 2 桥式整流电路

2) 直流稳压电源。

直流稳压电源是电子设备中最基本、最常用的仪器之一,它可以保证电子设备的正常运行。直流稳压电源一般由整流电路、滤波电路和稳压电路 3 部分组成,如图 19 – 3 所示。

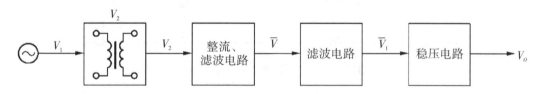

图 19 – 3　直流稳压电源

整流电路是利用二极管的单向导电性,将交流电转变为脉动的直流电;滤波电路是利用电抗性元件(电容、电感)的贮能作用,以平滑输出电压;稳压电路的作用是保持输出电压的稳定,使输出电压不随电网的电压、负载和温度的变化而变化。

在小功率的直流稳压电源中,多采用桥式整流、电容滤波、三端集成稳压器输出。为了便于观测滤波电路时间常数的改变,对其输出电压的影响,本实验采用半波整流,如图 19 – 4 所示。在图 19 – 4 中,Tr_1 为调压器,其作用是观测电网电压波动时稳压电路的稳压性能。

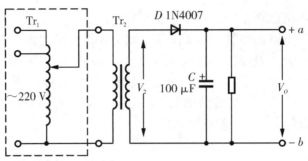

图 19-4 直流稳压电路

图 19-5 和图 19-6 是由 LM317 和 LM7812 组成的直流稳压电路。

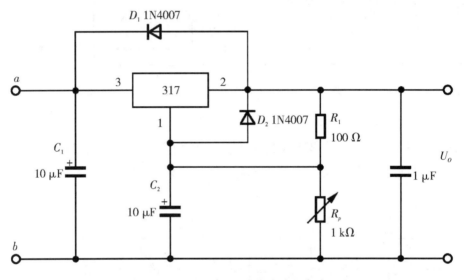

图 19-5 三端可调式集成稳压电路

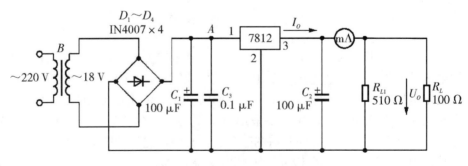

图 19-6 7812 线性集成稳压电路

（1）图 19-5 为三端可调式集成稳压器，其管脚分为调整端、输入和输出端，调节电位器 R_p 的阻值便可以改变输出电压的大小，由于它的输出端和可调端之间具有很强的维持 1.25 V 电压不变的能力，所以 R_1 上的电流值基本恒定，而调整端的电

流非常小且恒定，故将其忽略，那么输出电压为
$$U_O = (1 + R_P/R_1) \times 1.25 \text{（V）}$$

（2）线性集成稳压电路组成的稳压电源如图 19-6 所示，其工作原理与由分立元件组成的串联型稳压电源相似，只是稳压电路部分由三端稳压块代替，整流部分由 4 个二极管组成的全波整流电路代替，使电路的组装与调试工作大为简化。

（四）实验步骤

1）整流滤波电路。

（1）半波整流电路。按图 19-1 接线。

① $u(t)$ 由低频功率信号源提供，预先把信号源的频率调节到 50 Hz，电压幅度为 3 V 左右。

② 进行下列测试：首先，将整流二极管 D 短路，滤波电容 C 断路（拔掉），用示波器观察负载电阻 R_L 两端的电压波形（R_L 取 510 Ω），并用万用表直流档测其电压数值。

然后，去掉二极管 D 的短路，电容 C 仍保持断路，用示波器观测负载电阻 R_L 两端的电压波形，并用万用表直流档测其电压数值。

最后，在上述实验的基础上插上电容 $C(100~\mu\text{F})$，观察电压输出波形，并测出其数值；

固定电容 $C(100~\mu\text{F})$，改换 R_L 为 100 Ω，观测其电压输出波形及数值；

固定 $R_L(510~\Omega)$，改变电容 C 为 10 μF，观测输出电压的波形及数值。

③ 试着改变信号的 $u(t)$ 的频率，重复步骤（2）。

（2）全波整流电路。按图 19-2 接线。实验步骤与半波整流电路的步骤（1）、（2）、（3）相同。

2）由 317 组成的直流稳压电路。

（1）按图 19-4 接入调压器 Tr_1 和降压变压器 Tr_2，组装好整流滤波电路。

① 调整调压器，使调压器 Tr_1 的次级绕组输出电压 V_2 的有效值为 10 V（用万用表交流档监测）。

② 进行下列测试：首先，将整流二极管 D 短路，滤波电容 C 断路（拔掉），用示波器观察负载电阻 R_L 两端的电压波形，R_L 取 510 Ω，并用万用表直流档测其电压数值。

然后，去掉二极管 D 的短路，电容 C 仍保持断路，用示波器观测负载电阻 R_L 两端的电压波形，并用万用表直流档测其电压数值。

最后，在上述实验基础上插上电容 $C(100~\mu\text{F})$，观察电压输出波形，并测出其数值；

固定电容 $C(100~\mu\text{F})$，改换 R_L 为 100 Ω，观测其电压输出波形及数值；

固定 R_L（510 Ω），改变电容 C 为 10 μF，观测输出电压的波形及数值。

③ 固定 R_L 为 510 Ω，电容 C 为 100 μF，其余不变，以备使用。

（2）将图 19-4 和图 19-5 两条电路接好。

① 调节 R_P，观察输出电压 V_O 是否可以改变。当输出电压可调时，分别测出 V_O

的最大值、最小值、对应稳压部分的输入电压 V_i，及输入端和输出端之间的压降。

② 调节 R_P，使 V_O 为 6 V 并测出此时 a、b 两端的电压 V_i 值。

③ 调节调压器，使电网电压（220 V）变换 ±10% 时，测量输出电压相应的变化值 ΔV_O 及输入电压相应的变化值 ΔV_i，求稳压系数 s

$$s = \frac{\Delta V_o / V_o}{\Delta V_i / V_i}$$

④ 用示波器或数字交流毫伏表测出输出电压中的纹波成分 V_{OW}，输出电压中的纹波成分 V_{OW} 既可用交流毫伏表测出，也可用灵敏度较高的示波器测出。但是由于纹波电压已不再是正弦波电压，毫伏表的读数并不能代表纹波电压的有效值，因此，在实际测试中，最好用示波器直接测出纹波电压的峰值 ΔV_{OW}。

注意：没有交流调压器的话，可以把 V_2 用 10 V 左右的交流电源代替，不进行本实验的步骤（3）和（4）。

3）由 7812 组成的直流稳压电路。

（1）接线：按图 19-6 连接电路，电路接好后在 A 点处断开，测量并记录 U_i 波形（即 U_A 的波形）；然后接通 A 点后面的电路，观察 U_o 的波形。

（2）用示波器观察稳压电路输入电压 U_i 的波形，并记录纹波电压的大小；再观察输出电压 U_o 的纹波，将两者进行比较。

（五）分析与讨论

（1）列表整理所测的实验数据，绘出所观测到的各部分波形。

（2）按实验内容比较所测的实验结果与理论值的差别，分析产生误差的原因。

（3）简要叙述实验中存在的故障及其排除方法。

（4）78XX 或 79XX 系列其他稳压管的实验请同学们查阅相关资料自行设计。

19.2 电表改装实验

（一）实验目的

（1）设计由运算放大器组成的电压、电流表。

（2）组装与调试自己设计的电压、电流表。

（二）实验元件

实验元件包括 DH-AV1 交流电源 1 台（输出 6 V、12 V、18 V）、电位器 2 只（5 kΩ 1 只、10 kΩ 1 只）、电阻 1 只（56 kΩ）、表头 1 个（100 μA，内阻 2 K）、运放 1 个（HA17741 或 μA741）、芯片座 1 个（SJ-004 芯片座盒）、二极管 4 只（1N4007 4 只）、短接桥和连接导线若干、九孔板 1 块等。

（三）电路原理

1）设计要求。

直流电压表　满量程　+6 V（或 +1 V、+10 V）；

直流电流表　满量程　200 μA；

交流电压表　满量程　+6 V、50 Hz ~ 1000 Hz；
交流电流表　满量程　100 μA。

2) 电压、电流表工作原理。

在进行测量时，电表的接入应不影响被测电路的原工作状态，这就要求电压表应具有无穷大的输入电阻，而电流表的内阻应为零。但实际上，万用表表头的可动线圈总有一定的电阻，如 100 μA 的表头，其内阻 R 约为 2 kΩ（可以用比较法或代替法测出，具体操作可参考本实验附录 DH4508 电表改装与校准的实验介绍），用它进行测量时将会影响被测量电路，容易引起误差。此外，交流电表中的整流二极管的压降和非线性特性也会产生误差。如在万用电表中使用运算放大器，就能大大降低这些误差，提高测量精度。

（1）直流电压表。图 19-7 为同相输入、高精度直流电压表的电原理图。为了减小表头参数对测量精度的影响，将表头置于运算放大器的反馈回路中，这时，流经表头的电流与表头的参数无关，只要改变 R_1 一个电阻，就可进行量程的切换；只要知道要转换的最大量程 U_{max}，即可得到 $R_1 = U_{max}/I_{max}$。实际设计的过程中可以把 R_1 用标准电阻或一个定值电阻串联一个电位器来进行调节，以得到转换量程。

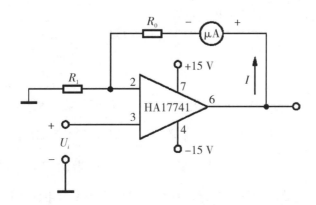

图 19-7　直流电压表

表头电流 I 与被测电压 U_i 的关系为

$$I = \frac{1}{R_1}U_i \tag{19-1}$$

应当指出，图 19-7 适用于测量电路与运算放大器共地的有关电路。此外，当被测电压较高时，在运算放大器的输入端应设置衰减器。

（2）直流电流表。图 19-8 是浮地直流电流表的电原理图。

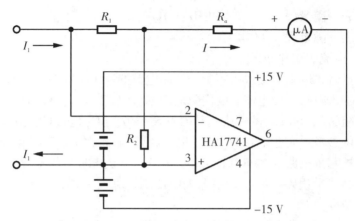

图 19-8 浮地直流电流表的电原理

在电流测量中,浮地电流的测量是普遍存在的。如若被测电流无接地点,就属于这种情况。为此,应把运算放大器的电源也对地浮动,按此种方式构成的电流表就可像常规电流表那样串联在任何电流通路中测量电流。

表头电流 I 与被测电流之间的关系为

$$-I_1 R_1 = (I_1 - I) R_2$$

$$I = \left(1 + \frac{R_1}{R_2}\right) I_1 \tag{19-2}$$

改变电阻比 $\dfrac{R_1}{R_2}$,可调节流过电流表的电流,从而提高灵敏度。如果被测电流较大(大于 100 μA),应给电流表表头并联分流电阻(用 4.7 kΩ 电位器调节)。实际设计时,可通过改变 $\dfrac{R_1}{R_2}$ 的值,并在表头并联分流电阻调节来得到要设计的量程。注意,应先计算好参数范围后再连线设计,不要用来测量大电流。设计时,可以在电流回路中串接标准电流表来观察实际测量电流值并校准改装表头。遵循"先接线,再检查,再通电;先关电,再拆线"的原则,以确保器件安全。

(3)交流电压表。由运算放大器、二极管整流桥和直流毫安表组成的交流电压表如图 19-9 所示。被测交流电压 U_i 加到运算放大器的同相端,故有很高的输入阻抗,又因为负反馈能减小反馈回路中的非线性影响,故把二极管桥路和表头置于运算放大器的反馈回路中,以减小二极管本身非线性的影响。

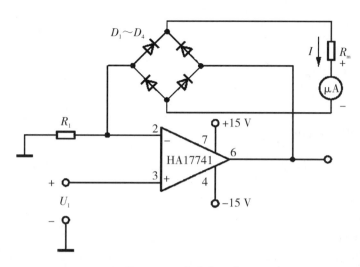

图 19-9　交流电压表

表头电流 I 与被测电压 U_i 的关系为

$$I \propto \frac{U_i}{R_1}$$

电流 I 全部流过桥路，其值仅与 $\frac{U_i}{R_1}$ 有关，与桥路和表头参数（如二极管的死区等非线性参数）无关。表头中电流与被测电压 U_i 的全波整流平均值成正比，若 U_i 为正弦波，则表头可按有效值来刻度，被测电压的上限频率决定于运算放大器的频带和上升速率。在设计中可通过调节 R_1 的值来实现相应量程。

（4）浮地交流电流表。图 19-10 为浮地交流电流表，表头读数由被测交流电流 i 的全波整流平均值 I_{1AV} 决定，即

$$I = \left(1 + \frac{R_1}{R_2}\right) I_{1AV} \tag{19-3}$$

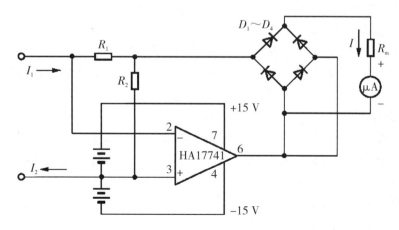

图 19-10　浮地交流电流表

如果被测电流 i 为正弦电流,即

$$i_1 = \sqrt{2} I_1 \sin \omega t \tag{19-4}$$

则式 (19-2) 可写为

$$I = 0.9 \left(1 + \frac{R_1}{R_2}\right) I_1$$

则表头可按有效值来刻度。

实际设计时,可通过改变 $\frac{R_1}{R_2}$ 的值,并结合在表头并联分流电阻来实现要设计的量程。

(四) 实验内容与步骤

1) 电路设计。

用万用电表的电路是多种多样的,建议使用参考电路设计一只较完整的万用电表。

2) 选择元器件及安装调试。

(1) 表头。电压表的表头灵敏度应小于 100 μA,内电阻为 2 kΩ 左右,同时根据测试电流的大小来选择电流表表头的量程。

(2) 电阻。电路中的电阻均采用金属膜电阻,须用电桥校准。

(3) 运算放大器。输入电阻 500 kΩ 以上,输出电阻小,A_0 一万倍以上,U_{i0}、I_{I0}、I_B 要小。

(4) 二极管。可选用整流二极管或检波二极管。

(5) 运算放大器的调试按惯例进行,电流、电压表要用标准电流、电压表校正。

(6) 实验中需要的 100 μA 电流可以用直流电压源串联电阻得到,例如,电压 0~10 V 可调,电阻选择 100 kΩ,则电流调节范围为 0~100 μA 可调。注意,实验过程中电流不可过大,以免损坏放大器或微安表。

(7) 实验中需要的可调交流电压可由 DH-AV1 交流电源加电位器调节实现。

(8) 设计前先计算出量程转换参数,遵循"先接线,再检查,再通电;先关电,再拆线"的原则,同时特别要注意放大器的管脚排列顺序。HA17741 运算放大器芯片实物图以及管脚排列图如图 19-11、图 19-12 所示。

(9) 实验时把 8 脚芯片 HA17741 放在 16 脚芯片座中,注意电源供电和脚位接线正确。

(五) 分析与讨论

(1) 画出完整的万用电表的设计电路原理图。

(2) 将万用电表与标准表作测试比较,计算万用电表各功能档的相对误差,分析误差原因。

(3) 提出电路改进建议。

(4) 谈谈收获与体会。

实验 19 积木式电路设计实验

图 19 – 11　MA741 实物

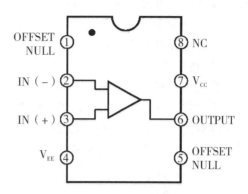

图 19 – 12　MA741 管脚排列

附　DH4508 电表改装与校准实验介绍

电流计（表头）由于构造的原因，一般只能测量较小的电流和电压，如果要用它来测量较大的电流或电压，就必须进行改装，以扩大其量程。万用表的工作原理就是对微安表头进行多量程改装。如今万用表已在电路的测量和故障检测中得到了广泛的应用。

（一）实验目的

（1）测量表头内阻及满度电流。

（2）掌握将 1 mA 表头改成较大量程的电流表和电压表的方法。

（3）设计一个 $R_{中} = 1500\ \Omega$ 的欧姆表，要求 E 在 $1.3 \sim 1.6$ V 范围内使用能调零。

（4）用电阻器校准欧姆表，作出校准曲线，并根据校准曲线用组装好的欧姆表测未知电阻。

（5）掌握校准电流表和电压表的方法。

（二）实验仪器

DH4508 型电表改装与校准实验仪、ZX21 电阻箱。

（三）实验原理

常见的磁电式电流计主要由放在永久磁场中的由细漆包线绕制的可以转动的线圈、用来产生机械反力矩的游丝、指示用的指针和永久磁铁等组成。当电流通过线圈时，载流线圈在磁场中就产生一磁力矩 $M_{磁}$，使线圈转动，从而带动指针偏转。线圈偏转角度的大小与通过的电流大小成正比，所以可由指针的偏转直接指示出电流值。

电流计允许通过的最大电流称为电流计的量程，用 I_g 表示；电流计的线圈有一定内阻，用 R_g 表示。I_g 与 R_g 是表示电流计特性的两个重要参数。

测量内阻 R_g 常用方法如下。

1）半电流法。

半电流法也称中值法。测量原理如图 19 – 13 所示。当被测电流计接在电路中时，电流计满偏,再用十进位电阻箱与电流计并联作为分流电阻,来改变电阻值即改变分流程度;当电流计指针指示到中间值,且标准表读数(总电流强度)仍保持不变时,可通过调电源电压和 R_W 来实现,显然这时分流电阻值就等于电流计的内阻。

2)替代法。

替代法的测量原理如图 19-14 所示。当被测电流计接在电路中时,用十进位电阻箱替代它,且改变电阻值;当电路中的电压不变,且电路中的电流(标准表读数)亦保持不变时,电阻箱的电阻值即为被测电流计的内阻。替代法是一种运用很广的测量方法,具有较高的测量准确度。

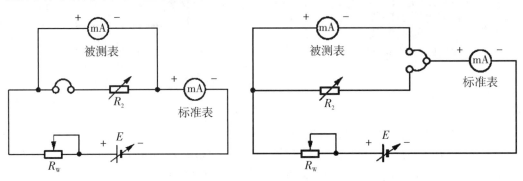

图 19-13　半电流法的测量电路原理　　　图 19-14　替代法的测量电路原理

(1)改装为大量程电流表。根据电阻并联规则,如果在表头两端并联上一个阻值适当的电阻 R_2,如图 19-15 所示,则可使表头不能承受的那部分电流从 R_2 上分流通过。这种由表头和并联电阻 R_2 组成的整体(图 19-15 中虚线框住的部分)就是改装后的电流表。如需将量程扩大 n 倍,则有

$$R_2 = R_g/(n-1) \tag{19-5}$$

如图 19-15 所示,用电流表测量电流时,电流表应串联在被测电路中,所以要求电流表应有较小的内阻。另外,在表头上并联阻值不同的分流电阻,便可制成多量程的电流表。

(2)改装为电压表。一般表头能承受的电压很小,不能用来测量较大的电压。为了测量较大的电压,可以给表头串联一个阻值适当的电阻 R_M,如图 19-16 所示,使表头上不能承受的那部分电压落在电阻 R_M 上。这种由表头和串联电阻 R_M 组成的整体就是电压表,串联的电阻 R_M 叫做扩程电阻。选取不同大小的 R_M,就可以得到不同量程的电压表。改装后的扩程电阻值为

$$R_M = \frac{U}{I_g} - R_g \tag{19-6}$$

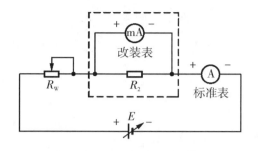

图 19-15 扩流后的电流表原理

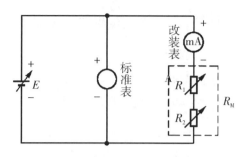

图 19-16 改装为电压表

由于用电压表测电压时，电压表总是并联在被测电路上，为了不因并联电压表而改变电路中的工作状态，通常电压表应有较高的内阻。

(3) 改装毫安表为欧姆表。用来测量电阻大小的电表称为欧姆表。根据调零方式的不同，欧姆表可分为串联分压式和并联分流式两种。其原理电路如图 19-17 所示。

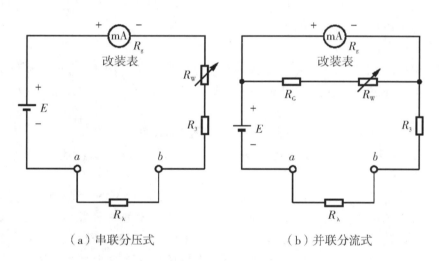

(a) 串联分压式　　　　　(b) 并联分流式

图 19-17 欧姆表原理

图 19-17 中，E 为电源，R_3 为限流电阻，R_W 为调零电位器，R_λ 为被测电阻，R_g 为等效表头内阻。图 19-17 (b) 中，R_G 与 R_W 一起组成分流电阻。

欧姆表使用前先要调零点，即 a、b 两点短路（相当于 $R_\lambda = 0$），调节 R_W 的阻值，使表头指针正好偏转到满度。可见，欧姆表的零点是在表头标度尺的满刻度（即量限）处，与电流表和电压表的零点正好相反。

在图 19-17 (a) 中，当 a、b 端接入被测电阻 R_λ 后，电路中的电流为

$$I = \frac{E}{R_g + R_W + R_3 + R_\lambda} \tag{19-7}$$

对于给定的表头和线路来说，R_g、R_W、R_3 都是常量。由此可见，当电源端电压 E 保持不变时，被测电阻和电流值有一一对应的关系。即接入不同的电阻，表头就会

有不同的偏转读数，$R_λ$ 越大，电流 I 越小。短路 a、b 两端，即 $R_λ=0$ 时，有

$$I = \frac{E}{R_g + R_W + R_3} = I_g \quad (19-8)$$

这时指针满偏。

当 $R_λ = R_g + R_W + R_3$ 时，有

$$I = \frac{E}{R_g + R_W + R_3 + R_λ} = \frac{1}{2}I_g \quad (19-9)$$

这时指针在表头的中间位置，对应的阻值为中值电阻，显然 $R_{中} = R_g + R_W + R_3$。

当 $R_λ = ∞$（相当于 a、b 开路）时，$I=0$，即指针在表头的机械零位。

所以欧姆表的标度尺为反向刻度，且刻度是不均匀的，电阻 R 越大，刻度间隔越密。如果表头的标度尺预先按已知电阻值刻度，就可以用电流表来直接测量电阻了。

并联分流式欧姆表是利用对表头分流来进行调零的，具体参数可自行设计。

欧姆表在使用过程中电池的端电压会有所改变，而表头的内阻 R_g 及限流电阻 R_3 为常量，故要求 R_W 要跟着 E 的变化而改变，以满足调"零"的要求。设计时用可调电源模拟电池电压的变化，范围取 1.3～1.6 V 即可。

（四）实验步骤

DH4508 型电表改装与校准实验仪的在进行实验前应对毫安表进行机械调零。

（1）用中值法或替代法测出表头的内阻，确定 R_g = _____ Ω，按图 19-7 或图 19-8 接线。

（2）将一个量程为 1 mA 的表头改装成量程 5 mA 的电流表。

①根据式 19-5 计算出分流电阻值，先将电源调到最小，R_W 调到中间位置，再按图 19-15 接线。

②慢慢调节电源，升高电压，使改装表指到满量程（可配合调节 R_W 变阻器），并记录标准表的读数。注意，R_W 作为限流电阻，阻值不要调至最小值。然后调小电源电压，使改装表每隔 1 mA（满量程的 1/5）逐步减小读数直至零点；（将标准电流表选择开关打在 20 mA 档量程）再调节电源电压按原间隔逐步增大改装表读数到满量程，并将每次标准表相应的读数于表 19-1 中。

表 19-1 将一个 1 mA 量程的表头改装为 5 mA 量程的电流表数据记录

改装表读数/mA	标准表读数/mA			示值误差 ΔI/mA
	减小时	增大时	平均值	
1				
2				
3				
4				
5				

③以改装表读数为横坐标，标准表由大到小及由小到大调节时两次读数的平均值为纵坐标，在坐标纸上作出电流表的校正曲线，并根据两表最大误差的数值定出改装表的准确度级别。

④重复以上步骤，将 1 mA 表头改装成 10 mA 表头，可按每隔 2 mA 测量一次。

⑤将面板上的 R_G 和表头串联，作为一个新的表头，重新测量一组数据，并比较扩流电阻有何异同。

（3）将一个量程为 1 mA 的表头改装成量程 1.5 V 的电压表。

①根据式（19-6）计算扩程电阻 R_M 的阻值，可用 R_1、R_2 进行实验。

②按图 19-16 连接校准电路。用量程为 2 V 的数字显示电压表作为标准表来校准改装的电压表。

③调节电源电压，使改装表指针指到满量程（1.5 V），同时记下标准表的读数。然后每隔 0.3 V 逐步减小改装表读数直至零点，再按原间隔逐步增大到满量程，并将每次标准表相应的读数记录于表 19-2 中。

表 19-2　一个 1 mA 量程的表头改装为 1.5 V 量程的电压表数据记录

改装表读数/V	标准表读数/V			示值误差 ΔU/V
	减小时	增大时	平均值	
0.3				
0.6				
0.9				
1.2				
1.5				

④以改装表读数为横坐标，标准表由大到小及由小到大调节时两次读数的平均值为纵坐标，在坐标纸上作出电压表的校正曲线，并根据两表最大误差的数值定出改装表的准确度级别。

⑤重复以上步骤，将 1 mA 表头改成 5 V 表头，并按每隔 1 V 测量一次。

（4）改装欧姆表及标定表面刻度。

①根据表头参数 I_g 和 R_g 以及电源电压 E，选择 R_W 为 470 Ω，R_3 为 1 kΩ，也可自行设计确定。

②按图 19-17（a）进行连线。将 R_1、R_2 电阻箱（这时作为被测电阻 R_λ）接于欧姆表的 a、b 端，调节 R_1、R_2，使 $R_中 = R_1 + R_2 = 1500$ Ω。

③调节电源 E 为 1.5 V，调节 R_W 使改装表头指示为零。

④取电阻箱的电阻为一组特定的数值 $R_{\lambda i}$，读出相应的偏转格数 d_i。利用所得读数 $R_{\lambda i}$、d_i 绘制出改装欧姆表的标度盘，如表 19-13 所示。

表 19–13 改装欧姆表及标定表面刻度数据记录

$E = $ _____ V, $R_{中} = $ _____ Ω

R_{λ_i}/Ω	$\frac{1}{5}R_{中}$	$\frac{1}{4}R_{中}$	$\frac{1}{3}R_{中}$	$\frac{1}{2}R_{中}$	$R_{中}$	$2R_{中}$	$3R_{中}$	$4R_{中}$	$5R_{中}$
偏转格数 d_i									

⑤按图 19–17（b）进行连线，设计一个并联分流式欧姆表。将其与串联分压式欧姆表比较，观察有何异同（可选做）。

（五）思考题

（1）还能用别的办法来测定电流计的内阻吗？能否用欧姆定律来进行测定？能否用电桥来进行测定而又保证通过电流计的电流不超过 I_g？

（2）如果要设计一个 $R_{中} = 1500$ Ω 的欧姆表，现有两块量程 1 mA 的电流表，其内阻分别为 250 Ω 和 100 Ω，你认为选哪块较好？为什么？

19.3 电路混沌效应实验

（一）实验目的

（1）用示波器观测 LC 振荡器产生的波形及经 RC 移相后的波形。

（2）用双踪示波器观测上述两个波形组成的相图（李萨如图）。

（3）改变 RC 移相器中可调电阻 R 的值，观察相图周期变化。记录倍周期分岔、阵发混沌、三倍周期、吸引子（周期混沌）和双吸引子（周期混沌）相图。

（4）测量由 TL072 双运放构成的有源非线性负阻"元件"的伏安特性，结合非线性电路的动力学方程，解释混沌产生的原因。

（二）实验元件

放大器 1 只（TL072）、电阻 6 只（220 Ω 2 只，2.2 kΩ 1 只，3.3 kΩ 1 只，22 kΩ 2 只）、可调电感 1 只（18～22 mH 可调）、电容 2 只（0.1 μF 1 只，0.01 uF 1 只）、电位器 2 只（2.2 kΩ、220 Ω）、电阻箱 1 个（0～99999.9 Ω）、桥形跨连线和连接导线若干、9 孔板 1 块。

（三）实验原理

1）非线性电路与非线性动力学。

非线性电路的实验电路如图 19–18 所示。图中 R_2 是一个有源非线性负阻器件，电感器 L_1 电容器 C_1 组成一个损耗可以忽略的谐振回路，可变电阻 R_1 与电容器 C_2 连接将振荡器产生的正弦信号移相输出。图 19–19 是该电阻的伏安特性曲线，从图中可以看出加在此非线性元件上的电压与通过它的电流极性是相反的。由于加在此元件上的电压增加时，通过它的电流却减小，因而将此元件称为非线性负阻元件。

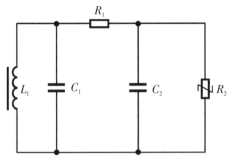

图 19 – 18　非线性电路

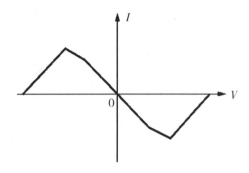

图 19 – 19　非线性电路伏安特性曲线

非线性电路的非线性动力学方程为

$$C_2 \frac{dU_{C_2}}{dt} = G(U_{C_1} - U_{C_2}) - gU_{C_1} \quad (19-10)$$

$$C_1 \frac{dU_{C_1}}{dt} = G(U_{C_2} - U_{C_1}) + i_L \quad (19-11)$$

$$L \frac{di_L}{dt} = -U_{C_1} \quad (19-12)$$

式中，U_{C_1}、U_{C_2}为C_1、C_2上的电压，i_L为电感L_1上的电流，G为电导，$G = 1/R_1$，g为U的函数。如果R_2是线性的，g为常数，那么电路就是一般的振荡电路，得到的解是正弦函数，电阻R_1的作用是调节C_1和C_2的电压位相差，把C_1、C_2两端的电压分别输入到示波器的x、y轴，则显示的图形是椭圆。如果R_2是非线性的，则会看见什么现象呢？

实际电路中R_2是非线性元件，它的伏安特性曲线如图 19 – 20 所示，是一个分段线性的电阻，整体呈现为非线性。gU_{C_2}是一个分段线性函数。由于g总体是非线性函数，三元非线性方程组没有解析解。若用计算机编程进行数据计算，当取适当电路参数时，可在显示屏上观察到模拟实验的混沌现象。

除了计算机数学模拟方法之外，更直接的方法是用示波器来观察混沌现象，实验电路如图 19 – 21 所示。在图 19 – 21 中，非线性电阻是电路的关键，它是通过 1 个双运算放大器和 6 个电阻组合来实现的。电路中，LC_1并联构成振荡电路，W_1、W_2和C_2的作用是分相，使 CH1 和 CH2 两处输入示波器的信号产生相位差，即可得到x、y两个信号的合成图形。双运放 TL072 的前级和后级正、负反馈同时存在，正反馈的强弱与比值$R_3/(W_1 + W_2)$、$R_4/(W_1 + W_2)$有关，负反馈的强弱与比值R_2/R_1、R_5/R_4有关。当正反馈大于负反馈时，振荡电路才能维持振荡。若调节W_1、W_2时正反馈就发生变化，TL072 就处于振荡状态而表现出非线性。图 19 – 22 就是 TL072 与 6 个电阻组成的一个等效非线性电阻，它的伏安特性大致如图 19 – 20 所示。

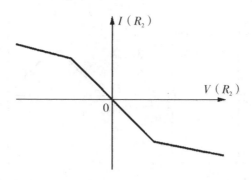

图 19-20　TL072 与 6 个电阻组成的等效非线性电路的伏安特性曲线

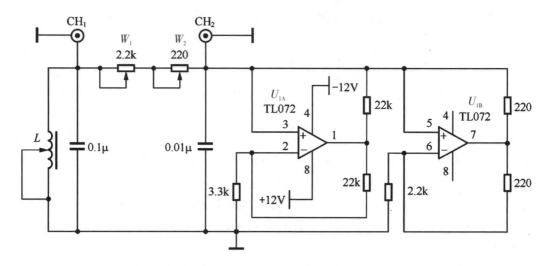

图 19-21　非线性混沌实验电路

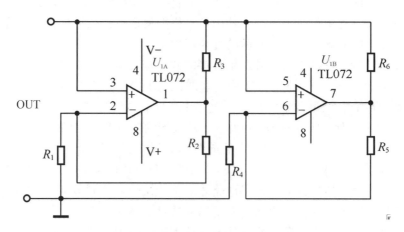

图 19-22　双运放 TL072 组成的放大电路

2）有源非线性负阻元件的实现。

实现有源非线性负阻元件的方法有多种，这里使用的是一种较简单的电路，通过

2个运算放大器和6个电阻来实现，其电路如图19-22所示，其伏安特性曲线如图19-20所示。实验所要研究的是该非线性元件对整个电路的影响，该非线性负阻元件的作用是使振动周期产生分岔和混沌等一系列非线性现象。

实际非线性混沌实验电路如图19-21所示。

3）实验现象的观察。

把图19-21中的CH1和CH2接入示波器，将示波器调至CH1-CH2波形合成档，再调节可变电阻器的阻值，便可以从示波器上观察到一系列现象。最初仪器刚打开时，电路中有一个短暂的稳态响应现象，这个稳态响应被称作系统的吸引子（attractor）。这意味着系统的响应部分虽然初始条件各异，但仍会变化到一个稳态。在实验中，初始电路中的微小正负扰动，各对应一个正负的稳态。当电导继续平滑增大，到达某一值时，发现响应部分的电压和电流开始周期性地回到同一个值，产生了振荡。这时就能观察到一个单周期吸引子（period-one attractor）。它的频率由电感与非线性电阻组成的回路的特性决定。

再增加电导［这里的电导值为$1/(W_1+W_2)$］时，就观察到一系列非线性的现象，先是电路中产生了一个不连续的变化，电流与电压的振荡周期变成了原来的二倍，也称分岔（bifurcation）；继续增加电导，我们还会发现二倍周期倍增到四倍周期，四周期倍增到八倍周期。如果精度足够，当连续地、越来越小地调节时就会发现一系列永无止境的周期倍增，最终在有限的范围内成为无穷周期的循环，从而显示出混沌吸引（chaotic attractor）的性质。

需要注意的是，对应于不同的初始稳态，调节电导会导致两个不同的却是确定的混沌吸引子，这两个混沌吸引子是关于零电位对称的。

在实验中，很容易地观察到倍周期和四周期现象，再有一点变化，就会导致一个单漩涡状的混沌吸引子，较明显的是三周期窗口。观察到这些窗口表明得到的是混沌的解而不是噪声。在调节的最后，能看到吸引子突然充满了原本两个混沌吸引子所占据的空间，并形成了双漩涡混沌吸引子（double scroll chaotic attractor）。由于示波器上的每一点对应着电路中的每一个状态，出现双混沌吸引子就意味着电路在这个状态时，相当于电路处于最初的那个响应状态，最终会到达哪一个状态完全取决于初始条件。

在实验中，尤其需要注意的是，由于示波器的扫描频率选择不符合的原因，可能无法观察到正确的现象，这样，就需要仔细分析。也可以通过使用示波器的不同的扫描频率档来观察现象，以期得到最佳的扫描图像。

（四）实验步骤

1）混沌现象的观察。

（1）按照图19-21接线，注意运算放大器的电源极性不要接反。

（2）用同轴电缆将Q9插座CH1连接双踪示波器的CH1通道（即x轴输入），Q9插座CH2连接双踪示波器的CH2通道（即Y轴输入）；可以交换x、y输入，使显示的图形相差90°。

① 调节示波器相应的旋钮使其在$y-x$状态工作，即CH2输入的大小反映在示波

器的水平方向，CH1 输入的大小反映在示波器的垂直方向。

② CH2 的输入和 CH1 的输入可放在 DC 态或 AC 态，并适当调节输入增益 V/DIV 波段开关，使示波器显示大小适度、稳定的图像。

（3）检查接线无误后即可打开电源开关，电源指示灯亮，此时电压表不需要接入电路。

（4）非线性电路混沌现象的观测。

①首先把电感值调到 20 mH 或 21 mH。

②右旋细调电位器 W_2 到底，左旋或右旋 W_1 粗调多圈电位器，使示波器出现一个圆圈——略斜向的椭圆，如图 19 - 23（a）所示。

③左旋细调多圈电位器 W_2 少许，示波器会出现二倍周期分岔，如图 19 - 23（b）所示。

④再左旋多圈细调电位器 W_2 少许，示波器会出现三倍周期分岔，如图 19 - 23（c）所示。

⑤再左旋多圈细调电位器 W_2 少许，示波器会出现四倍周期分岔，如图 19 - 23（d）所示。

⑥继续左旋多圈细调电位器 W_2 少许，示波器会出现双吸引子（混沌）现象，如图 19 - 23（e）所示。

⑦观测的同时可以调节示波器相应的旋钮，来观测不同状态下，y 轴输入或 x 轴输入的相位、幅度和跳变情况。

⑧电感的选择对实验现象的影响很大，只有选择合适的电感和电容才可能观测到最好的效果。感兴趣的话可以改变电感和电容的值来观测不同情况下的现象，分析产生此现象的原因，尝试从理论的角度去认识和理解非线性电路的混沌现象。

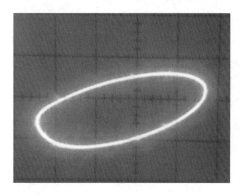 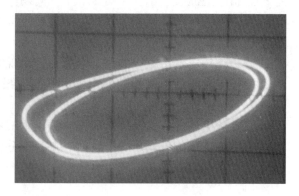

（a）周期分岔　　　　　　　　　　（b）二倍周期分岔

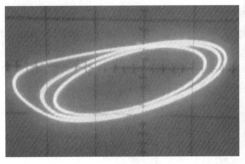

（c）三倍周期分岔

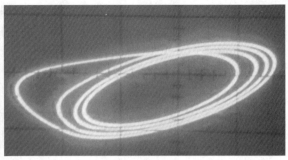

（d）四倍周期分岔

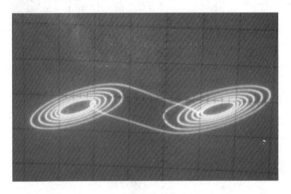

（e）双吸引子（混沌）现象

图 19 – 23　非线性电路混沌的现象观测

2）有源非线性电阻伏安特性的测量。

（1）测量原理如图 19 – 24 所示，具体按照图 19 – 25 进行接线，其中 A 和 V 代表电流表和电压表，用一般的 4 位半数字万用表；R 为 0 ～ 99999.9 Ω 可调电阻箱，电阻箱可以选用 ZX21（a）或 ZX21（b）；R_2 就是非线性电阻，注意，数字电流表的正极接电压表的正极。

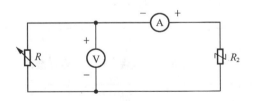

图 19 – 24　有源非线性电阻原理电路

（2）检查接线无误后即可开启电源。

（3）将电阻箱电阻由 99999.9 Ω 起从大到小调节，记录电阻箱的电阻、数字电压表以及电流表上的对应读数填入表 19 – 4 中。由电压、电流的关系在坐标轴上描点作出有源非线性电路的非线性负阻特性曲线（即 $I - V$ 曲线，通过曲线拟合作出分段曲线）。实验参考数据如表 19 – 14 所示，根据表 19 – 5 作的 $I - V$ 曲线从略。从实验数据可以看出测量的电流和电压的极性始终是相反的，变化是非线性的，这也验证了非线性负阻的特性。实验过程中，可能会出现电流、电压曲线在第二、第四象限，这属于正常现象。由于元件的差异，非线性负阻特性曲线可能不一样，请认真分析这种现象。

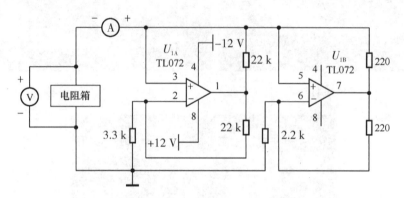

图 19-25　有源非线性电阻连接电路

表 19-4　有源非线性电阻数据记录

电压/V	电阻/Ω	电流/mA

表 19-5　有源非线性电阻实验参考数据

电压/V	电阻/Ω	电流/mA
-11.575	79999.9	0.145
-11.509	39999.9	0.288
-11.088	9999.9	1.109
-10.954	7999.9	1.369
-10.567	4999.9	2.113

续表 19-5

电压/V	电阻/Ω	电流/mA
-9.930	2999.9	3.310
-9.465	2299.9	4.115
-9.364	2200.9	4.255
-8.787	2140.9	4.104
-8.241	2120.9	3.886
-7.724	2099.9	3.678
-7.103	2070.9	3.430
-6.543	2040.9	3.206
-6.051	2010.9	3.009
-5.228	1950.9	2.680
-4.473	1880.9	2.378
-3.720	1790.9	2.077
-3.082	1690.9	1.823
-2.585	1590.9	1.625
-2.181	1490.9	1.463
-1.847	1390.9	1.328
-1.665	1330.9	1.251
-1.336	1320.9	1.011
-1.070	1319.9	0.811
-0.655	1316.9	0.497
-0.368	1310.9	0.281
-0.212	1300.9	0.163
-0.148	1290.9	0.115
-0.092	1270.9	0.072
-0.066	1250.9	0.053
-0.046	1220.9	0.038
-0.019	1100.9	0.017
-0.012	1000.9	0.012

此有源非线性电阻使用的是 Kennedy 于 1993 年提出的使用 2 个运算放大器和 6 个电阻来实现的。在测定其非线性时，可将其作为一个黑匣子来研究，其非线性表现与其内阻和负载的大小有关，而且呈非线性。因此，用电阻箱作其负载，可测定其特

性，方便实验操作。电阻箱电阻变化的不连续，对实验曲线影响甚小。

附　TL072 运算放大器芯片实物以及管脚排列

TL072 运算放大器芯片实物以及管脚排列分别如图 19-26、图 19-27 所示。

图 19-26　TL072 实物

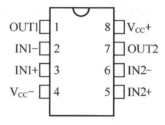
图 19-27　TL072 管脚排列

实验20 积木式传感器设计实验

一、实验目的

（1）掌握传感器的基本知识及其应用。
（2）培养学生仔细耐心的实验习惯和严谨的科学态度。

二、实验仪器

实验仪器包括 DH－WG2 频率振荡器（或用信号发生器替代）、DH－VC2 直流恒压源、双踪示波器、万用表、九孔板和模块电路等。其中，模块电路包括电桥模块、差动放大器、电压放大器、移相器、相敏检波器、低通滤波器等模块。

20.1 单臂电桥实验

（一）实验目的
熟悉金属箔式应变片和单臂电桥的工作原理。
（二）实验模块
电桥模块、差动放大器（含调零模块）、测微头及连接件、应变片、九孔板等。
（三）实验步骤
（1）将差动放大器增益置中间位置，应变片为棕色衬底箔式结构小方薄片。上下2片梁的外表面各贴2片受力应变片。测微头在双平行梁后面的支座上，可以上下、前后、左右调节。安装测微头时，应注意是否可以到达磁钢中心位置。
（2）将差动放大器调零：V＋接至直流恒压源的＋15 V，V－接至－15 V，调零模块的 GND 与差动放大器模块的 GND 相连，V_{REF} 与 V_{REF} 相连，V＋与 V＋相连，再用导线将差动放大器的输入端同相端 V_P（＋）、反相端 V_N（－）与地短接。用万用表测差动放大器输出端的电压，开启直流恒压源，调节调零旋钮使万用表显示为零。
（3）根据图 20－1 接线，R_1、R_2、R_3 为电桥模块的固定电阻，R_x 为应变片；将直流恒压源的电压调至 ±4 V 档，万用表置于 20 V 档。开启直流恒压源，调节电桥平衡网络中的电位器 W_1，使万用表显示为零。
（4）将测微头转动到 10 mm 刻度附近，安装到双平等梁的自由端（与自由端磁钢吸合），调节测微头支柱的高度（梁的自由端跟随变化）使万用表显示最小，再转动测微头，使万用表显示为零（细调零），记下此时测微头上的刻度值（要准确无误

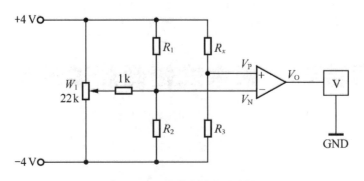

图 20-1　单臂电桥实验电路

地读出测微头上的刻度值)。

(5) 往下或往上转动测微头,使梁的自由端产生位移 X,记下万用表显示的值。建议每转动测微头一周,即 $\Delta X = 0.5$ mm,记一个数值并填入表 20-1 中。

表 20-1　单臂电桥实验电路数据

X/mm					
U/mV					

(6) 根据所得结果计算灵敏度 S

$$S = \Delta U / \Delta X \tag{20-1}$$

式中,ΔX 为梁的自由端位移变化;ΔU 为万用表显示的电压相应变化。

(7) 在托盘未放砝码之前,记下此时的电压数值,然后每增加一只砝码(20 g)记下一个数值并将这些数值填入表 20-2 中。根据所得结果计算砝码变化之后的系统灵敏度 $S = \Delta U / \Delta W$,并作出 $U - W$ 关系曲线,其中,ΔU 为电压变化率,ΔW 为相应的重量变化率(重量用 W 表示,单位为 g;电压用 U 表示,单位为 mV 后面所用与此相同,不再另作说明)。

表 20-2　单臂电桥实验电路数据随砝码变化的记录

W/g	20	40	60	80	100	120
U/mV						

(四) 思考题

(1) 实验电路对直流恒压源和差动放大器有何要求?
(2) 根据单臂电桥的电路原理图,简要分析差动放大器的工作原理。

(五) 注意事项

(1) 在记录数据之前,请将测微头调至一个合适位置。合适位置指的是测微头螺杆最长及最短时,万用表示数的范围要足够大。调节方法:通过调整测微头支杆座的高度来实现。

(2) 在旋转旋钮时,请不要转动测微头支杆。

20.2 单臂、半桥、全桥比较实验

(一) 实验目的

验证单臂、半桥、全桥的性能及相互之间的关系。

(二) 实验模块

差动放大器、电桥模块、测微头及连接件、应变片、九孔板等。

(三) 实验步骤

(1) 直流恒压源调到 ±4 V 档,万用表打到 2 V 档,差动放大器增益中间位置。然后将差动放大器调零,操作方法是:V + 接至直流恒压源的 + 15 V,V − 接至 − 15 V,调零模块的 GND 与差动放大器模块的 GND 相连,V_{REF} 与 V_{REF} 相连,V + 与 V + 相连,再用导线将差动放大器的输入端同相端 V_P(+)、反相端 V_N(−) 与地短接。用万用表测差动放大器输出端的电压,开启直流恒压源,调节调零旋钮使万用表显示为零。

(2) 按图 20 − 2 接线,图中 R_x 为应变片,r 及 W_1 为可调平衡网络。

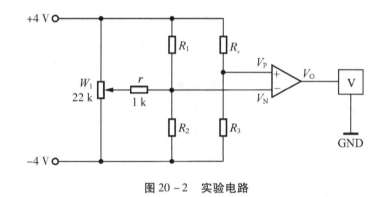

图 20 − 2 实验电路

(3) 安装和调整测微头到磁钢中心位置并使双平行梁处于水平位置(目测),记下该刻度值,再将直流恒压源打到 ±4 V 档。选择适当的放大增益,然后调节电桥平衡电位器 W_1,使万用表显示为零。

(4) 旋转测微头,使梁移动,每隔 0.5 mm 读一个数,并将测得数值填入表 20 − 3 中,然后关闭直流恒压源。

表 20 − 3 单臂实验数据

X/mm					
U/mV					

(5) 保持放大器增益不变,将 R_3 固定电阻换为与 R_x 工作状态相反的另一应变片,即取 2 片受力方向不同的应变片,形成半桥,调节测微头使梁到水平位置(目

测），调节电桥 W_1 使万用表显示为零。旋转测微头使梁移动，每隔 0.5 mm 读一个数，并将测得读数填入表 20-4 中。

表 20-4 半桥实验数据

X/mm						
U/mV						

（6）保持差动放大器增益不变，将 R_1、R_2 两个固定电阻换成另两片受力应变片（即 R_1 换成 ↑，R_2 换成 ↓），组桥时只要掌握对臂应变片的受力方向相同，邻臂应变片的受力方向相反即可，否则相互抵消没有输出。接成一个直流全桥，调节测微头使梁到水平位置，调节电桥 W_1 同样使万用表显示为零。旋转测微头使梁移动，每隔 0.5 mm 读一个数，并将读出数据填入表 20-5 中。

表 20-5 全桥实验数据

X/mm						
U/mV						

（7）在同一坐标纸上描出 X-U 曲线，比较 3 种接法的灵敏度。

（四）注意事项

（1）在更换应变片时应将直流恒压源关闭。
（2）在实验过程中如有发现万用表发生过载，应将电压量程扩大。
（3）在实验过程中只能将放大器接成差动形式，否则系统不能正常工作。
（4）直流恒压源为 ±4 V，不能打得过大，以免损坏应变片或造成严重自热效应。
（5）接全桥时请注意区别各应变片的工作状态及方向。

20.3 移相器实验

（一）实验目的
了解运算放大器构成的移相电路的原理及工作情况。

（二）实验模块及仪器
移相器、DH-WG2 频率振荡器（音频振荡器）、直流恒压源、双踪示波器和九孔板等。

（三）实验步骤
（1）按图 20-3 接线。
（2）将音频振荡器的信号引入移相器的输入端（音频信号从 0° 或 180° 插口输出均可）。
（3）打开恒压源，将示波器的两根线分别接到移相器的输入和输出端，调整示波器，观察示波器的波形。

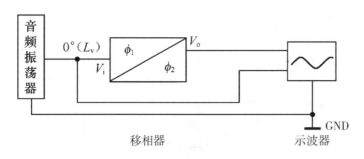

图 20-3　移相器实验

(4) 旋动移相器上的移相电位器，观察两个波形间相位的变化。
(5) 改变音频振荡器的频率，观察不同频率的最大移相范围。

（四）思考题

(1) 试分析移相器的工作原理及在实验中观察到的现象。
(2) 如果将双踪示波器改为单踪示波器，两路信号分别从 y 轴和 x 轴送入，根据李沙育图形是否可完成此实验？

20.4　相敏检波器实验

（一）实验目的

掌握相敏检波器的工作原理。

（二）实验仪器

相敏检波器、移相器、DH-WG2 频率振荡器（音频振荡器）、双踪示波器、DH-VC2 直流恒压源、低通滤波器、万用表和九孔板等。

（三）实验步骤

(1) 根据图 20-4 的电路接线，音频振荡器频率为 4 kHz，幅度置最小，直流恒压源输出置于 ±2 V 档，相敏检波器的 V+、V- 分别接至 DH-VC2 频率振荡器的 +15 V、-15 V，GND 接 GND；将音频振荡器的信号 0°输出端输出至相敏检波器的输入端 V_i，把直流恒压源 +2 V 输出端接至相敏检波器的参考输入端 DC，把示波器两根输入线分别接至相敏检波器的输入端 V_i 和输出端 V_o，组成一个测量线路。

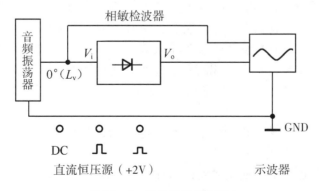

图 20-4　相敏检波器实验 1

（2）调整好示波器，开启恒压源，调整音频振荡器的幅度峰峰值为 4 V。观察输入和输出波的相位和幅值关系。

（3）改变参考电压的极性（除去直流恒压源 +2 V 输出端与相敏检波器参考输入端 DC 的连线，把直流恒压源的 -2 V 输出端接至相敏检波器的参考输入端 DC），观察输入和输出波形的相位和幅值关系。由此可得出结论，当参考电压为正时，输入和输出____相，当参考电压为负时，输入和输出____相，此电路的放大倍数为____倍。

（4）关闭恒压源，根据图 20 - 5 电路重新接线。首先，将音频振荡器的信号从 0°输出端输出至相敏检波器的输入端 V_i，从 0°输出端接至相敏检波器的参考输入端 V_r；然后把示波器的两根输入线分别接至相敏检波器的输入端 V_i 和输出端 V_o；最后将相敏检波器输出端 V_o 同时与低通滤波器的输入端连接起来，将低通滤波器的输出端与万用表连接起来，组成一个测量线路（此时，万用表置于 20 V 档）。

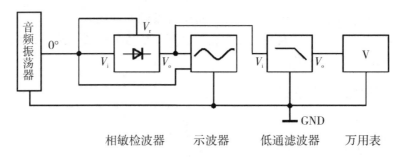

图 20 - 5　相敏检波器实验 2

（5）开启恒压源，调整音频振荡器的输出幅度 V_{ip-p}，同时记录万用表的读数 V_o，填入表 20 - 6 中。

表 20 - 6　相敏检波器实验 2 数据

V_{ip-p}/V						
V_o/V						

（6）关闭恒压源，根据图 20 - 6 的电路重新接线。首先，将音频振荡器的信号从 0°输出端输出至相敏检波器的输入端 V_i，将 180°输出端输出接至移相器的输入端，移相器的输出端接至相敏检波器的参考输入端 V_r；然后把示波器的两根输入线分别接至相敏检波器的输入端 V_i 和输出端 V_o；最后，将相敏检波器的输出端 V_o 同时与低通滤波器的输入端连接起来，将低通滤波器的输出端与万用表连接起来，组成一测量线路。

（7）开启恒压源，转动移相器上的移相电位器，观察示波器上显示的波形及万用表上的读数，使得输出最大。

（8）调整音频振荡器的输出幅度，同时将万用表的读数填入表 20 - 7 中。

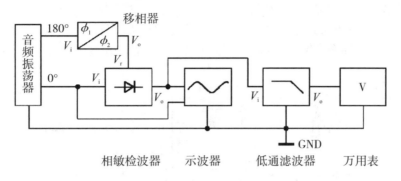

图 20-6 相敏检波器实验 3

表 20-7 相敏检波器实验 3 数据

V_{ip-p}/V						
V_0/V						

（四）思考题

（1）根据实验结果，可以知道相敏检波器的作用是什么？移相器在实验线路中的作用是什么？（即参考端输入波形相位的作用）

（2）在完成第（4）步后，将示波器两根输入线分别接至相敏检波器的输入端 V_i 和附加观察端两个波形都是方波，但频率不一样，观察波形，回答相敏检波器中的整形电路是将什么波转换成什么波，相位如何？起什么作用？

（3）当相敏检波器的输入与开关信号同相时，输出的是什么极性的什么波？万用表的读数是什么极性的最大值？

20.5 交流全桥实验

（一）实验目的

了解交流供电的四臂应变电桥的原理和工作情况。

（二）实验仪器

频率振荡器、电桥模块、差动放大器、移相器、相敏检波器、低通滤波器、万用表、传感器实验台、应变片、测微头及连接件、直流恒压源、九孔板和双踪示波器等。

（三）实验步骤

（1）将音频振荡器幅度拧至中间位置，万用表打到 20 V 档，差动放大器增益旋至最大。然后将差动放大器调零，具体操作为：V+接至直流恒压源的 +15 V，V-接至 -15 V，调零模块的 GND 与差动放大器模块的 GND 相连，V_{REF} 与 V_{REF} 相连，V+ 与 V+ 相连，再用导线将差动放大器的输入端同相端 $V_P(+)$、反相端 $V_N(-)$ 与地短接。用万用表测差动放大器输出端的电压，开启直流恒压源，先调节差动放大器的增益到最大位置，然后调节差动放大器的调零旋钮使万用表显示为零。

（2）按图 20-5 接线。在图 20-7 中，R_1、R_2、R_3、R_4 为应变片，W_1、W_2、C、r 为交流电桥调节平衡网络，电桥交流激励源必须从音频振荡器的 L_V 口引入。

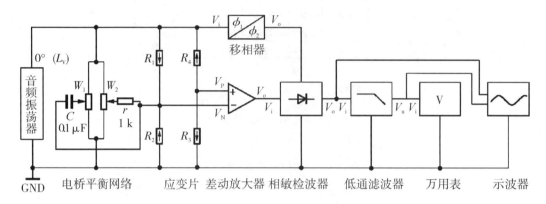

图 20-7 交流全桥实验电路

（3）用手按住振动梁（双平行梁）的自由端，旋转测微头使测微头脱离振动梁自由端并远离。将万用表打至 20 V 档，示波器 x 轴的扫描时间切换到 $0.1 \sim 0.5$ ms（以合适为宜），y 轴 CH1 或 CH2 打至 5 V/div，音频振荡器的频率旋钮置 5 kHz，幅度旋钮置 1/4 幅度。开启恒压源，调节电桥网络中的 W_1 和 W_2，使万用表和示波器显示最小，再把万用表和示波器 y 轴的切换开关分别置 2 V 档和 50 mV/div，细调 W_1 和 W_2 及差动放大器调零旋钮，使万用表的显示值最小，示波器的波形大致为一条水平线（当万用表显示值与示波器图形不完全相符时，二者兼顾即可）。再次用手按住梁的自由端产生一个大位移。调节移相器的移相旋钮，使示波器显示全波检波的图形，即放手后，梁复原，示波器图形基本成一条直线。

（4）在双平行梁的自由端装上测微头，旋转测微头使万用表显示为零，以后每转动测微头一周，即 0.5 mm，将万用表显示值记录于表 20-8 中。

表 20-8 交流全桥实验数据

X/mm														
U_o/V														

根据所得数据作出 $U_o - X$ 曲线，找出线性范围，计算灵敏度 $S = \Delta U/\Delta X$，并与直流全桥实验结果相比较。

（5）实验完毕后，关闭恒压源。

（四）思考题

在交流电桥中，必须有_____两个可调参数才能使电桥平衡，这是由于电路存在_____而引起的。

20.6 交流全桥的应用——振幅测量实验

(一) 实验目的

了解交流激励的金属箔式应变片电桥的应用。

(二) 实验仪器

低频振荡器、电桥模块、差动放大器、移相器、相敏检波器、低通滤波器、万用表、传感器实验台、应变片、直流恒压源、频率计、九孔板和双踪示波器。

(三) 实验步骤

(1) 按图 20-7 接线，将低频振荡器频率置合适位置，幅度为最小，差动放大器增益置于合适位置。并且保持交流全桥实验步骤 (1)、(2)、(3)。

(2) 将低频振荡器的输出端接至激振输入端，低频振荡器的幅度旋钮置合适位置，并用频率计监测低频振荡器的输出端；开启直流恒压源，同时双平行梁保持振动，慢慢调节低频振荡器频率旋钮，使梁振动比较明显，如梁振幅不够大，可调大低频振荡器的幅度。

(3) 将低频振荡器的频率调至 1 kHz 左右，幅度为 10 Vp-p（频率用频率计监测，幅度用示波器监测）。

(4) 将示波器的 x 轴扫描旋钮切换到 ms/div 级档，y 轴切换到 50 mV/div 或 0.1 V/div，分别观察差动放大器输出端、相敏检波器输出端、低通滤波器输出端的波形。并描出各级波形。改变低频振荡器频率，将相应测得的电压峰峰值（低通滤波器输出端 V_{oP-P}），填入表 20-9 中，并作出幅频曲线。

表 20-9 振幅测量实验数据

F/Hz							
V_{oP-P}/mV							

完成该实验后，可反复调节线路中的各旋钮，用示波器观察各输出环节波形的变化，了解各旋钮的作用并加深实验体会。

20.7 交流全桥的应用——电子秤实验

(一) 实验目的

了解交流供电的金属箔式应变片电桥的实际应用。

(二) 实验仪器

音频振荡器、电桥模块、差动放大器、移相器、低通滤波器、万用表、砝码、直流恒压源、应变片和九孔板。

(三) 实验步骤

(1) 按图 20-8 接线，图中 R_1、R_2、R_3、R_4 为应变片，W_1、W_2、C、r 为交流电桥调节平衡网络，电桥交流激励源必须从音频振荡器的 L_V 输出口引入。

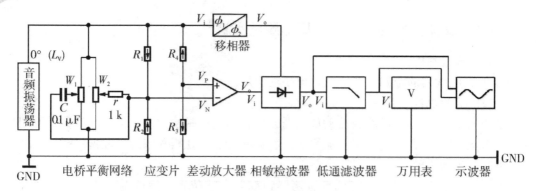

图 20-8 电子秤电路

(2) 将万用表打至 20 V 档,示波器 x 轴扫描时间切换到 0.1～0.5 ms,y 轴 CH1 或 CH2 打至 5 V/div,音频振荡器的频率旋钮置于 5 kHz,幅度旋钮置 1/4 幅度。开启恒压源,调节电桥网络中的 W_1 和 W_2,使万用表和示波器显示最小,再把万用表和示波器 y 轴的切换开关分别置 2 V 档和 50 mV/div,细调 W_1 和 W_2 及差动放大器调零旋钮,使万用表的显示值最小,示波器的波形为一条水平线(万用表显示值与示波器图形不完全相符时二者兼顾即可)。先用手按住梁的自由端产生一个大位移,再调节移相器的移相电位器,使示波器显示全波检波的图形,放手后,梁复原,示波器图形基本成一条直线。

(3) 在梁的自由端加上砝码,调节差动放大器增益旋钮,使万用表显示对应的量值;再去除所有砝码,调节 W_1 使万用表显示为零,这样重复几次即可。

(4) 在梁的自由端(磁钢处同一个点上)逐一加上砝码,同时把万用表的显示值填入表 20-10 中,计算灵敏度 $S = \Delta U / \Delta W$。

表 20-10 电子秤电路实验数据

W/g					
U/V					

(5) 在梁的自由端放一个重量未知的重物,记录万用表的显示值,得出未知重物的重量。

(四) 注意事项

砝码和重物应放在梁自由端的磁钢上的同一点。

(五) 思考题

如果要将这个电子秤方案投入实际应用,应如何改进?

20.8 差动变压器(互感式)的性能实验

(一) 实验目的

了解差动变压器的原理及工作情况。

（二）实验仪器

音频振荡器、测微头及连接件、双踪示波器、九孔板、差动线圈与铁芯连接件等。

（三）实验步骤

（1）先将差动线圈及其铁芯连接件安装在传感器实验台的振动盘上，音频振荡器调至 4 kHz ~ 8 kHz 之间，再按图 20-9 接线，将音频振荡器（必须 L_v 输出）、示波器连接起来，组成一个测量线路。打开直流恒压源，将示波器探头分别接至差动变压器的输入端和输出端，观察差动变压器源边线圈的音频振荡器激励信号峰峰值为 2 V。通过观察 CH2 的波形，调节铁芯上下的位置使 CH2 的波形幅度为最小。

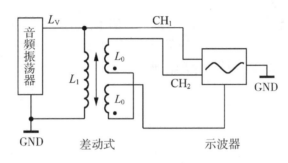

图 20-9　差动变压器

（2）转动测微头使测微头与传感器实验台的磁钢吸合，并使示波器上的波形输出幅度为最小，然后记下测微头上的刻度值。

（3）往下旋动测微头，使传感器实验台产生位移。每位移 0.5 mm，用示波器读出差动变压器输出端的峰峰值，并填入表 20-11 中。根据所得数据计算灵敏度 $S = \Delta U / \Delta X$（式中，ΔU 为电压变化，ΔX 为相应传感器实验台的位移变化），作出 $U - X$ 关系曲线。

表 20-11　差动变压器实验数据

X/mm										
U_{op-p}/mV										

（四）思考题

（1）根据实验结果，指出线性范围。

（2）当差动变压器中磁棒的位置由上到下移动时，双踪示波器观察到的波形相位会发生怎样的变化？

（3）用测微头调节振动平台位置，使示波器上观察到的差动变压器的输出端信号为最小，这个最小电压称作什么？是什么原因造成的？

实验 21　电激励磁悬浮实验

一、实验目的

（1）了解电涡流位移传感器的测量原理，测量传感器的输出特性。
（2）在悬浮状态下，测试钢球的平衡特性，研究磁力、电流和间隙的关系。
（3）学习磁悬浮的 PID 控制原理，通过独立改变 P、I、D 参数，了解各参数对悬浮控制的影响。

二、实验仪器

电激励磁悬浮实验系统如图 21-1 所示，包括可控电流源、电激励磁悬浮实验装置、电激励磁悬浮控制仪、示波器等组成。

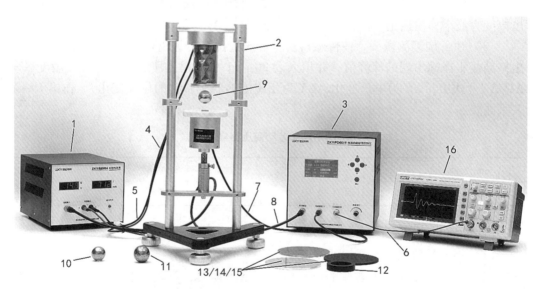

1—可控电流源；2—电激励磁悬浮实验装置；3—电激励磁悬浮控制仪；4、5—单芯连接线；6—同轴线；
7、8—多芯连接线；9—30 mm 空心球；10—30 mm 实心球；11—35 mm 实心球；12—钢环；
13—铝盘；14—不锈钢盘；15—钢盘；16—示波器。

图 21-1　电激励磁悬浮实验系统

仪器正常工作条件：温度：0～40 ℃；相对湿度：≤90% RH；大气压强：86～106 kPa；电源：交流 220 V/50 Hz。

1. 电激励磁悬浮控制系统

电激励磁悬浮控制仪面板如图 21-1 中"3"所示，它的主要功能是：根据电激励磁悬浮实验装置的传感器信号，输出控制信号发给可控电流源进行调节。

方向按键：由方向键▲▼◀▶组成，可进行光标的移动（也可参见开机提示内容）。

确认键：功能确认按键（也可参见开机提示内容）。

参数调节旋钮：当光标所在位置为参数调节项时，可通过该旋钮调节该项参数。

控制输出接口：输出控制信号，主要用于连接可控电流源"控制输入"接口。

传感器接口：主要是连接实验装置"传感器输出"接口，提供仪器位置信号。

传感器监测接口：连接示波器，监测传感器输出电压，以便研究控制的稳态或阶跃响应情况。

液晶显示屏：主要显示操作提示、实验选择菜单、实验操作内容等。

实验使用到的仪器界面主要有以下两个：

（1）"传感器特性实验"界面，如图 21-2 所示，该界面主要用于测试传感器输出特性，见实验步骤 2。

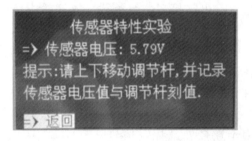

图 21-2 "传感器特性实验"界面

（2）"磁悬浮特性实验"界面，如图 21-3 所示。

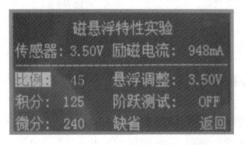

图 21-3 "磁悬浮特性实验"界面

①比例 P/积分 I/微分 D：对应显示的公式（1）中 k_p、k_i、k_d 的相对值，这里简

记为 P、I、D。当光标在这些位置时，可通过"参数调节"旋钮调节。

②悬浮调整：该选项的后方为传感器设定电压值 V_{set}，可通过"参数调节"旋钮调整（范围为 2.5～4.5 V），可实现在全自动状态下，连续改变悬浮钢球到传感器的间距。调整该参数后，若悬浮状态在该位置不理想，可将光标移到 PID 部分进行微调。

③阶跃测试：该位置改变的也是传感器设定值 V_{set}，但仅存在两个特定的值，通过在这两个值之间的周期性的突然变化，实现对悬浮钢球的一个阶跃干扰。其中，当"ON"阶跃功能开启，传感器设定电压值在 3.0 V 和 3.5 V 之间做周期为 10 s 的阶跃变化；当"OFF"阶跃功能关闭，传感器设定电压值变回默认值 3.5 V。ON/OFF 状态通过"确认"键进行切换。

④传感器：实时显示传感器的输出电压值 V_{sensor}，反映钢球的实时位置（存在积分控制，且悬浮稳定时，该值与"悬浮调整"后方的设定电压 V_{set} 一致）。

⑤励磁电流：实时显示励磁线圈的电流。

⑥缺省设置：在该位置按"确认"键后，系统参数将变回开机默认参数（$P=45$，$I=125$，$D=240$，$V_{set}=3.5$ V）。

2. 可控电流源

可控电流源仪器面板如图 21-1 中"1"所示，它的主要功能是：根据外部输入的控制信号，通过"电流输出"接口，给负载（本实验中负载为铁芯励磁线圈）提供可控电流。

电流显示窗口：显示所加负载的输出电流（本实验中为励磁电流）。

电压显示窗口：显示所加负载的输出电压（本实验中为励磁电压）。

电流输出接口：用于连接外部负载（本实验中为连接铁芯励磁线圈"电流输入"接口）。

控制输入接口：用于连接外部控制信号（本实验中为电激励磁悬浮控制仪的"控制输出"接口）。

输出开关：当开关处于"开"状态时（中央"电源输出"指示绿灯亮），电流源为负载供电；当开关处于"关"时（中央"电源输出"指示灯熄灭），电流源不为负载供电。

3. 电激励磁悬浮实验装置

电激励磁悬浮实验装置如图 21-4 所示，主要由励磁铁芯、电涡流位移传感器以及辅助单元组成。

（1）励磁铁芯。由耐热漆包线绕制在导磁铁芯上形成，绕制匝数为 2700 匝。其上端有"电流输入"接口，该实验中连接可控电流源"电流输出"接口。

（2）电涡流位移传感器。测试行程 >7 mm，最大输出交流为 6 V，输出分辨率 0.01 V。有"传感器输出"接口，在本实验中连接电激励磁悬浮控制仪"传感器接口"。

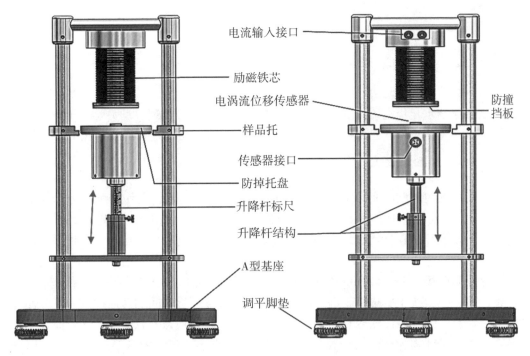

图 21-4 电激励磁悬实验装置

（3）升降杆结构。旋转该升降杆的套筒可改变电涡流传感器上下位置。标尺刻度为 0～40 mm，精度为 0.5 mm。

（4）A 型底座。A 型底座配合调平脚垫，可调节仪器水平（参照水准泡），使磁力方向与重力方向基本一致。

（5）悬浮样件。直径为 30 mm 空心钢球，质量约为 44.5 g；直径为 30 mm 实心钢球，质量约为 110 g；直径为 30 mm 实心钢球，质量约为 176 g；钢环的内直径为 60 mm，外直径为 44 mm，厚度为 12 mm；导磁螺钉：外六角，M8×45。

（6）测距圆盘。铝盘的直径为 120 mm，厚度为 4 mm；不锈钢盘的直径为 120 mm，厚度为 4 mm。钢板：直径为 120 mm，厚度为 4 mm。

4. 性能特性

（1）可控电流源的性能特性。包括：通信控制：5 芯航空插座；输出 TTL 通信信号；电流输出：额定电流为 0～1500 mA，最大功率为 45 W；电流显示：四位数码显示，分辨率 1 mA；电压显示：三位数码显示，分辨率 0.1 V。

（2）电激励磁悬浮控制仪的性能特性。包括：显示方式：128×240 LCD 显示；PID 调节：独立可调；比例调节范围为 0～500，积分调节范围为 0～1000，微分调节范围为 0～1000；控制输出：5 芯航空插座；传感器输入：4 芯航空插座。

（3）实验装置。励磁铁芯：尺寸 Φ80 mm×100 mm，线圈匝数为 2700 匝，磁场为 0～0.14 T；升降杆：标尺刻度为 0～40 mm，精度为 0.5 mm；位置传感器:量程 >7 mm。

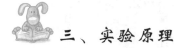
三、实验原理

1)磁悬浮原理概述。

磁悬浮技术是集电磁学、电子技术、控制工程、信号处理、动力学等于一体的典型的机电一体化技术,已经在很多领域得到广泛应用,如磁悬浮列车、磁悬浮机器人手腕等,其中,尤以磁悬浮列车最具代表性。

2)磁力的计算。

电磁场的边值问题实际上是求解给定边界条件下的麦克斯韦方程组(或其偏微分方程),可分为解析求解和数值求解两类。对于简单模型,有时可以得到方程的解析解。若模型复杂程度增加,则往往很难获得解析解,这时可以配合计算机进行数值求解。

磁路是磁场、磁力计算中一种常见的近似求解方法。类比于电路,其最基本的近似条件是:磁力线主要集中于高导磁介质以及高导磁介质之间的薄层内。为了方便使用磁路计算,需要假设铁磁材料为线性材料、各段磁场均匀并忽略漏磁等。而在本实验系统中,悬浮物为球形无明显的、简单的磁回路,且实验中悬浮球距铁芯可以较远,因此磁路法的近似条件是明显不成立的。

实际工程应用中的电磁场分析,其场域边界大多较复杂,这便对数值求解提出了需求。有限元法是利用变分原理把满足一定边值条件的电磁场问题等价为泛函极值问题,以导出有限元方程组。其具体步骤是将整个求解区域分割为许多很小的子区域,将求解的边界问题的原理应用于每个子区域,通过选取恰当的函数,使得对每一个单元的计算变得简单,经过对每个单元进行重复而简单的计算,得到各个单元的近似解,再将其结果总和起来便可以得到整个区域的解。

Ansoft 公司的 Maxwell 软件是针对电磁场分析而优化的有限元技术,包含电场、静磁场、涡流场、瞬态场、温度场以及应力场等分析模块,可用于分析电机、传感器、变压器、永磁设备、激励器等电磁装置的各种特性。本实验使用的是 3D 静磁场模块,它可以准确地仿真直流电压/电流源、永磁体以及外加磁场激励引起的磁场。在具体软件操作过程中,首先需要建立 3D 模型,赋予各部分材料的特征属性(如磁化曲线)、附加激励条件(如励磁电流)、边界条件、建立合适的剖分网络等;软件内部便会基于麦克斯韦方程组对系统磁场分布进行求解(静磁场时麦克斯韦方程组简化为安培环路和高斯磁通定理);然后根据磁场分布得到磁场储能;最后通过虚位移原理即可求出磁力。

图 21-5(a)是使用 Anosoft Maxwell 软件针对实物建立的实验仪器的仿真 3D 模型,其中励磁铁芯为纯铁,励磁绕组为耐热漆包铜线绕制,导磁钢球为 Q235 材料。图 21-5(b)是某间距下,当球受到的磁力等于球的重力时,某个中心切面内的磁场分布。

实验 21　电激励磁悬浮实验

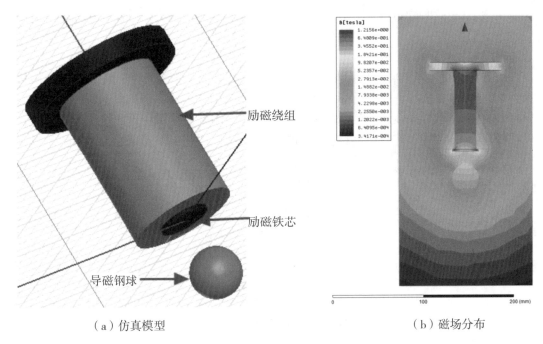

（a）仿真模型　　　　　　　　　　　　（b）磁场分布

图 21-5　仪器的有限元 3D 仿真

从有限元法的具体步骤中可以看出，有限元数值求解时，未引入磁路近似，而考虑了材料的非线性等，直接从麦克斯韦方程入手，因此结果准确可靠。图 21-6 是对该实验系统的 30 mm 实心钢球，在距离电磁铁不同的位置，由 Maxwell 3D 静磁场模块的有限元数值分析得到的平衡特性。

间距/mm	平均电流/mA	间距/mm	平均电流/mA
1	239.3	16	1078.1
2	307.8	17	1151.1
3	362.6	18	1227.0
4	414.1	19	1305.6
5	462.2	20	1389.6
6	509.6	21	1475.9
7	557.8	22	
8	607.0	23	
9	657.6	24	
10	709.8	25	
11	765.2	26	
12	822.4	27	
13	882.2	28	
14	944.8	29	
15	1010.0	30	

图 21-6　30 mm 实心钢球悬浮平衡特性曲线

可见，平衡时励磁电流 i 随间距 x 呈非线性单调递增趋势，且曲线在高端呈现上翘趋势。

3）电涡流位移传感器。

电涡流位移传感器是非接触传感器的一种，具有测量范围大、响应快、灵敏度高、抗干扰能力强、不受油污影响等优点，广泛应用于工业生产和科学研究中。磁悬浮列车的悬浮和导向，就广泛采用了这种传感器。本实验也采用电涡流传感器作为位置传感器。其结构和等效电路模型如图 21-7（a）、21-7（b）所示。

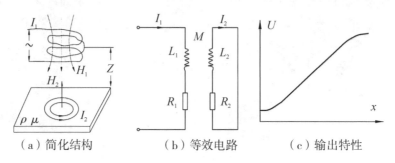

（a）简化结构　　（b）等效电路　　（c）输出特性

图 21-7　电涡流位移传感器

激励线圈中存在的高频电流 I_1，使下方金属处于高速变化着的磁场中，从而在金属内产生漩涡状的感应电流（电涡流）。电涡流也产生交变磁场，它将反作用地影响原磁场，从而导致线圈的电感、阻抗和品质因数发生变化。涡流的大小与导体的电阻率 ρ、导磁率 μ、导体厚度 d、线圈与导体之间的距离 x、线圈的激磁频率 ω 以及激励线圈的参数等都有关。若其他参数不变，只改变线圈与导体的距离 x，就可以构成位移传感器。图 21-7（c）为某涡流传感器的输出特性曲线（包含线性修正）。

4）磁悬浮的 PID 控制。

磁悬浮的 PID 控制接线如图 21-8 所示。

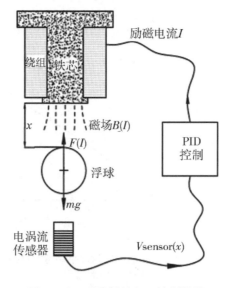

图 21-8　磁悬浮的 PID 控制接线

在该系统中，磁力 $F = mg$ 并不是系统的稳态，若要使钢球稳定悬浮，需增加外部控制。这里使用的是闭环 PID 的方式控制线圈的电流 I，位置反馈信号是电涡流传感器提供的电压信号 V_{sensor}。如图 21-9 所示，当电涡流传感器测得的位置信号 V_t 与设定值 V_{set} 之间存在差异 ΔV，PID 控制器总是会根据一定的控制规律输出一定的附加电流 ΔI，从而改变磁场大小，最终导致磁力变化，使钢球向 ΔV 减小的方向运动。从而通过 PID 控制的实时位置反馈与相关的电流输出控制，最终实现了钢球的稳定悬浮。

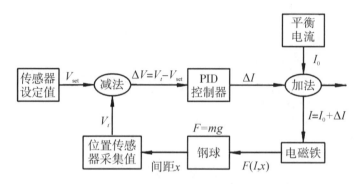

图 21-9　实验模型及 PID 控制回路

PID 控制器是按偏差的比例（proportion）、积分（integral）、微分（differential）进行调节，其调节规律可表示为

$$I = I_0 + \Delta I = I_0 + k_p \Delta x + k_d \dot{\Delta x} + k_i \int \Delta x \mathrm{d}t \tag{21-1}$$

式中，Δx 为位置偏差，也可用电涡流传感器测得的电压信号来表征；I_0 为系统设置的初始平衡电流；k_p 是比例系数，它能迅速对偏差作出反应，并减小偏差；k_d 是微分系数，它对位置的微分或变化趋势起作用，阻碍位置的快速变化，能减小超调量，克服系统振荡，提高稳定性；k_i 是积分系数，积分项与偏差对时间的积分成正比，只要系统存在偏差，积分调节作用就不断积累，输出调节量以消除偏差。

表征一个控制系统的好坏，一般是通过研究某典型信号下被控制量的变化过程来判断的，一个好的控制过程需要满足稳定、快速、准确。实验的典型信号为阶跃信号，该信号主要通过改变悬浮设定位置（图 21-8 中 V_{set}）来实现，设定位置改变后，通过一段时间的 PID 控制响应，球将调整到新的位置。观察系统对该阶跃激励下传感器的响应曲线，可判断 PID 控制的好坏，并以此为基础研究 PID 各参数的影响。

图 21-10 为某阶跃激励下的响应曲线，它类似于一个阻尼振荡过程。动力学分析表明，该悬浮系统可等效为一个带阻尼的振荡系统（如粗糙平面上的弹簧振子），它具有如下结论：

（1）可仅通过 PD 控制实现稳定悬浮。

①比例系数 k_p 可类比为劲度系数，提供"回复力"。但单独的 k_p 将出现持续振荡，或者说单纯的磁悬浮是零阻尼的系统，需要外加的阻尼。

②微分系数 k_d 可类比为阻尼系数，使系统衰减、收敛。但 k_d 的作用对象是微分，因此太大的微分系数对信号中的高频干扰、噪声将起到放大作用，是不利于悬浮控制的。

③只存在 PD 控制时，系统可能会存在静态误差（稳定值与设定值的差异），且该误差随比例系数 k_p 的增大而减小。

（2）在 PD 基础上增加积分控制 I，可消除系统静态误差。该实验系统积分不能单独使用，需要其他控制（P、D）来抑制，太大的积分系数会引起超调，甚至系统的失控。

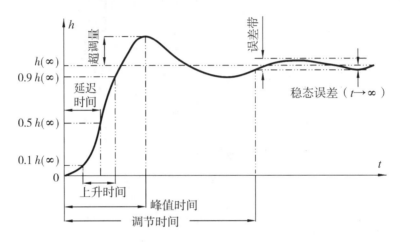

图 21-10　PID 控制系统的典型阶跃响应

四、实验步骤

1. 实验前准备、操作说明及注意事项

（1）水平调节。将水准泡放置在铁芯上方的平坦处，调节 A 型底座的调平脚垫，使水准泡居中，以保证磁力与重力方向基本一致在整个实验过程中皆保证该状态不变（调节完后取下水准泡，放置于对应的样件盒内）。

（2）连接线材。

①用两根电源线将可控电流源、电激励磁悬浮控制仪连接到用电网络。

②用单芯连接线将可控电流源"电流输出"连接到实验装置上的"电流输入"接口。

③用 5 芯连接线将可控电流源"控制输入"连接到电激励磁悬浮控制仪的"控制输出"接口。

④用 4 芯连接线将电激励磁悬浮控制仪"传感器接口"连接到实验装置"传感器接口"。

⑤用 BNC 同轴线将电激励磁悬浮控制仪"传感器监测"接口连接到示波器 CH1

通道。

（3）钢球的放入技巧。由于系统的非线性影响，要达到好的悬浮状态，在不同的距离有不同的 PID 参数，因此为保证容易地放入球并保证较好的悬浮，将放入操作统一为：PID 参数为仪器推荐的默认参数（$P=45$，$I=125$，$D=240$，$V_{set}=3.5$ V），且放入高度对应的平衡电流为 750 mA 左右。

①$\Phi=30$ mm 空心球：750 mA 平衡电流对应标尺位置大概在 21 mm 处。

②$\Phi=30$ mm 实心球：750 mA 平衡电流对应标尺位置大概在 30 mm 处。

③$\Phi=35$ mm 实心球：750 mA 平衡电流对应标尺位置大概在 26 mm 处。

④在调试、测试过程中球可能会掉落，建议都按上述要求重新放入；使用熟练后可不按上述要求操作，而根据经验放入（通过调节 PID 参数，直接在其他位置将球放入悬浮）。

⑤悬浮距离的获得如图 21 - 11 所示。由于电涡流传感器行程小、非线性，本实验为保证 x 有较大的调节范围，传感器采用如下安装方式。存在积分时，对于不同的标尺刻度，悬浮中传感器到钢球的距离是不变的，此时只使用了传感器单个点附近的反馈，可以认为是线性的。

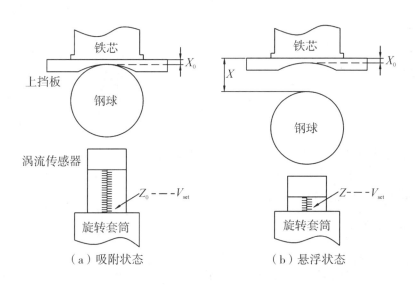

图 21 - 11 悬浮距离的获得

此时"传感器"输出值是 0 偏差的，与"悬浮调整"对应设定电压 V_{set1} 一致（V_{set}：开机默认设置 3.5 V），因此需要先在"传感器特性实验"界面得到 V_{set1} 对应的标尺刻度 Z_0，然后实际悬浮中钢球上端到铁芯下端的距离 X 为

$$X = Z_0 - Z + X_0$$

式中，X_0 为 1.5 mm，为铁芯下方防撞"上挡板"的厚度。

2. 电涡流位置传感器的特性测试

（1）打开可控电流源，"输出开关"处于"关"状态，负载线圈无供电。
（2）同时打开电激励磁悬浮控制仪并进入"传感器特性实验"测试界面。
（3）将测距圆盘放在"圆盘托"上。
（4）旋转升降杆，使电涡流传感器刚好靠近测距圆盘，并记录此时的标尺刻度（估读一位）。
（5）然后从该位置，使传感器远离测距圆盘，在标尺的每个整数刻度 Z 记录传感器输出值。
（6）将上述数据填入表 21-1，并整理为传感器输出 V_{sensor} 随间距（电涡流位移传感器到圆盘）的关系，作出相应的输出特性图。

表 21-1　电涡流位移传感器特性测试参数

标尺刻度/mm	间距/mm	V_{sensor}/V

（7）换用其他测距圆盘，测得不同材料的圆盘的输出特性。

思考：根据 3 种测距圆盘（铝盘、不锈钢盘、钢盘）的输出特性，判断不同材料的导电率和导磁率对电涡流传感器输出的影响（灵敏度、斜率、测试范围）。

3. 悬浮平衡特性测试

（1）打开电流源，将输出开关处于"开"状态；同时打开控制仪并进入"磁悬浮特性实验"界面，查看"悬浮调整"对应的设定电压大小 V_{set1}（开机默认设置为 3.5 V）。
（2）退出"磁悬浮特性实验"界面，进入"传感器特性实验"界面，将 $\Phi = 30$ mm 空心球吸附在铁芯下方，旋转升降杆，直到传感器输出值为 V_{set1}，记录此时的标尺刻度 Z_0。
（3）再次进入"磁悬浮特性实验"界面，按"钢球的放入技巧"，将球放入稳定悬浮。
（4）缓慢旋转升降杆，使球远离铁芯，调节中若出现振荡等悬浮较差的情况，可适当的逐渐增加 P 参数、D 参数，直到平衡电流为 1400 mA 左右，并将电流和此时的标尺刻度填入表 21-2 中。

(5) 缓慢旋转升降台，使球到铁芯的间距缓慢减小，每隔 1 mm 或 2 mm 测试记录一组平衡电流和标尺刻度。上升调整过程中球的悬浮情况可能会变差，需适当减小 P 参数、D 参数，对 $\Phi = 30$ mm 空心球最上端采样点应为 350 mA。

注：这里改变 PID 参数，是因为磁力的非线性在不同的距离有不同的最合适的 PID 参数。另外，无需每个位置都调节 PID 参数，分 3 段调节即可，建议参数如下：最上端 $P = 18$，$D = 180$；中间为默认 P、D 参数；最下端 $P = 100$，$D = 360$。

表 21-2 悬浮平衡特性测试数据

$V_{\text{sensor}} = V_{\text{set1}} = 3.5$ V，悬浮物类型_____，标尺刻度 $Z_0 = $ ____mm

标尺/mm	间距/mm	平衡电流/mA

(6) 将标尺刻度转换为球到铁芯的间距，通过整理数据得到 30 mm 空心钢球的平衡特性。

(7) 换用其他样品钢球重复上述操作，可得到一组不同重量钢球的平衡特性的曲线簇（$\Phi = 30$ mm 实心球最上端采样点应为 450 mA，$\Phi = 35$ mm 实心球最上端采样点应为 500 mA）。

(8) 根据测试结果，判断 30 mm 实心球的测试值与图 21-6 中有限元数值模拟结果的差异；根据曲线簇判断磁力与间隙和电流的变化关系。

4. PID 控制特性测试

使用 $\Phi = 30$ mm 空心球。打开电流源，将"输出开关"处于"开"状态，同时打开电激励磁悬浮控制仪并进入"磁悬浮特性实验"界面。无特殊说明，示波器建议使用直流、1 V、500 mA 档位。

1) 比例 P 参数调节（I、D 在调节中不变）。

(1) 钢球的放入技巧操作方法：将球放入稳定悬浮，并仔细调节位置，使球在默认参数下稳定悬浮在 750 mA 左右。

(2) 缓慢减小 P 参数（开机默认设置为 $P_1 = 20$），直到系统出现明显持续振荡（有时刚刚出现振荡的临界点，振荡幅度会越来越大，此时可以稍微将 P 参数增加 1、2 个值，得到持续的稳定的振荡），记录此时的 P 参数 P_1，同时保存示波器显示图片为 PIC-P_1（或拍照记录）。

(3) 重新调节 P 值，使其比 P_1 稍大（开机默认设置为 $P_2 = 24$），且无振荡；将光标移动到"阶跃测试",通过"确认"键,给悬浮系统一个典型阶跃干扰,再通过示波器观察该干扰的控制响应曲线,这里应出现类似于阻尼衰减的振荡过程,记录此时的 P 参数 P_2,并保存示波器显示图片为 PIC-P_2。

(4) 多次重复步骤(3),并保证比例系数依次增大(悬浮无明显的振荡或抖动),观察阶跃激励下控制的响应情况(P 值的选择应使响应曲线有较明显差异),记录比例系数 P_3、P_4,以及对应的示波器图片 PIC-P_3、PIC-P_4(开机默认设置为 $P_3=45$、$P_4=75$)。

(5) 继续增大 P 参数,直到在阶跃激励下系统失控(钢球掉落),记录此时的 P 参数 P_5,同时保存此时的示波器图片为 PIC-P_5(开机默认设置为 $P_5=90$)。

(6) 根据表 21-3 记录的图片和实验数据,分析 P 参数对控制的影响,理解比例系数 P 的作用。

表 21-3 比例 P 参数调节时,PID 控制特性实验数据

比例参数	$P_1=$____(阶跃测试:OFF)	$P_2=$____(阶跃测试:ON)	$P_3=$____(阶跃测试:ON)
示波器传感器电压 V_s 实时追踪图片			
描述			
比例参数	$P_4=$____(阶跃测试:ON)	$P_5=$____(阶跃测试:ON)	
示波器传感器电压 V_s 实时追踪图片			
描述			

说明:积分和微分系数为默认参数:$I=125$,$D=240$

2) 积分 I 与静态误差,以及 P 参数对静态误差的影响测试。

(1) 钢球的放入技巧操作方法:将球放入稳定悬浮,并仔细调节位置,使球在默认参数下稳定悬浮在 750 mA 左右。

(2) 将积分 I 调为 0,此时可明显发现钢球的悬浮高度发生变化,且测试界面上"传感器"与"悬浮调整"后的电压将会存在差异,说明无积分控制的系统,将会存在静态误差。

(3) 在稳定悬浮的前提下,依次改变 P 参数为 40、45、50、55,查看界面上"传感器" V_{sensor} 读数的变化,记录于表 21-4。根据实验数据,分析无积分时比例系数对静态误差的影响。

表 21-4　积分 I 与静态误差,以及 P 参数对静态误差的影响测试数据记录

比例系数	传感器电压/V
40	
45	
50	
55	

说明:$I=0$;$D=240$;$V_{set1}=3.5$ V

3)积分 I 参数调节(P、D 在调节中不变)。

(1)按照钢球的放入技巧操作方法:将球放入稳定悬浮,并仔细调节位置,使球在默认参数下稳定悬浮在 750 mA 左右。

(2)调小 I 值(开机默认设置为 $I_1=20$),将光标移动到"阶跃测试",通过"确认"键,给悬浮系统一个典型阶跃干扰,再通过示波器观察该干扰的控制响应曲线,保存示波器显示图片为 PIC-I_1。

(3)依次增大 I 值(开机默认设置为 $I_2=66$、$I_3=125$、$I_4=400$。I 值的选择应使响应曲线有明显差异),重复步骤(2),并保存示波器控制图片为 PIC-I_2、PIC-I_3、PIC-I_4。

(4)阶跃测试关闭,持续增大 I 参数(开机默认设置为 $I_5=710$),直到系统出现明显的持续的振荡,记录此时的 I 参数 I_5,同时保存示波器显示图片为 PIC-I_5(或拍照记录)。

(5)根据表 21-5 记录的实验图片和实验数据,分析 I 参数大小对控制的影响,理解 I 的作用。

表 21-5　积分 I 参数调节(P、D 在调节中不变)测试数据

积分参数	$I_1=$ ____ (阶跃测试:ON)	$I_2=$ ____ (阶跃测试:ON)	$I_3=$ ____ (阶跃测试:ON)
示波器传感器电压 V_s 实时追踪图片			
描述			
积分参数	$I_4=$ ____ (阶跃测试:ON)	$I_5=$ ___ (阶跃测试:OFF)	
示波器传感器电压 V_s 实时追踪图片			
描述			

说明:k_P、k_D 为默认参数:$P=45$;$D=240$

4）微分 D 参数调节（P、I 在调节中不变）。

（1）按照钢球的放入技巧操作方法：将球放入稳定悬浮，并仔细调节位置，使球在默认参数下稳定悬浮在 750 mA 左右。

（2）缓慢减小 D 参数（开机默认设置为 $D_1 = 97$），直到系统出现明显的持续的振荡，记录此时的 D 参数 D_1，同时保存示波器显示图片 PIC - D_1（或拍照记录）。

（3）重新调节 D 值，使其比 D_1 稍大（开机默认设置为 $D_2 = 120$），且无振荡，将光标移动到"阶跃测试"，通过"确认"键，给悬浮系统一个典型阶跃干扰，再通过示波器观察该干扰的控制响应曲线，这里应出现类似阻尼衰减的振荡过程，记录此时的 D 参数 D_2，同时保存示波器显示图片为 PIC - D_2。

（4）多次重复步骤（3），保证微分系数依次增大（悬浮无明显的振荡或抖动），观察在阶跃激励下控制的响应情况（D 值的选择应使响应曲线有明显差异），记录微分系数 D_3、D_4，并保存对应的示波器图片为 PIC - D_3、PIC - D_4（开机默认设置为 $D_3 = 180$，$D_4 = 320$）。

（5）继续增大 D 参数，直到阶跃激励下系统失控（比如钢球掉落，或快速大范围振荡），记录此时的 D 参数 D_5，同时保存此时的示波器图片为 PIC - D_5（开机默认设置为 $D_5 = 450$）。

（6）根据表 21 - 6 记录的实验图片和实验数据，分析 D 参数大小对控制的影响，理解 D 的作用。

表 21 - 6　微分 D 参数调节（P、I 在调节中不变）测试数据

微分参数	$D_1 = $ ＿＿（阶跃测试：OFF）	$D_2 = $ ＿＿（阶跃测试：ON）	$D_3 = $ ＿＿（阶跃测试：ON）
示波器传感器电压 V_s 实时追踪图片			
描述			
微分参数	$D_4 = $ ＿＿（阶跃测试：ON）	$D_5 = $ ＿＿（阶跃测试：ON）	
示波器传感器电压 V_s 实时追踪图片			
描述			

说明：比例和积分系数为默认参数：$P = 45$，$I = 125$

5. 悬浮高度自动控制演示（$\Phi = 30$ mm 空心球）

通过改变电激励磁悬浮控制仪"悬浮调整"对应的设定电压 V_{set}，在稳定悬

下,实现钢球到铁芯间距的自动调整。

自行设计实验操作步骤,实现钢球到传感器之间间距的自动调整[建议先将空心钢球在默认参数下稳定悬浮在 750 mA 左右;然后在该位置附近,通过改变"悬浮调整"对应的设定电压(2.5~4.5 V)实现钢球到传感器之间间距的自动调整,此时根据悬浮情况可以微调 PID 参数]。

6. 异型物体悬浮演示

自行设计实验操作,实现钢环、导磁螺钉的稳定悬浮。

实验 22　激光雷达实验

（1）掌握激光雷达的工作原理。
（2）学会使用激光雷达。

1. 激光雷达实验仪和控制器

激光雷达实验仪和控制器如图 22 - 1 所示。

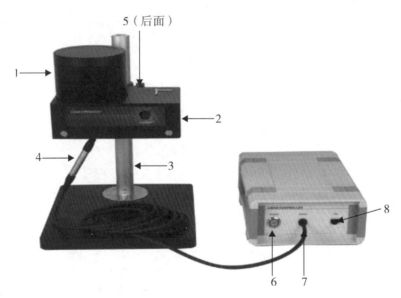

1—雷达；2—红外相机；3—调节支架；4—雷达信号输出口；5—红外相机 USB 接口；
6—控制器电源开关；7—雷达信号控制接口；8—网口。

图 22 - 1　激光雷达实验仪和控制器

2. 测量装置

测量装置如图 22-2 所示。

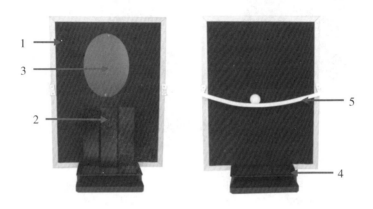

1—测量板；2—测距板；3—样品；4—底座；5—导轨和小球。

图 22-2 测量装置

3. 仪器安装

接线：将雷达底部信号线的航空插头与控制器信号线的航空插头相连接，连接后插头上的红点对齐连接，如图 22-3 所示。其中一根 USB 线连接红外相机和电脑，一根网线连接控制器和电脑，一根电源线连接控制器和市电。

图 22-3 航空插头连接

附件安装：如图 22-4 所示，测量板直接插入底座的固定靠背中测试，样品通过工装钉固定在测量板上。

图 22-4　附件安装

4. 软件介绍及安装设置

（1）测量软件。本实验装置测量时使用的三个测量软件为：RSView、VideoCap 和 Tracker。RSView：激光雷达专用软件，可显示 3D 点云图、笛卡尔坐标、距离、反射率等参数。VideoCap：视频摄像软件，能实时演示雷达扫描路径。Tracker 是视频分析软件，测量垂直分辨率等。

（2）软件安装。软件安装需要满足以下条件：Windows 7、Windows 8 或 Windows 10 系统，2G 及以上内存容量，独立显卡，至少 300 M 可用硬盘空间。

（3）网络设置。雷达与电脑之间采用标准以太网 RJ-45 接口连接，通信前需要对电脑 IP 地址进行设置，激光雷达和电脑 IP 必须设置在同一个子网内，且不能冲突。此外，还需要确保 RSView 软件没有被防火墙或第三方安全软件给禁止。

电脑端的 IP 地址设置如下：电脑 IP：192.168.1.102

电脑子网掩码：255.255.255.0

激光雷达默认出厂设置如下：激光雷达 IP：192.168.1.200

激光雷达子网掩码：255.255.255.0

电脑端的具体设置流程如图 22-5、图 22-6 所示。

实验 22　激光雷达实验

图 22-5　电脑 IP 设置步骤 1

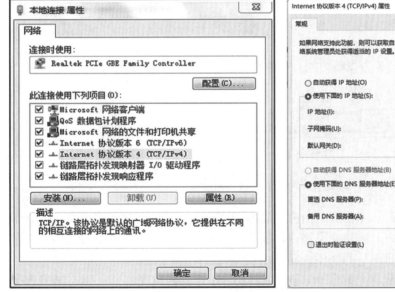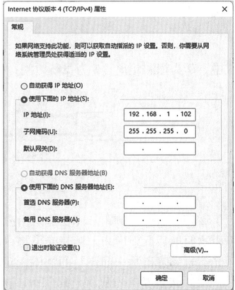

图 22-6　电脑 IP 设置步骤 2

三、实验原理

激光雷达是将激光技术、高速信息处理技术、计算机技术等高新技术相结合的产物。其工作原理与雷达非常相近,以激光作为信号源,由激光器发射出的脉冲激光打到地面的树木、道路、桥梁和建筑物上,引起散射,一部分光波会反射到激光雷达的接收器上,根据激光测距原理计算,就得到从激光雷达到目标点的距离,脉冲激光不断地扫描目标物,就可以得到目标物上全部目标点的数据,用此数据进行成像处理后,就可得到精确的三维立体点云图像。

激光雷达测距的基本原理是通过测量激光发射信号和激光回波信号的往返时间来计算目标的距离。首先,激光雷达发射激光束,该激光束在被障碍物击中后反射回来并被激光接收系统接收和处理,激光器发射和反射回来之间的时间,即激光飞行的时间。根据飞行时间,可以计算障碍物的距离。

(1) 根据发射的激光信号的不同形式,激光测距方法可分为两种类型:脉冲法激光测距和相位法激光测距。

①脉冲法激光测距。脉冲方法是在激光雷达发射激光束后,一部分激光被反射回障碍物,并被激光雷达的接收器接收;同时,可以在激光雷达内记录发送和接收之间的时间间隔,并且可以根据光速计算要测量的距离。即 TOF(time of flight)原理,根据激光束的飞行速度和时间,获得物体与激光雷达之间的距离信息。TOF 原理的计算方法如式(22-1)

$$D = \frac{CT}{2} \qquad (22-1)$$

式中,D 为探测距离;T 为飞行时间;C 为光的飞行速度。原理如图 22-7 所示。

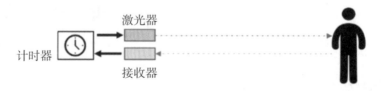

图 22-7 TOF 测距原理

②相位法激光测距。相位法是由激光发射器进行强度调制的连续激光信号,在被障碍物照射后反射回来,测量光束将在往返行程中产生相位变化。通过计算雷达中的激光信号和障碍物来回飞行的物体之间的相位差以及障碍物的距离。

(2) 根据是否有机械旋转部件,激光雷达可分为机械激光雷达、固态激光雷达和混合固态激光雷达。

①机械激光雷达。机械激光雷达具有控制激光发射角度的旋转部件。它体积大,价格昂贵,且具有相对较高的测量精度。

②固态激光雷达。固态激光雷达依靠电子元件来控制激光发射角度。它不需要机械旋转部件,因此尺寸小。

③混合固态激光雷达。混合固态激光雷达不具有大容量旋转结构,通过旋转内玻璃片实现固定激光光源改变激光束方向,需要多角度检测,并采用嵌入式安装。

(3) 根据线束的数量,激光雷达还可分为单线激光雷达和多线激光雷达。

①单线激光雷达。扫描一次只产生一条扫描线,获得的数据是 2D 数据,因此无法区分目标物体的 3D 信息。然而,由于其测量速度快,数据处理能力低,单线激光雷达被用于安全防护、地形测绘等领域。

②多线激光雷达。扫描一次可以产生多条扫描线。目前,市场上的多线激光雷达产品包括 4 线束、8 线束、16 线束、32 线束、64 线束等。

实验中运用的激光雷达采用混合固态激光雷达方式,集合了 16 个激光收发组件,测量距离高达 150 m,测量精度在 ±2 cm 以内,出点数高达 300000 点/s,水平测角 360°,垂直测角 -15°~15°。

(4) 笛卡尔坐标。激光雷达在以一定的角速度匀速转动过程中不断地发出激光并收集反射点的信息,以便得到全方位的环境信息。激光雷达在收集反射点距离的过程中也会同时记录下该点发生的时间和水平角度,并且每个激光发射器都有编号和固定的垂直角度,根据这些数据就可以计算出所有反射点的坐标。激光雷达每旋转一周收集到的所有反射点坐标的集合就形成了点云(point cloud)。

获取激光雷达的垂直角度、水平角度和距离参数后,可将极坐标下的角度和距离信息转化到笛卡尔坐标系下的 x、y、z 坐标,转换关系如式(22-2)

$$\begin{cases} x = r\cos\omega\sin\alpha \\ y = r\cos\omega\cos\alpha \\ z = r\sin\omega \end{cases} \quad (22-2)$$

式中,r 为距离;ω 为垂直角度;α 为水平旋转角度;x、y、z 为极坐标投影到 X、Y、Z 轴上的坐标。x、y、z 的坐标映射如图 22-8 所示。

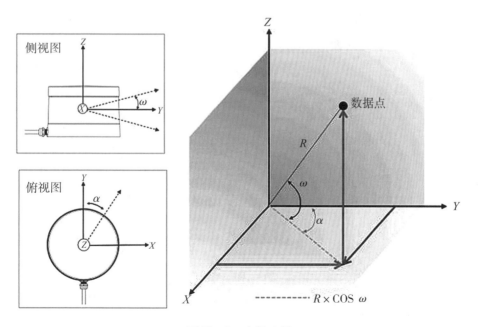

图 22-8 坐标映射

(5) 垂直角分辨率。激光雷达中每个激光器发射的一条激光束俗称"线",本实验所用激光雷达的 16 线束排列和垂直角定义如下:在垂直方向的角度范围是 $-15°\sim +15°$,角度间隔为 $2°$ 均匀分布,如图 22-9 所示。

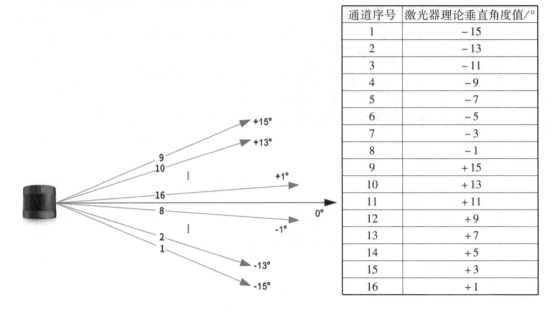

通道序号	激光器理论垂直角度值/°
1	-15
2	-13
3	-11
4	-9
5	-7
6	-5
7	-3
8	-1
9	+15
10	+13
11	+11
12	+9
13	+7
14	+5
15	+3
16	+1

图 22-9 垂直角定义示意

(6) 水平角分辨率。水平旋转如图 22-10 所示。

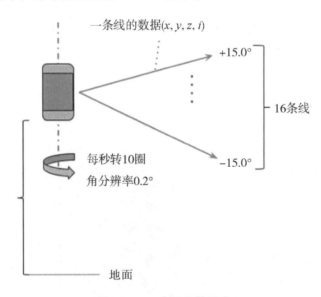

图 22-10 水平旋转示意

(1) 16 条线从上到下排列覆盖 $+15°$ 到 $-15°$(见垂直角定义)。

(2) 水平角分辨率:工作状态时这 16 条线在水平平面旋转可以采集一周 $360°$ 的

数据。雷达的旋转速度和角分辨率是可以调节的，常用速度为 10 Hz（100 ms 转一圈），角分辨率为 0.2°。

(3) 16 个通道激光，两条激光之间发射的时间间隔是 2.8 μs，因此每个通道之间发射的激光是不同步的，可在红外相机中观察得到。

 四、实验步骤

实验准备工作：了解激光雷达成像的基本原理和 RSview 软件实验操作。注意，除了水平分辨率测量实验外，其他实验为保证转速稳定建议下 600 转数下进行。

(1) 在实验开始前确认连线连接正确、电脑 IP 设置正确。取下雷达外罩，打开控制器电源开关，此时可听到雷达启动的声音如图 22 - 11 所示。注意：取下外罩后不要用手去触摸蓝色保护罩，避免留下指纹对测试等造成影响。

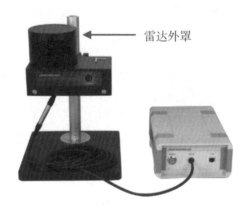

图 22 - 11　实验装置

(2) 打开 RSview 软件，点击 "File" → "Open"，并且选择 "Sensor Stream"，如图 22 - 12 所示。

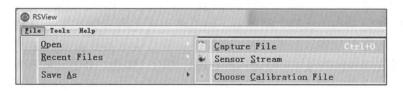

图 22 - 12　软件示意

(3) 在弹出的 "Sensor Configuration" 窗口中，选择 "RSHelios - 16P"，"Type of Lidar" 勾选 "RSHelios - 16P"，"Intensity" 选择 "Mode3"，之后点击 "OK" 即可，如图 22 - 13 所示。

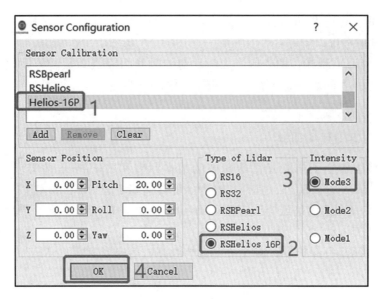

图 22 – 13　选择 RSHelios – 16P 参数配置文件

（4）RSView 开始显示实时采集到的数据，主界面显示 3D 点云图。可以通过点击"Play"按钮暂停，再点击一次可以继续显示。

（5）若软件打开后点云图只呈现一种颜色的点云，点击工具栏的"intensity"下拉框，选择"强度模式"，点云图颜色切换成彩色，表示颜色随物体的反射强度不同而改变。

（6）将点云图形放大，可以看到周围的场景均能以 3D 点云的形式展现。通过观察比较可以发现，从中心点附近往外点云图越来越稀疏，试分析其原因。

（7）分别点击工具栏中的视图按钮 ，根据不同视图下所看到的点云图来确认雷达的三维方向，将雷达实验仪上的 X 和 Y 指针拨到正确的方位。注意：Z 轴为垂直方向。

（8）选择 X 或 Y 其中的一个视图方向，可以看到一共有 16 条点云线，分别对应 16 个出射激光。每条点云线之间间隔不同距离，这是因为激光雷达中的激光束在垂直方向上每间隔 2°呈扇形向外发射，因此激光雷达生成的数据中只保证点云与激光原点之间没有障碍物以及每个点云的位置有障碍物，除此之外的区域不确定是否存在障碍物。

（9）点击 按钮，选择想要查看的点云数据，选中后点云呈粉红色，再点击 按钮，软件右侧跳出数据列表。点击数据列表上方的 按钮，可以仅显示选中点云的数据。也可点击 按钮勾选想要在界面上显示的数据信息。RSView 软件界面如图 22 – 14 所示。

实验 22 激光雷达实验

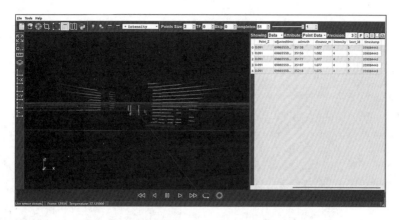

图 22 – 14　RSView 软件界面

（10）可以在数据列表中读取空间坐标、距离、反射强度等信息。

（11）保存数据。在实时显示数据时点击"Record"按钮，在弹出的"Choose Output File"对话框中，选择需要保存的路径和保存的文件名后，点击"保存（S）"按钮，RSView 开始将数据包文件写入目标 pcap 文件中注意：在保存过程中将会产生大量的数据，随着记录时间变长，目标 pcap 文件也会变大，因此最好将记录文件保存到电脑中，而不是保存到较慢的 USB 设备或者用网络保存。再次点击"Record"按钮便可停止保存 pcap 数据。

（12）按图 22 – 15 搭建设备，将测量板（非绒布面）正对雷达并在距离 1 m 左右处放置，盖上雷达外罩（缺口处正对测量板）。

图 22 – 15　实验装置搭建

（13）打开 VideoCap 摄像软件，观察测量板上的线数，调整雷达上下位置，调整测量板和雷达间的相对距离，使雷达出射的 16 线激光刚好都落在测量板上，如图 22 – 16 所示。雷达上下位置调整方式：拧松左侧调节手轮，调节右侧手轮使雷达位置落上下移动到所需位置时拧紧左侧手轮，即可完成调节。切换回 RSView 软件，点

击 ![按钮] 按钮并放大图形，界面显示如图 22 – 17 所示，中间方形区域为测量板点云图。

图 22 – 16　测量板上扫描图形

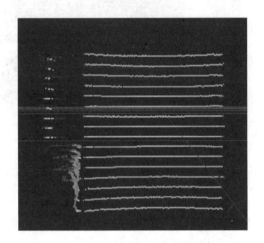

图 22 – 17　扫描图形界面显示

（14）设备调整完成后可以进行后续实验操作。

22.1　典型场景点云呈现实验

16 线激光雷达在圆形环境中扫描一周的路径为若干个向上或向下的圆锥面，形成的点云图为圆形；当扫描的环境不为圆形时，则点云图为所有圆锥面与扫描环境的交线，如图 22 – 18 所示。因此，当激光雷达扫描平面墙体时，矩形面与圆锥面的交线为一系列的双曲线，呈现出类似双曲线分布轮廓图，如图 22 – 19 所示。

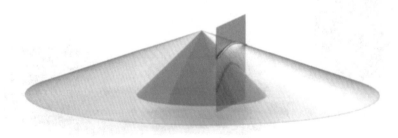

图 22 – 18　16 线激光雷达扫描示意

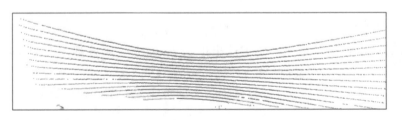

图 22 – 19　XZ 平面上的轮廓线

当然，也可通过极坐标转化为直角坐标的公式说明这一现象，如图 22-20 所示的推导过程，最终得到表达式为 $\dfrac{z^2}{[y\tan\omega]^2} - \dfrac{x^2}{y^2} = 1$ 的双曲线。当 y 和 ω 为一个定值时，其表示焦点在 z 轴上的双曲线。当 y 一定时，α 越大，双曲线的渐进线斜率越小，离心率越小，双曲线形状越弯曲；α 越小，双曲线的渐进线斜率越大，离心率越大，双曲线形状越平坦。当 ω 一定时，y 越大，则同一角度的渐近线斜率一致，y 值的不同影响整个轮廓线的疏密程度。

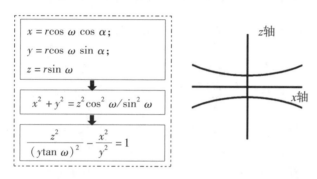

图 22-20　直角坐标转化为双曲线的推导过程

22.2　目标物测量实验

（一）实验目的

（1）理解 TOF 原理，测量目标物位置（距离）和多个目标物间的相对距离。

（2）识别目标物形状，理解通过 3D 扫描成像并结合不同目标物的反射率差异来分辨物体形状。

（3）通过漫反射样品和镜面反射样品的反射率测试结果，理解雷达光路设计原理。

（二）实验原理

自然界中任何物体经受光的照射之后，都会对入射光具有吸收和反射的现象。不同类型的物体所特有的电磁波性质不相同，因而它们反射入射光的性质也不相同。也就是说在入射光一定的情况下，打到不同的物质，其反射光的强度也不相同。物体反射率是表征一个物体自身特性的物理量，可以作为识别一个物体类别的物理量。如生活中常见的海绵属于低反射率物体，自行车反光片和反光警示胶带等属于高反射率物体，如图 22-21 所示。激光雷达设置的反射率信息为相对反射率，在实际应用中，经常会碰到目标物高反特性识别，因此软件直接将高反目标物的反射强度设置为高值，标定后的反射率范围区间为 0～255，漫反射物体的反射率强度在 0～100 区间分布，全反射物体的反射率强度则为 101～255，最理想的全反射物体的反射率接近 255。

图 22 - 21　高反射率物品

由于激光雷达设计时采用异轴光路（接收光路和发射光路异轴），因此雷达只能接收到漫反射光，不能接收到镜面反射光。

（三）实验步骤

（1）按"22.1 典型场景点云呈现实验"搭建调试设备后，切换测量板的朝向，将绒布面对准激光雷达，开始测量。

①理解激光雷达扫描时通过四个维度（x, y, z, intensity）来分辨样品。任取一个形状的样品（如椭圆），将它固定在测量板上，如图 22 - 22（a）所示，扫描的点云图如图 22 - 22（b）所示。由于样品和绒布的点云颜色不同（反射强度不同），在绒布上可以清晰地分辨出椭圆图形。将样品固定在测量板的不同位置，观察点云图形的区别。

（a）实验装置　　　　　　　　　　（b）界面显示

图 22 - 22　扫描的点云图

②测量测试样品的反射强度：点击工具栏的 ，选中样品点云，点击 ▦ 测量并记录反射强度。

③更换同材质不同颜色不同形状的样品,重复步骤②,测量样品形状并记录反射强度,分析激光雷达测量的反射强度是否与样品颜色有关。

④更换高反射率样品,重复步骤③,测量并记录反射强度于表 22 – 1 中。

⑤取下样品,更换镜面反射样品(镜子),观察点云图显示,分析镜面反射样品没有点云图的原因。

表 22 – 1　样品扫描记录

样品	矩形	圆形	三角形	椭圆形	高反样品	镜面反射样品
形状能否识别						
反射强度值						

(2)目标物深度分辨率测量(目标物间的相对距离测量)。取下样品,将测距板插入底座插孔中,如图 22 – 23 所示。注意:底座上分布了三列不同间距的插孔,实验时可自行选择不同的距离进行测量。

图 22 – 23　深度分辨率测量装置

①调节雷达后侧的调节手轮,将雷达高度降低至在测距板上能读取到 ±1° 的点云,然后锁紧调节手轮,如图 22 – 24 所示。

②用卷尺分别测量出三块测量板和雷达中心点间的距离,并记录在表 22 – 2 中,然后在点云图中分别读取三块测量板之间的相对距离。注意:读取 +1° 或 –1° 的点云数据,试分析原因。

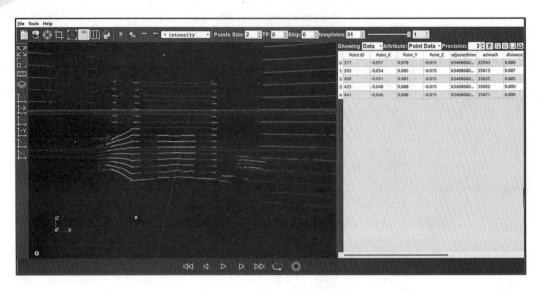

图22-24 深度分辨率测量

表22-2 距离测量数据

样品	测量板1	测量板2	测量板3	相对距离 1-2	相对距离 2-3	相对距离 1-3
实际距离/m						
雷达测量距离/m						

③对比实际距离和雷达测量距离的差别，分析误差产生的原因，以加深对激光雷达测距的理解。

（3）测距精度与目标物距离关系测量。

①将测量板的非绒布面对准雷达，调整测量板和雷达之间的距离，从间距0.5 m开始测量。

②记录卷尺测量出的实际间距，同时记录+1°或-1°的点云数据的距离值。

③逐渐增大间距，依次记录卷尺测量出的实际间距，同时记录+1°或-1°的点云数据的距离值。

④算出实际距离与雷达测量距离之间的误差，绘制出测距精度-目标物距离关系图。

表22-3 实验误差计算

	距离1	距离2	距离3	距离4	距离5	距离6	距离7	距离8
实际距离/m								
雷达测量距离/m								

续表 22-3

	距离 1	距离 2	距离 3	距离 4	距离 5	距离 6	距离 7	距离 8
精度/m								

22.3 垂直角分辨率测量实验

（一）实验目的

（1）理解激光雷达垂直角分辨率的定义。

（2）通过实验掌握多种测量激光雷达垂直角分辨率的方法。

（3）通过红外相机观察激光雷达的扫描路径。

（二）实验原理

在多线激光雷达的几个重要指标中，垂直角分辨率反映了多线激光雷达激光发射器的排列。在对外界的感知方面，角分辨率越小，意味着所采集的激光点云数据密度越大，多线激光雷达的环境感知能力就越强。现有的多线激光雷达的角分辨率大多由激光雷达厂商通过精密仪器测量给出，或者通过点阵法测量得到，然而，点阵法的测量方式受接收器排布的约束，而且成本较高。

本实验给出了两个成本低廉，又能让学生理解垂直角分辨率定义的测量方法，实验所用激光雷达的发射器的排列如图 22-9 所示，发射器间每间隔 2°（即垂直角分辨率）呈上下对称排列。图 22-25 以 7°和 5°间的垂直角分辨率测量为例，垂直角分辨率 $\theta = \theta_2 - \theta_1$。

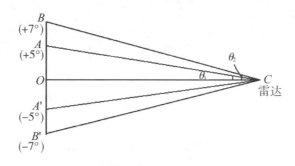

图 22-25 垂直角分辨率示意

由于本实验所用的雷达没有 0°出射激光，因此测量过程需要经过简单的换算

$$OA = AA'/2, \quad OB = BB'/2$$

$$\theta_1 = OA/OC, \quad \theta_2 = OB/OC$$

式中，A 为 +5°激光出射光线与测量板的交点，B 为 +7°激光出射光线与测量板的交点。OC 为雷达中心到测量板的距离。

据此可以算出垂直角分辨率 $\theta = \theta_2 - \theta_1$。

(三) 实验步骤

(1) 按照"实验一典型场景点云呈现"搭建调试设备,将非绒布面对准激光雷达,开始测量。

(2) 用卷尺测量出雷达中心和测量板之间的距离,此时开始不能再移动设备,否则需要重新开始测量。

(3) 测量各出射激光之间的间距。

方法一:

将 RSView 软件视图设置在 +Y 视图,点击工具栏上的 ![] 按钮,将视图切换为正交视图,然后点击 ![] 测量按钮,开始测量对称角度点云的距离,测量时需同时按住 Ctrl + 鼠标左键,测量数据如图 22-26 所示;从 ±1° 开始依次测量每组激光器的距离(单位:m),并记录在表 22-4 中。

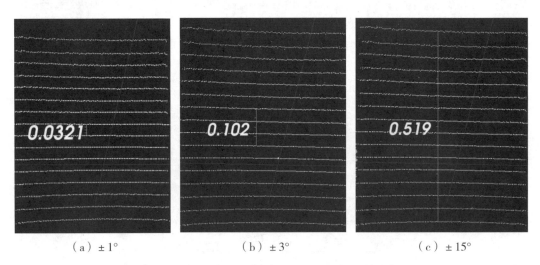

(a) ±1°　　　　　　　　(b) ±3°　　　　　　　　(c) ±15°

图 22-26　测量板距离雷达 0.98 m 处的测量数据

表 22-4　测量板距离雷达 0.98 m 处测量数据实验结果

出射激光角度	±1°	±3°	±5°	±7°	±9°	±11°	±13°	±15°
点云距离/m								
测量板到雷达中心距离/m								
θ_i ($i=1, 3, 5, 7, \cdots$)								
$\theta = \theta_{i+2} - \theta_i$								

方法二:

① 确认红外相机的 USB 线已连接,打开 VideoCap 软件,调整激光雷达的上下高度,调整雷达和测量板之间的相对距离,使雷达出射的 16 线激光刚好都在测量板上,

如图22-27所示。

②点击"档案"→"设定存储档案",设置视频的保存路径和存储名。

③点击"撷取"→"开始撷取",在跳出的准备撷取影像对话框中点击"确定",开始视频录制,录取的同时观察激光束的扫描路径。分析16条激光束扫描时每条线束之间会逐步延后,并且在扫描过程中会有一个断层的原因。

④当16条激光线束同时出现在测量板上后点击"撷取"→"停止撷取",停止录制视频。

⑤打开Tracker软件,点击"文件"→"打开",打开前面保存的视频,待视频导入后点击界面下方的暂停 按钮,停止播放视频,手动点击前进 按钮选择一幅我们所需要的图案(16线同时出现在测量板上)。

⑥点击 ,选择新建定标杆,以测量板的实际尺寸 45 cm×60 cm 作为参考,设置好定标杆的尺寸,如图22-27所示。

图22-27　测量板距离雷达0.95 m处的测量数据

⑦再次点击 ,选择新建定标尺,依次测量出不同出射激光角度之间的距离,并将数据记录在表22-5中。

表 22-5 测量板距离雷达 0.95 m 处测量数据的实验结果

出射激光角度	±1°	±3°	±5°	±7°	±9°	±11°	±13°	±15°
激光束距离/m								
测量板到雷达中心距离/m								
θ_i ($i=1, 3, 5, 7, \cdots$)								
$\theta = \theta_{i+2} - \theta_i$								

22.4 水平角分辨率测量实验

(一) 实验目的

通过实验，测量激光雷达在不同转速下的最小扫描角度，即水平角分辨率。

(二) 实验原理

在市面上激光雷达的参数表述中，我们所看到的水平角分辨率为激光雷达在不同转速下两个点云数据对应的角度。水平角分辨率的测量方法，如图 22-28 所示。

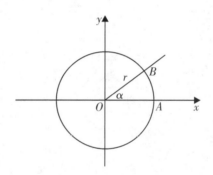

图 22-28 水平角分辨率的测量方法

依据扇形弧长的计算公式，可以得到扇形角度 α 的计算为

$$\alpha = \frac{180 \times L}{\pi r} \tag{22-3}$$

式中，L 为 AB 两点间的弧长，r 为扇形的半径。

在激光雷达小角度扫描时，可以将两点云之间的距离 L 近似为弧长，雷达中心到测量板之间的距离为半径 r，所计算出的角度 α 也就是激光雷达的水平分辨率。

(三) 实验步骤

(1) 按照"实验一典型场景点云呈现"搭建并调试设备，将非绒布面对准激光雷达，开始测量。

(2) 用卷尺测量出雷达中心和测量板之间的距离，此时开始不能再移动设备，否则需要重新开始测量。

（3）测量点云间距：将视图设置在 +Y 视图，点击工具栏上的 ![icon] 按钮，将视图切换为正交视图，然后点击 ![icon] 测量按钮，开始测量 +1°或 -1°上水平点云之间的距离。测量时选择点云间隔均匀、排列整齐的点，同时按住 Ctrl + 鼠标左键，如图 22-29 所示；为了使测量更加方便准确，应选取多个点云间的距离（单位：m），再除以间隔数就是两个相邻点云间的距离，并记录在表 22-6 中。

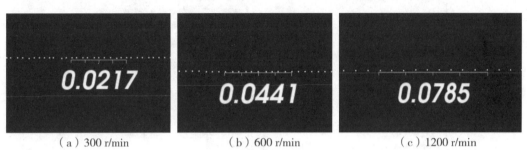

(a) 300 r/min　　(b) 600 r/min　　(c) 1200 r/min

在 1.207 m 处的测量值

图 22-29　水平角分辨率测量记录

表 22-6　在 1.207 m 处测量值的实验记录

雷达转速	300 r/min	600 r/min	1200 r/min
点云距离/m			
测量板到雷达中心距离 r/m			
α			
α（理论值）	0.1°	0.2°	0.4°

（4）转数的修改：电脑浏览器访问 IP 地址为 192.168.1.200，在"Setting"中设置改变转数，点击"Save"，显示修改成功后，在 RSView 软件中便会显示最新转数的点云图，如图 22-30 所示。

图 22 - 30 转数的修改

22.5 激光雷达计算目标空间坐标的算法实验

（一）实验目的

通过实验，了解激光雷达计算目标空间坐标的算法。

（二）实验原理

激光雷达的每一个点云都对应一个空间坐标，详见原理介绍中的笛卡尔坐标表示，可以从雷达的垂直角度、水平角度和距离参数去推算出每一个点云的空间坐标，当然也可以将软件中计算出的 (x, y, z) 坐标结合对笛卡尔坐标的理解，绘制出与实验雷达对应的笛卡尔坐标图。

（三）实验步骤

（1）按照"实验一典型场景点云呈现"搭建并调试设备，将非绒布面对准激光雷达，开始测量。

（2）将视图设置在 +Y 视图，点击 ▇ 按钮，选择想要查看的点云数据，再点击 ▇ 按钮，查看选择点云的坐标数据，如图 22 - 31 所示。

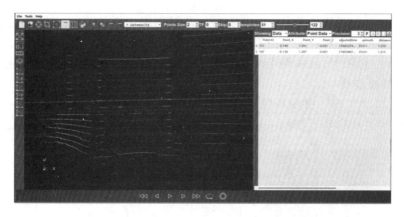

图 22-31　点云的坐标数据

（3）利用笛卡尔公式计算出水平角度 α。
$$\begin{cases} x = r\cos\omega\sin\alpha \\ y = r\cos\omega\cos\alpha \\ z = r\sin\omega \end{cases}$$

（4）绘制出该点云和雷达之间的笛卡尔坐标图。

22.6　运动物体轨迹追踪实验

（一）实验目的

（1）通过实验，加深学生对激光雷达追踪运动物体轨迹的认知。

（2）通过实验加深学生对笛卡尔坐标的认知。

（二）实验原理

由于运动的场景比较复杂并且障碍物的形状经常发生变化，导致如何跟踪一个不断变化的目标成为跟踪任务的一大挑战。

基于点云的目标跟踪存在的难点如下：

（1）物体遮挡：不管是图像数据还是点云数据都会存在物体被遮挡的问题。

（2）物体形变：由于激光点云近密远疏的采样特性，同一个物体在不同的位置反射回来的点云特征会出现很大的变化，而物体表征模型的变化会造成检测和跟踪难以适应。

（3）背景干扰：如果运动目标比较靠近场景中的静态障碍物，采用传统聚类算法得到的检测目标很可能外观表征会被放大。

在实际应用中会出现很多特殊场景导致动态障碍物的点云分布产生变化，从而严重影响跟踪效果。追根溯源点云目标跟踪的好坏和两点有关：

（1）目标检测的稳定性。

（2）选择稳定的观测值做数据关联。

根据点云检测的结果有很多目标属性可以作为观测值，如目标的中心点、重心点、长宽高、横纵向速度等。选择不同位置的点对跟踪的稳定性是有影响的。

实验中，我们采用小球和弯曲导轨演示小球的阻尼运动，利用小球和测量板之间明显的反射率差别，消除运动过程中的背景干扰，以便在点云图上能明显地识别出小球。再读取小球运动过程中笛卡尔坐标值的变化并绘制出一条阻尼运动曲线。

（三）实验步骤

（1）按照"实验一典型场景点云呈现"搭建并调试设备，将绒布面对准激光雷达，将导轨嵌入测量板支架的卡扣上，如图22-32所示，开始测量。

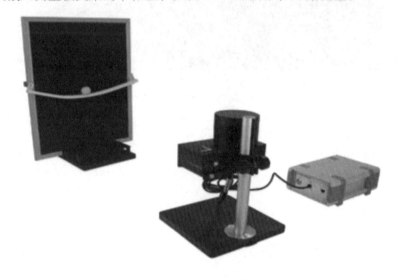

图22-32　运动物体轨迹追踪装置

（2）打开RSView软件，让小球在导轨上运动，调整雷达的上下高度，使小球的运动轨迹刚好在激光雷达的其中一个出射激光的扫描路径上。

（3）调整完成后，在实时显示数据时点击"Record"按钮，录制小球运动轨迹，最后再次点击"Record"按钮停止保存pcap数据。

（4）点击 File→Open→Capture File，导入步骤（3）保存的pcap数据。点击"Play"按钮，选择小球初始运动的某一帧作为起始点读取数据，点击"暂停"。

（5）选取小球的中心点点云数据，记录下此时的 Point_X 数值。

（6）手动点击▷按钮，重复步骤（5），在记录多个数据后绘制出 $X - t$ 曲线图，如图22-33所示，验证激光雷达可实时追踪小球的运动轨迹。

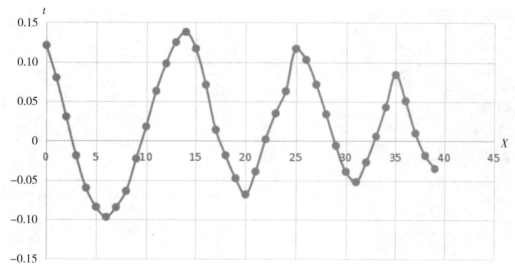

图 22-33 小球在 X-Z 平面上 x-t 的运动轨迹

22.7 介质对激光雷达成像的影响实验

(一) 实验目的
通过实验，了解其他光照和介质对激光雷达成像的影响。

(二) 实验原理
激光雷达不受普通光照（自然光、灯光等）影响。由于自然中激光比较少见，因而激光雷达生成的数据一般不会出现噪声点。但是其他激光雷达可能会对其造成影响，另外，落叶、雨雪、沙尘、雾霾也会产生噪声点。

(三) 实验步骤
（1）按照"实验一典型场景点云呈现"搭建并调试设备，将非绒布面对准激光雷达，开始测量。

（2）用手机灯光去照射雷达或测量板，观察点云图是否有变化。

（3）将小型加湿器放置于雷达正前方，打开加湿器，让雾气在雷达正前方飘散，视图切换至 +Y 视图，观察点云图的变化。点云图受雾气影响而发生变化，如图 22-34 所示。

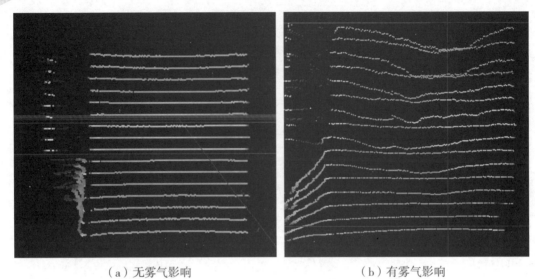

(a) 无雾气影响　　　　　　　　　(b) 有雾气影响

图 22-34　雾气影响前后对比

附录 A　主要技术参数

部件		主要技术参数
雷达实验仪		高度可调范围：最大 120 mm 水平可调范围：0 ～ 1000 mm 左右可调范围：−30°～ +30°
	激光雷达	波长：905 nm 激光安规：1 激光通道：16 条 扫描角度：360° 带罩时扫描窗口尺寸：90 mm 视场角：−15°～ +15° 角度分辨率（垂直）：2°（不带 0°） 角度分辨率（水平）：0.1°（5 Hz）～ 0.4°（20 Hz） 转速：300、600、1200 r/min（5、10、20 Hz） 精度：±2 cm（典型值） 数据接口：100 M 以太网
	红外相机	输出接口：USB 口 可视波段：905 nm 和可见光可见 焦距：4.2 mm
测量板		尺寸：450 mm × 600 mm

附录 B　软件安装问题

（1）软件打开后界面是纯黑的，没有网格图，显卡需要升级或显卡不支持（需要独立显卡，gtx750 就可以）。

（2）软件安装需要在英文目录下。

（3）软件打开后点云图没有出现，有可能是防火墙冲突，此时需要将所有防火墙关闭；也可能是雷达 IP 和电脑 wifi 的 IP 冲突，则需要关掉电脑 wifi。

实验 23　多功能电子束工作原理实验

一、实验目的

（1）熟悉多功能电子束工作原理，了解带电粒子在电磁场中的运动规律，以及电子束的电偏转、电聚焦、磁偏转、磁聚焦的原理。

（2）学习一种测量电子荷质比的方法。

二、实验仪器

实验用 DZS – E 型电子束实验仪的仪器面板功能分布如图 23 – 1 所示。

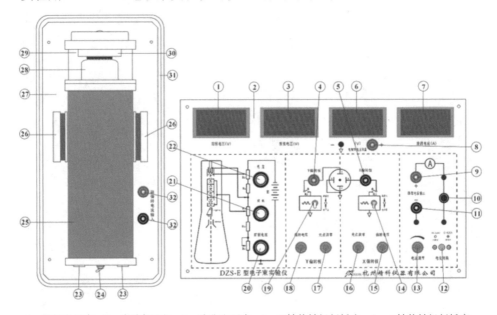

1—阳极电压表；2—实验仪面板；3—聚焦电压表；4—Y 轴偏转极板插座；5—X 轴偏转极板插座；
6—电偏转电压表；7—励磁电流表；8—电偏转电压输入插座；9、11—励磁电流输出插座；10—保险丝管座；
12—磁偏转与磁聚焦电流量程转换按钮；13—磁偏转与磁聚焦电流调节旋钮；14—电子束与示波器功能转换开关（K_2）；
15—电子束 X 偏转电压调节；16—电子束 X 轴光点调零；17—电子束 Y 偏转电压调节；18—电子束 Y 轴光点调零；
19—电子束与示波器功能转换开关（K_1）；20—阳极高压调节；21—聚焦调节；22—示波器亮度调节；
23—磁聚焦电流输入插座；24—磁聚焦电流换向开关；25—磁聚焦螺线管；26—磁偏转线圈；27—线圈安装面板；
28—示波管；29—有机玻璃防护罩；30—示波管安装座；31—机箱；32—磁偏转电流输入插座。

图 23 – 1　电子束实验仪（模拟示波器）

主要参数如下：螺线管的长度 $L = 0.234$ m，螺线管的线圈匝数为 $N = 526$ T，螺线管的直径为 $D = 0.090$ m，螺距为（Y 偏转板至荧光屏的距离）为 $h_Y = 0.145$ m，螺距（X 偏转板至荧光屏的距离）$h_X = 0.115$ m。

三、实验原理

1. 示波管简介

示波管结构如图 23 – 2 所示。

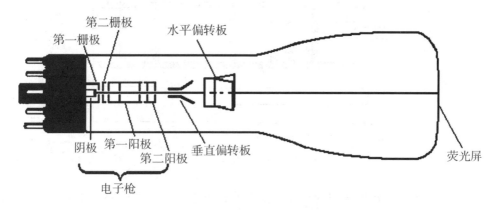

图 23 – 2 示波管

示波管包括：一个电子枪，用于发射电子，把电子加速到一定速度，并聚焦成电子束；一个由两对金属板组成的偏转系统；一个在管子末端的荧光屏，用来显示电子束的轰击点。

示波管的所有部件全都密封在一个抽成真空的玻璃外壳里，目的是避免电子与气体分子碰撞而引起电子束散射。接通电源后，灯丝发热，阴极发射电子。栅极加上相对于阴极的负电压，它有两个作用：一方面，调节栅极电压的大小控制阴极发射电子的强度，所以栅极也叫控制极；另一方面，栅极电压和第一阳极电压构成一定的空间电位分布，使得由阴极发射的电子束在栅极附近形成一个交叉点。第一阳极和第二阳极的作用是，一方面，构成聚焦电场，使得经过第一交叉点又发散的电子在聚焦场的作用下又会聚起来；另一方面，使电子加速，以高速打在荧光屏上，屏上的荧光物质在高速电子的轰击下发出荧光。荧光屏上的发光亮度取决于到达荧光屏的电子数目和速度，改变栅压及加速电压的大小都可控制光点的亮度。水平偏转板和垂直偏转板是互相垂直的平行板，可在偏转板上加以不同的电压，用来控制荧光屏上亮点的位置。

2. 电子的加速和电偏转

为了描述电子的运动，我们选用了一个直角坐标系，其 z 轴沿示波管管轴，x 轴是示波管正面所在平面上的水平线，y 轴是示波管正面所在平面上的竖直线。

通过电子枪从阴极发射出来穿过各个小孔的一个电子，在从阳极 A_2 射出时在 z 方向上具有速度 v_z；v_z 的值取决于 K 和 A_2 之间的电位差 V_2，$V_2 = V_B + V_C$ 如图 23-3 所示。

电子从 K 移动到 A_2，位能降低了 $e \cdot V_2$。因此。如果电子逸出阴极时的初始动能可以忽略不计，那么它从 A_2 射出时的动能 $\frac{1}{2} m \cdot v_z^2$ 就由式（23-1）确定

$$\frac{1}{2} m \cdot v_z^2 = e \cdot V_2 \tag{23-1}$$

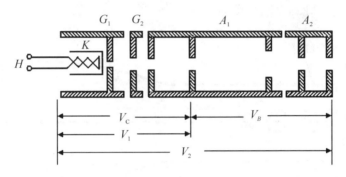

图 23-3　电子枪电极结构

此后，电子再通过偏转板之间的空间。如果偏转板之间没有电位差，那么电子将笔直地通过，最后打在荧光屏的中心（假定电子枪描准了中心）形成一个小亮点。但是，如果两个垂直偏转板（水平放置的一对）之间加有电位差 V_d，使偏转板之间形成了一个横向电场 E_y，那么作用在电子上的电场力便使电子获得一个横向速度 v_y，但不改变它的轴向速度分量 v_z，这样，电子在离开偏转板时的运动方向将与 z 轴成一个夹角 θ，而这个 θ 角由式（23-2）决定，即：

$$\text{tg}\,\theta = \frac{v_y}{v_z} \tag{23-2}$$

知道了偏转电位差和偏转板的尺寸，以上各个量都能计算出来。如图 23-4 所示。

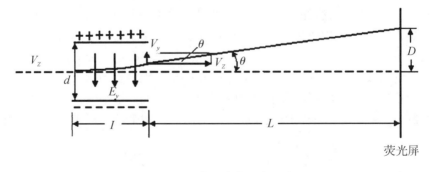

图 23-4　电子在电场中运动

设距离为 d 的两个偏转板之间的电位差 V_d 在其中产生一个横向电场 $E_y = V_d/d$，从而对电子作用一个大小为 $F_y = eE_y = eV_d/d$ 的横向力。在电子从偏转板之间通过的时间 Δt 内，这个力使电子得到一个横向动量 mV_y，且 mV_y 等于力的冲量，即：

$$m \cdot V_y = F_y \cdot \Delta t = e \cdot V_d \cdot \frac{\Delta t}{d} \tag{23-3}$$

于是，

$$V_y = \frac{e}{m} \cdot \frac{V_d}{d} \cdot \Delta t \tag{23-4}$$

这个时间间隔 Δt 也就是电子以轴向速度 V_z 通过距离 l（l 为偏转板的长度）所需要的时间，因此 $l = V_z \Delta t$。由这个关系式解出 Δt，代入冲量－动量关系式结果得

$$V_y = \frac{e}{m} \cdot \frac{V_d}{d} \cdot \frac{1}{v_z} \tag{23-5}$$

这样，偏转角 θ 就由式（23-6）给出

$$\mathrm{tg}\,\theta = \frac{V_y}{V_z} = \frac{e \cdot V_d \cdot l}{d \cdot m \cdot V_z^2} \tag{23-6}$$

再把能量关系式（23-1）代入式（23-6），最后得到

$$\mathrm{tg}\,\theta = \frac{V_d}{V_2} \cdot \frac{1}{2d} \tag{23-7}$$

式（23-7）表明，偏转角随偏转电位差 V_d 的增加而增大，随偏转板长度的增大而增大。且与 d 成反比；对于给定的总电位差来说，两偏转板之间的距离越近，偏转电场就越强。最后，降低加速电位差 $V_2 = V_B + V_C$ 也能增大偏转角，这是因为降低 V_2 就减小了电子的轴向速度，延长了偏转电场对电子的作用时间。此外，对于相同的横向速度，轴向速度越小，得到的偏转角就越大。

电子束离开偏转区域以后又沿一条直线行进，这条直线是电子离开偏转区域那一点的电子轨迹的切线。这样，荧光屏上的亮点便会偏移一个垂直距离 D，而这个距离由关系式 $D = L\mathrm{tg}\,\theta$ 确定，这里，L 是偏转板到荧光屏的距离（忽略荧光屏的微小的曲率）。如果更详细地分析电子在两个偏转板之间的运动，我们会看到，L 应从偏转板的中心量到荧光屏。于是有：

$$D = L \cdot \frac{V_d}{V_2} \cdot \frac{1}{2d} \tag{23-8}$$

3. 电聚焦原理

图 23-5 为电子枪各个电极的截面，加速场和聚焦场主要存在于各电极之间的区域。像光束通过凸透镜时因折射会使光束聚焦成一个又小又亮的点一样，电子束也能通过一个聚焦电场，在电场力的作用下，因电子运动轨道发生改变而会合于一点，结果在荧光屏上得到一个又小又亮的光点。产生这个聚焦的静电装置，在电子光学里称为静电电子透镜。电子枪的聚焦极 A_1 与加速电极 A_2 组成一个静电透镜，A_1 与加速电极 G_2 则组成另一个静电透镜，现以 A_1、A_2 组成的静电透镜为例来说明它的作用原理。

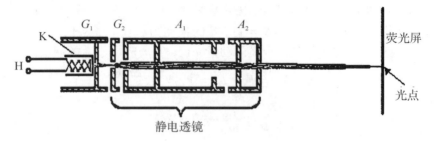

图 23-5　电子枪各电极剖面

图 23-6 是 A_1 与 A_2 之间电场分布的截面图，电场对 z 轴是对称分布的，电子束中某个散离轴线的电子沿轨道 S 进入聚焦电场。在电场的前半区（左边），这个电子受到与电力线相切方向的作用力 f，f 可分解为垂直指向轴线的分力 f_r 与平行于轴线的分力 f_z（图中 A 区），f_r 的作用是使电子运动向轴向靠拢，起聚焦作用，f_z 的作用是使电子沿 z 轴方向得到加速度。电子到达电场的后半区（右边）时，受到的作用力 f'同样可分解为 f_r' 与 f_z' 两个分量，f_r' 起散焦作用，使电子离开轴线，因为在整个电场区域里电子都受到同样方向的 z 轴的分力 f_z 和 f_z'。电子在后半区的轴向速度比前区大得多，因此，后半区 f_r' 的作用时间短，获得的离轴能量比在前区获得的向轴能量小，总的效果是，电子向轴向靠拢，整个电场起聚焦作用，调节 V_1 的大小，可达到不同的电场分布，使电子到达荧光屏时会聚于一小点。A_1 与 G_2 间的电场分布也同样起到静电透镜作用，其聚焦原理类似，不再详述。图 23-6 中 A_1 电极左右两端的电场皆有聚焦作用，是两个静电透镜的组合。

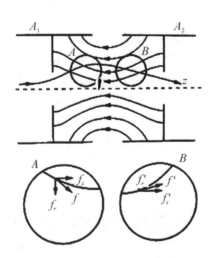

图 23-6　A_1 与 A_2 之间电场分布的截面

4. 电子的磁偏转原理

在磁场中运动的一个电子会受到一个力加速，这个力的大小 F 与垂直于磁场方向的速度分量成正比，而方向总是既垂直于磁场 B 又垂直于瞬时速度 v。从 F 与 v 方向之间的这个关系可以直接导出一个重要的结果：由于粒子总是沿着与作用在它上面的力相垂直的方向运动，磁场力不对粒子做功，因此，在磁场中运动的粒子保持动能不变，因而速率也不变。当然，速度的方向可以改变。在本实验中，我们将观测到在垂直于电子束方向的磁场作用下电子束的偏转。

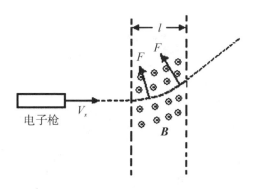

图 23 - 7 电子在电磁场中运动

在图 23 - 7 中，电子从电子枪发射出来时，其速度 v 由下面能量关系式决定

$$\frac{1}{2}mv^2 = eV_2 = e(V_B + V_C) \tag{23 - 9}$$

电子束进入长度为 l 的区域，这里有一个垂直于纸面向外的均匀磁场 B，由此引起的磁场力的大小为 $F = evB$，而且它始终垂直于速度。此外，由于这个力所产生的加速度在每一瞬间都垂直于 v，此力的作用只是改变 v 的方向而不改变它的大小，也就是说，粒子以恒定的速率运动。电子在磁场力的影响下做圆弧运动。因为圆周运动的向心加速为 v^2/R，而产生这个加速度的力（有时称为向心力）必定为 mv^2/R，所以圆弧的半径很容易计算出来。向心力 $F = evB$，因而 $mv^2/R = evB$，即 $R = mv/eB$。电子离开磁场区域之后，重新沿一条直线运动，最后，电子束打在荧光屏上某一点，这一点相对于没有偏转的电子束的位置移动了一段距离。

5. 磁聚焦和电子荷质比的测量原理

在没有任何偏转电压的情况下，置于长直螺线管中的示波管正常工作时，调节亮度和聚焦，可在荧光屏上得到一个小亮点。若第二加速阳极 A_2 的电压为 V_2，电子的轴向运动速度用 v_z 表示，则有：

$$v_z = \sqrt{\frac{2e \cdot V_2}{m}} \tag{23 - 10}$$

当给其中一对偏转板加上交变电压时，电子将获得垂直于轴向的分速度（用 v_r 表示），此时荧光屏上便出现一条直线，随后给长直螺线管通一直流电流 I，于是螺线管内便产生磁场，其磁感应强度用 B 表示。我们知道，运动电子在磁场中要受到洛伦兹力（$F = ev_r B$）的作用（v_z 方向受力为零），这个力使电子在垂直于磁场（也垂直于螺线管轴线）的平面内做圆周运动，设其圆周运动的半径为 R，则有：

$$e \cdot v_r \cdot B = \frac{m \cdot v_r^2}{R}$$

即

$$R = \frac{m \cdot v_r}{e \cdot B} \quad (23-11)$$

圆周运动的周期为

$$T = \frac{2\pi \cdot R}{v_r} = \frac{2\pi \cdot m}{e \cdot B} \quad (23-12)$$

电子既在轴线方向做直线运动，又在垂直于轴线的平面内做圆周运动，它的轨道是一条螺旋线，其螺距用 h 表示，则有

$$h = v_z \cdot T = \frac{2\pi \cdot m}{e \cdot B} \cdot v_z \quad (23-13)$$

从式（23-12）、式（23-13）可以看出，电子运动的周期和螺距均与 v_r 无关。虽然各个点电子的径向速度不同，但由于轴向速度相同，由一点出发的电子束，经过一个周期以后，它们又会在距离出发点一个螺距的地方重新相遇，这就是磁聚焦的基本原理，由式（23-13）可得

$$\frac{e}{m} = \frac{8\pi^2 \cdot V_2}{h^2 \cdot B^2} \quad (23-14)$$

长直螺线管的磁感应强度 B，可以由下式计算

$$B = \frac{\mu_0 \cdot N \cdot I}{\sqrt{L^2 + D^2}} \quad (23-15)$$

将式（23-15）代入式（23-14），可得电子荷质比为

$$\frac{e}{m} = \frac{8\pi^2 \cdot V_2 \cdot (L^2 + D^2)}{\mu_0^2 \cdot N^2 \cdot h^2 \cdot I^2} \quad (23-16)$$

式中，μ_0 为真空中的磁导率，$\mu_0 = 4\pi \times 10^{-7}$（H·m^{-1}）。

23.1 电聚焦实验

（1）在主机机箱后部接入 220 V 交流电，主机与示波管之间用专用导线连接，其他不必连线，开启主机箱后面的电源开关，将"电子束-荷质比"选择开关 K_1 向下拨到"电子束"位置，适当调节示波管辉度。调节聚焦，使示波管显示屏上的光点聚焦成一细点。注意：光点不要太亮，以免烧坏荧光屏，缩短示波管寿命。

（2）光点调零，通过调节"X 偏转"和"Y 偏转"旋钮，使光点位于 x、y 轴的中心。

（3）分别调节阳极电压 V_2 为 600 V、700 V、800 V、900 V、1000 V，同时调节聚焦电压旋钮（改变聚焦电压）使光点一次次达到最佳的聚焦效果，测量并记录不同阳极电压时对应的电聚焦电压 V_1。

（4）求出 V_2/V_1 的值。

23.2 电偏转实验

(1) 将模拟示波器中的 x 轴偏转极板插座和电偏转电压输入插座连接起来,实现电偏转实验接线。

(2) 开启电源开关,将"电子束－荷质比"功能选择开关 K_1 及 K_2 都打到"电子束"位置。适当调节亮度旋钮,使示波管辉度适中,调节聚焦,使示波管显示屏上光点聚成一细点。注意:光点不能太亮,以免烧坏荧光屏。

(3) 光点调零,用导线将图 23-1 中 X 偏转板插座与电偏转电压表的输入插座相连接(电源负极内部已连接),调节"X 偏转板"的"偏转电压"旋钮,使电偏转电压表的指示为"零",再调节"X 偏转板"的"光点调零"旋钮,把光点移动到示波管垂直中线上。

(4) 测量光点移动距离 D 随偏转电压 V_d 大小的变化(X 轴):调节阳极电压旋钮,使阳极电压 V_2 固定在 600 V。改变并测量电偏转电压 V_d 值和对应的光点的位移 D 值,每隔 3 V 测一组 V_d、D 值,把数据记录到表 23-1 中。然后将 V_2 调节到 700 V,重复以上实验步骤。

表 23-1 阳极电压 $V_2 = 600$ V、$V_2 = 700$ V 时,X 轴 $D-V_d$ 数据

$V_d = 600$ V										
D/mm										
$V_d = 700$ V										
D/mm										

(5) 把电偏转电压表改接到"Y 偏转板",同"X 偏转板"一样的操作方法,即可测量 Y 轴方向光点的位移量与电偏转电压的关系,即 $D-V_d$ 的变化规律。同时把数据记录到表 23-2 中。

表 23-2 阳极电压 $V_2 = 600$ V、$V_2 = 700$ V 时,Y 轴 $D-V_d$ 数据

$V_d = 600$ V										
D/mm										
$V_d = 700$ V										
D/mm										

23.3 磁偏转实验

(1) 开启电源开关,将"电子束－荷质比"选择开关 K_1 及 K_2 打向"电子束"位置,适当调节亮度旋钮,使示波管辉度适中;调节聚焦,使示波管显示屏上光点聚成一细点。

(2) 光点调零,在磁偏转输出电流为零时,通过调节"X 偏转"和"Y 偏转"旋钮,使光点位于 Y 轴的中心原点。

(3) 测量偏转量 D 随磁偏电流 I 的变化。给定 V_2 为 600 V,将图 23-1 所示中两个为励磁电流输出插座分别与两个磁偏转电流输入插座端口接线,按下"电流转换"按钮,"0~0.25 A"档指示灯亮,调节"电流调节"旋钮(改变磁偏电流的大小),每 10 mA 测量一组 D 值,并将数据记录于表 23-3 中;将 V_2 调节为 700 V,再测一组 $D-I$ 数据,记录于表表 23-4 中。

表 23-3 V_2 电压为 600 V 时,记录 $D-I$ 的数据

I/mA											
D/mm											

表 23-4 V_2 电压为 700 V 时,$D-I$ 数据

I/mA											
D/mm											

23.4 磁聚焦和电子荷质比的测量实验

(1) 将图 23-1 中的 9 和 11(9、11 为励磁电流输出插座)分别与 23(23 为磁聚焦电流输入插座)两个端口接线。

(2) 把主机"励磁电流输出"两个插座与螺线管前面板"励磁电流输入"的两个插座用导线连接,把"电流调节"旋钮逆时针旋到底。

(3) 开启电子束测试仪电源开关,将"电子束-荷质比"转换开关 K_1 置于"荷质比"位置,将"电子束-示波器"功能选择开关 K2 置于"电子束"位置,此时荧光屏上出现一条直线。把阳极电压调到 700 V。

(4) 释放"电流转换"按钮,"0~3.5 A"档指示灯亮,顺时针转动"电流调节"旋钮,逐渐加大电流使荧光屏上的直线一边旋转一边缩短,直到变成一个小光点,读取电流值,然后将电流值调为零。再将螺线管前面板上的电流换向开关扳到另一方,从零开始增加电流使屏上的直线反方向旋转并缩短,直到再一次得到一个小光点,读取电流值并记录到表 23-5 中。通过计算,求得电子荷质比 e/m。

表 23-5 磁聚焦和电子荷质比的测量

电 流	电 压	
	700/V	800/V
$I_{正向}$/A		
$I_{反向}$/A		

续表 23-5

电 流	电 压	
	700/V	800/V
$I_{平均}/A$		
电子荷质比/C·kg^{-1}		

（5）将阳极电压改为 800 V，重复步骤（4）。

（6）实验结束时，请先把励磁电流调节旋钮逆时针旋到底。

23.5 示波器实验

按图 23-8 所示，开启电源开关，将"电子束-示波器"功能选择开关 K2 打到"示波器"位置；将"电子束-荷质比"选择开关 K_1 及 K_2 打向"电子束"位置。

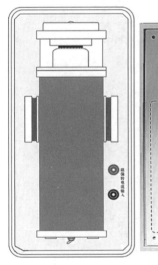
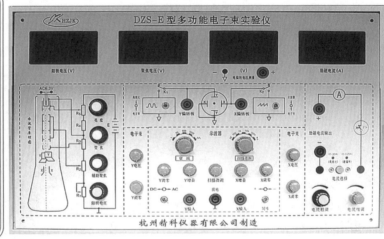

图 23-8 示波器实验

（1）观测正弦波信号的波形。

①调节亮度、聚焦、辅助聚焦和阳极高压，使屏幕显示一个亮度适中、聚焦良好的光点。

②外接用户自备多波形信号发生器的输出（正弦波 fy）与"Y 输入"相连接，调"Y 衰减"，使正弦波图形显示幅度合适。

③调节锯齿波发生器的"扫描范围""扫描微调""同步 +——-"，使示波管显示屏上出现一个或几个稳定的正弦波图形。设 n 为显示屏上正弦波的个数，那么按规律，当 $n=1、2、3$ 时，对应的扫描频率分别为

$$fx_1 = \frac{1}{1}fy, \; fx_2 = \frac{1}{2}fy, \; fx_3 = \frac{1}{3}fy$$

(2) 观察不同信号的波形。

将外接信号发生器的输出信号连接到实验仪的"Y 输入"插孔,通过调节"衰减旋钮"有 1、10、100、1000 四档,可以将来自多波形信号发生器的输入信号电压衰减到原有信号的 1 倍、1/10 倍、1/100 倍、1/1000 倍。再通过调节信号发生器的输出电压,改变信号波形,适当调节扫描频率,可以在示波管显示屏上看到大小合适的各种波形。

(3) 观察李萨如图形。

①将外接双路信号发生器的输出信号(正弦波)分别连接到实验仪的"Y 输入"插孔、"X 输入"插孔。

②调节 y、x 幅度至足够大,将 X 轴的"扫描范围"切换至"外 x"挡,那么根据两路相互垂直的正弦波的叠加,适当调节信号发生器的两个信号频率,可以在示波管显示屏上看到不同频率比例所对应的不同形状的李萨如图形。

(4) 还可以进行电压测量、频率测量,通过适当增加一些元器件搭建一些简单电路,观察半波整流、全波整流、桥式整流波形等。

四、数据记录和处理

1. 电聚焦

记录不同 V_2 下的 V_1 数值,求出 V_2/V_1。

2. 电偏转

(1) 水平方向。

①阳极电压 $V_2 = 600$ V、$V_2 = 700$ V 时,X 轴 $D-V_d$ 数据的记录于表 23-1。

② 作 $D-V_d$ 图,求出曲线斜率得电偏转灵敏度 S_X 的值。

(2) 电偏转(垂直方向)。

①阳极电压 $V_2 = 600$ V、$V_2 = 700$ V 时,Y 轴 $D-V_d$ 数据的记录于表 23-2。

② 作 $D-V_d$ 图,求出曲线斜率得电偏转灵敏度 S_Y 的值。

3. 磁偏转

(1) V_2 电压为 600 V 时,记录 $D-I$ 的数据于表 23-3 中。

(2) 作 $D-I$ 图,求曲线斜率得磁偏转灵敏度。

(3) V_2 电压为 700 V 时记录 $D-I$ 的数据于表 23-4 中。

(4) 作 $D-I$ 图,求曲线斜率得磁偏转灵敏度。

4. 磁聚焦和电子荷质比的测量

磁聚焦和电子荷质比的测量见表 23-5。

五、思考题

（1）叙述模拟示波器与数字示波器的区别。
（2）简述模拟示波器显示波形的原理。
（3）模拟示波器产生李萨如图形的条件。

实验 24　变压器特性实验

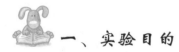

一、实验目的

（1）学习变压器的基本结构和工作原理。
（2）了解变压器的电压、电流变换特性。
（3）学习变压器的运行特性。

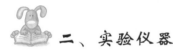

二、实验仪器

实验仪器由变压器、滑线变阻器、交流电源、万用表、单芯连接线等组成，如图 24-1 所示。

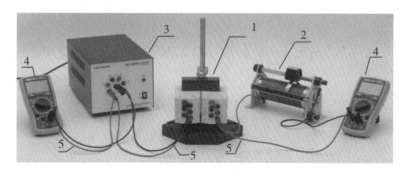

1—变压器；2—滑线变阻器；3—交流电源；4—万用表；5—单芯连接线。

图 24-1　变压器特性实验组成

仪器环境温度：0 ～ 40 ℃；相对湿度：≤90% RH；大气压强：86 ～ 106 kPa；电源电压：交流 220（1 ± 10%）V；频率：交流 50（1 ± 5%）Hz；误差：标称值(1 ± 15%)V；额定电流：1.5 A；交流电压输出：2 V、4 V、6 V、8 V、10 V、12 V 六个档位，当输出电流超过 3 A 时触发电流保护装置，输出自动断开，功率：3 W、6 W、9 W、12 W、15 W、18 W；带输出电压防差错装置，带电源保护功能和复位功能。电压变比和电流变比实验平均误差均≤8%，变压器装置主要是由 U 型铁芯、一字铁芯和两个六抽头线圈组成，其中铁芯为层叠硅钢片，初、次级线圈相同，线圈为六抽头线圈，总匝数为 280 匝，相邻抽头之间的匝数分别为 28 匝、56 匝、84 匝、56 匝、56 匝，可自由选择线圈的匝数。滑线变阻器额定电流为 2 A，额定电阻为 25 Ω。

实验 24 变压器特性实验

三、实验原理

变压器是利用电磁感应原理将电能从一个电路传递到另一个电路的器件。其工作原理和基本结构相同。变压器的种类较多，结构、外形、体积、质量根据不同需求各异。如图 24-2 所示，变压器主要由铁芯和初、次两级绕组构成，其中与电源相连的绕组为初级绕组，与负载相连的绕组为次级绕组。在电力工程和无线电技术中常用它来变换电压、电流、阻抗和相位等，输配电系统为降低远距离输电线上的能耗而使用电力变压器，电子电路为实现阻抗匹配而使用耦合变压器。

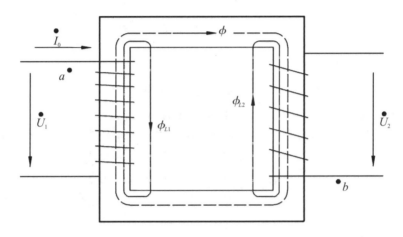

图 24-2 变压器的结构

图 24-3 是变压器运行时的等效电路图，图中 N_1、R_1、L_1、$L_{1\sigma}$、$\dot{U}_1$、$\dot{I}_1$、$\dot{E}_1$ 分别为初级绕组的匝数、电阻、电感、漏电感、路端电压、绕组电流、感应电动势，N_2、R_2、L_2、$L_{2\sigma}$、$\dot{U}_2$、$\dot{I}_2$、$\dot{E}_2$、$\dot{Z}_l$ 分别是次级绕组的匝数、电阻、电感、漏电感、路端电压、绕组电流、感应电动势、负载，M 是初、次级绕组间的互感。

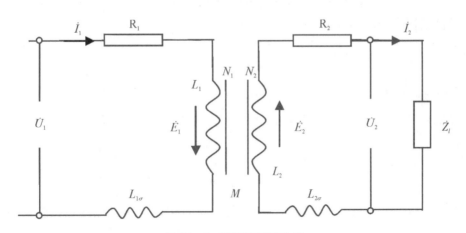

图 24-3 变压器等效电路

变压器空载运行时，加在初级绕组上的交流电压 $\dot{U}_1$ 将在绕组中产生一个交变的空载电流 $\dot{I}_0$，铁芯将 $\dot{I}_0$ 产生的交变磁场的绝大部分耦合到次级，在次级绕组中产生感应电动势 $\dot{E}_2$。变压器次级接上负载 $\dot{Z}_l$ 后，次级电路在 $\dot{E}_2$ 的作用下产生电流 $\dot{I}_2$。$\dot{I}_2$ 所产生的交变磁场的绝大部分磁通又通过铁芯耦合到初级，使初级电流发生改变，由 $\dot{I}_0$ 变为 $\dot{I}_1$。变压器的初、次级通过多次相互作用后达到平衡，初级电流 $\dot{I}_1$ 中由次级电流 $\dot{I}_2$ 引起的那部分电流 $\dot{I}_1'$（$\dot{I}_1' = \dot{I}_1 - \dot{I}_0$）称为反射电流。

若变压器输入电压 $\dot{U}_1$ 的角频率为 ω，则可根据基尔霍夫定律写出初、次级电路的电压平衡方程

$$\dot{U}_1 = -\dot{E}_1 + (R_1 + j\omega L_{1\sigma})\dot{I}_1 \qquad (24-1)$$

$$\dot{U}_2 = -\dot{E}_2 + (R_2 + j\omega L_{2\sigma})\dot{I}_2 \qquad (24-2)$$

1. 理想变压器的变换特性

没有漏磁（通过两绕组每匝的磁通 Φ 都一样，绕组不存在漏电感）、没有绕组电阻（忽略绕组导线产生的焦耳损耗）、没有铁损耗（忽略铁芯产生的磁滞损耗和涡流损耗）的变压器称为理想变压器。此时初，次级电路的电压平衡方程可改写成

$$\dot{U}_1 = -\dot{E}_1 = j\omega N_1 \Phi = j\omega L_1 \dot{I}_1 + j\omega M \dot{I}_2 \qquad (24-3)$$

$$\dot{U}_2 = -\dot{E}_2 = j\omega N_2 \Phi = j\omega L_2 \dot{I}_2 + j\omega M \dot{I}_1 \qquad (24-4)$$

将式（24-3）除以式（24-4），可得理想变压器的电压变比公式为式（24-5）

$$\frac{\dot{U}_1}{\dot{U}_2} = -\frac{\dot{E}_1}{\dot{E}_2} = -\frac{N_1}{N_2} = -k \qquad (24-5)$$

式中，$k = \dfrac{N_1}{N_2}$ 又称匝数比；负号表示 $\dot{U}_1$ 和 $\dot{U}_2$ 之间的相位差为 π。

将变压器空载运行时的 $\dot{I}_2 = 0$，$\dot{I}_1 = \dot{I}_0$ 代入式（24-3）可得

$$\dot{U}_1 = j\omega L_1 \dot{I}_0 \qquad (24-6)$$

若变压器接上负载后输入电压 $\dot{U}_1$ 保持不变，那么将式（24-6）代入式（24-3）可得反射电流 $\dot{I}_1'$ 与负载电流 $\dot{I}_2$ 的变比公式

$$\frac{\dot{I}_1'}{\dot{I}_2} = \frac{\dot{I}_1 - \dot{I}_0}{\dot{I}_2} = -\frac{M}{L_1} = -\frac{N_2}{N_1} = -\frac{1}{k} \qquad (24-7)$$

式中，负号同样表示 $\dot{I}_2$ 和 $\dot{I}_1'$ 之间的相位差为 π。

次级负载 $\dot{Z}_l$ 对初级电流的影响，相当于在初级电路中接入了一个等效阻抗 $\dot{Z}_l'$，即

$$\dot{Z}_l' = \frac{\dot{U}_1}{\dot{I}_1'} = \left(\frac{N_1}{N_2}\right)^2 \cdot \frac{\dot{U}_2}{\dot{I}_2} = \left(\frac{N_1}{N_2}\right)^2 \dot{Z}_l = k^2 \dot{Z}_l \qquad (24-8)$$

电子电路中常常利用变压器的这一特性来进行阻抗匹配，以使负载获得最大的功率。

2. 变压器的运行特性

1) 变压器的外特性和电压变化率。

在实际工作中,变压器有载运行时,次级端电压 U_2 是随次级电流 I_2 变化的。通常用 U_2 随 I_2 的变化关系来表示变压器的外特性(输入电压 U_1 及负载不变),用 U_2 相对于空载 U_{20} 的百分偏差来表示变压器的电压变化率,即

$$\Delta U = \frac{U_2 - U_{20}}{U_{20}} \times 100\% \qquad (24-9)$$

电压变化率是变压器的一个重要性能指标,它产生的原因是由于变压器两级绕组存在电阻和漏阻抗。当变压器有载运行时,随着负载电流的增加,变压器两级绕组的电阻和漏阻抗上的电压降也随之增加,而且初级绕组的电阻和漏阻抗上的电压降还要反过来影响次级绕组的电压,进一步使次级绕组端电压发生变化。负载变化对次级绕组电压变化的影响程度与负载的大小、性质以及变压器本身的特性有关。

2) 变压器的损耗和效率。

变压器的输入功率大部分输出给负载,还有一小部分损耗在变压器内部。变压器的损耗主要包括铁损耗 P_{Fe} 和铜损耗 P_{Cu}。

工作在交变磁场中的铁芯,铁磁物质的磁滞现象会引起磁滞损耗,铁磁物质内部因电磁感应而产生的涡流会引起涡流损耗,二者之和就是变压器的铁损耗。铁损耗的大小与铁芯材料的性质、结构方式以及交变磁通的频率、最大值有关,与负载电流无关。铜损耗则是指电流在绕组电阻上产生的焦耳损耗,它与负载电流的二次方成正比。

由于变压器空载运行时的励磁电流 I_0 很小,铜损耗 $I_0^2 R_1$ 可以忽略,此时的输入功率 $P_0 \approx P_{Fe}$;当变压器短路运行时,为了次级电流不超过允许的最大电流,初级输入电压 U_1 一般很低,忽略近似正比于 U_1^2 的铁损耗,此时的输入功率 $P_0 \approx P_{Cu}$。

变压器的效率 η 等于输出功率 P_2 和输入功率 P_1 之比

$$\eta = \frac{P_2}{P_1} \times 100\% = \frac{P_2}{P_2 + P_{Fe} + P_{Cu}} \times 100\% \qquad (24-10)$$

四、实验步骤

1. 开路下,次级电压的测量(初级线圈的匝数、次级线圈的匝数、初级电压)

1) 次级开路电压与初级电压的关系。

按照图 24-4 接线,其中 U_s 为交流电源。固定匝数比 $N_1:N_2$ 分别为 280∶140、280∶280 和 140∶280,改变初级电压 U_1 的大小,测量不同匝数比下次级开路电压 U_2 的大小,并将实验数据记录在表 24-1 中。

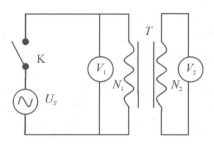

注：U_s 为交流电源

图 24-4 开路电路接线原理

表 24-1 次级开路电压与初级电压的关系

U_1/V	U_2/V（280∶140）	U_2/V（280∶280）	U_2/V（140∶280）

根据表 24-1 的数据作不同匝数比下 U_2-U_1 关系曲线，根据最小二乘法计算曲线的斜率，与理论值作对比，计算平均误差。

2）次级开路电压与次级匝数的关系。

按照图 24-4 接线，设置 N_1 = 280 匝，U_1 设置为 4 V 档，改变次级匝数 N_2，测量次级开路电压 U_2，并将实验数据记录在表 24-2 中。

表 24-2 次级开路电压与次级匝数的关系

N_2/匝	28	56	84	112	140	168	196	224	252	280
U_2/V										

N_1 = 280 匝，U_1 设置为 4 V 档。

根据表 24-2 的数据作 U_2-N_2 的关系曲线，再根据最小二乘法计算曲线的斜率，并将其与理论值作对比计算误差。

（3）次级开路电压与初级匝数的关系。

按照图 24-4 接线，设置 N_2 = 140 匝，U_1 设置为 2 V 档，改变初级匝数 N_1，测量次级开路电压 U_2，并将实验数据记录在表 24-3 中。

表 24-3　次级开路电压与初级匝数的关系

N_1/匝	28	56	84	112	140	168	196	224	252	280
U_2/V										

$N_2 = 140$ 匝，U_1 设置为 2 V 档。

2. 短路时，次级电流的测量（初级线圈的匝数、次级线圈的匝数、初级电流）

1）次级短路电流与初级电流的关系。

按照图 24-5 接线，固定匝数比 $N_1:N_2$ 分别为 280:140、280:280 和 140:280，通过改变交流电源 U_s 的档位和滑线变阻器的阻值来改变初级电流 I_1 的大小，测量不同匝数比下次级电流 I_2 的大小，并将实验数据记录在表 24-4 中。

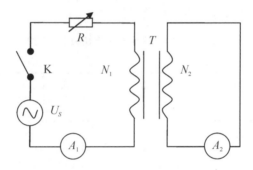

图 24-5　短路电路接线原理

表 24-4　次级短路电流与初级电流的关系

I_1/A	I_2/A (280:140)	I_2/A (280:280)	I_2/A (140:280)
0.100			
0.200			
0.300			
0.400			
0.500			
0.600			
0.700			
0.800			
0.900			
1.000			

根据表 24-4 的数据作不同匝数比下 I_2-I_1 的关系曲线，再根据最小二乘法计算曲线的斜率，并将其与理论值作对比计算平均误差。

2）次级短路电流与次级匝数的关系。

按照图 24-5 接线，设置 $N_1=140$ 匝，$I_1=0.500$ A，改变次级匝数 N_2，测量 I_2 的大小，并将实验数据记录在表 24-5 中。

表 24-5　次级短路电流与次级匝数的关系

N_2/匝	28	56	84	112	140	168	196	224	252	280
I_2/A										

$N_1=140$ 匝，$I_1=0.500$ A。

（3）次级短路电流与初级匝数的关系。

按照图 24-5 接线，设置 $N_2=140$ 匝，$I_1=0.500$ A，改变初级匝数 N_1，测量 I_2 的大小，将实验数据记录在表 24-6 中。

表 24-6　次级短路电流与初级匝数的关系

N_1/匝	28	56	84	112	140	168	196	224	252	280
I_2/A										

$N_1=140$ 匝，$I_1=0.500$ A。

根据表 24-6 的数据作 I_2-N_1 的关系曲线，再根据最小二乘法计算曲线的斜率，并将其与理论值作对比计算误差。

3．自耦变压器与隔离变压器的区别

1）隔离变压器。

按照图 24-4 接线，固定匝数比为 $N_1:N_2=140:140$，改变初级电压 U_1 的大小，测量 U_2 的输出电压，并将实验数据记录在表 24-7 中。

表 24-7　隔离变压器初级电压和输出电压的关系

U_1/V						
U_2/V						

$N_1:N_2=140:140$。

（2）自耦变压器。

根据图 24-6 接线，固定匝数比为 $N_1:N_2=280:140$，改变初级电压 U_1 的大小，测量 U_2 的输出电压，并将实验数据记录在表 24-8 中。

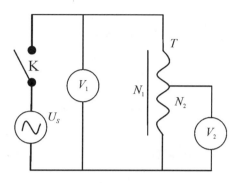

图 24-6　自耦变压器接线示意

表 24-8　自耦变压器输入电压与输出电压的关系

U_1/V						
U_2/V						

$N_1:N_2=280:140$。

3) 隔离变压器带载下，次级电流与初级电流的关系。

按照图 24-7 连接线路，设置 $N_1:N_2=140:140$，$R_2=5\ \Omega$，调节 U_S 改变初级回路中 I_1 的大小，并将对应的 I_2 的大小记录于表 24-9。

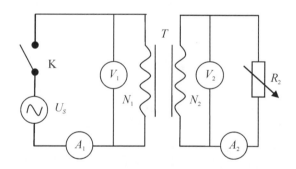

图 24-7　隔离变压器有载特性接线方式

表 24-9　隔离变压器带载下，次级电流与初级电流的关系

I_1/mA					
I_2/mA					

$N_1:N_2=140:140$，$R_2=5\ \Omega$。

4. 隔离变压器带载下，变压器的输出功率测量

按照图 24-7 接线，设置 $N_1:N_2=140:140$，U_S 设置为 4 V 档，在 R_2 开路时调节，记录此时 I_2、U_2 以及 I_1 的大小。接入 R_2 后，以 I_2 每变化至少 0.05 A 设置对应的电阻 R，记录对应的 U_2、I_1 和 U_1。根据公式 $P_2=U_2I_2$ 计算纯电阻的输出功率，将实验数据记录于表 24-10 中。

表 24-10 隔离变压器带载下，变压器的输出功率

R/Ω	I_2/A	U_2/V	I_1/A	U_1/V	P_2/W

$N_1:N_2=140:140$，U_S 设置为 4 V 档。

五、思考题

（1）解析变压器的工作原理及功能。
（2）简述变压器的种类有哪些。
（3）简述隔离变压器的功能是什么？

实验 25　微波光学实验

一、实验目的

（1）学习微波光学的原理。
（2）掌握微波光学的特性。

二、实验仪器

实验仪器由发射器组件、接收器组件、平台组成、支架组成部分、其他配件等组成，如图 25-1 所示。

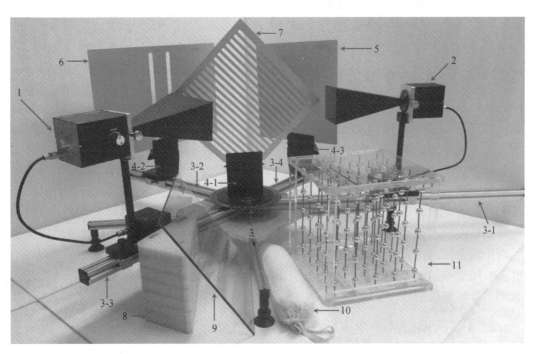

1—发射器组件；2—接收器组件；3—平台；4—支架；5—反射板；6—双缝板；
7—偏振板；8—塑料棱镜；9—透射板；10—聚苯乙烯颗粒袋；11—模拟晶阵。

图 25-1　实验整机

(1) 发射器组件部分：包括缆腔换能器、谐振腔、隔离器、衰减器、喇叭天线、支架及微波信号源。其中，微波信号源输出的微波中心频率为 10.5 G ± 20 MHz，波长为 2.855 cm，功率为 15 mW，频率稳定度可达 2×10^{-4}，幅度稳定度为 10^{-2}。这种微波源相当于光学实验中的单色光束，将电缆中的微波电流信号转换为空中的电磁场信号。喇叭天线的增益大约是 20 dB，波瓣的理论半功率点宽度大约为 H 面 20°，E 面为 16°。当发射喇叭口面的宽边与水平面平行时，发射信号电矢量的偏振方向是垂直的。

(2) 接收器组件部分：包括喇叭天线、检波器、支架和电压表。检波器将微波信号变为直流或低频信号。电压表显示检波器转换的直流电压信号，量程为 2 V，三位半数字显示。

(3) 平台组成部分：包括中心平台和四根支撑臂等。其中，中心平台上刻有角度，直径为 20 cm。3 号臂为固定臂，用于固定微波发射器；1 号臂为活动臂，可绕中心做 ±160° 旋转，用于固定微波接收器；剩下两臂可以拆卸。每个臂的凹面均贴有标尺，发射器和接收器底座投影在标尺上的位置即为此处到平台中心的距离。

(4) 支架组成部分：包括一个中心支架和两个移动支架，不用时可以拆除。中心支架一般放置在中心平台上，移动支架一般固定在支撑臂上。

(5) 其他配件：包括反射板（金属板，2 块）、双缝板（金属板，有两个宽度为 15 mm 的缝）、偏振板、塑料棱镜、透射板（玻璃板，2 块）、聚苯乙烯颗粒袋、模拟晶阵、棱镜座、晶阵座、DC 12 V 电源（2 台）。

三、实验原理

1864 年，英国科学家麦克斯韦建立了完整的电磁波理论，并且断定电磁波的存在；1887 年，德国物理学家赫兹利用实验证实了电磁波的存在。常见的电磁波按频率的大小列举为：无线电波 < 微波 < 红外线 < 可见光 < 紫外光 < X 射线 < γ 射线。微波是频率在 300 MHz ～ 300 GHz 之间的电磁波，波长为 1 mm ～ 1 m。微波作为一种电磁波，具有波粒二象性。微波和光波一样，都具有波动性，能产生反射、折射、干涉和衍射等现象。微波通常还呈现出穿透、吸收、反射三个特性。对于玻璃、塑料和瓷器，微波几乎是穿透而不被吸收；水和食物等物质会吸收微波而使自身发热；金属类物质则会反射微波。本实验探讨微波以下的特性：反射、折射、偏振、双缝干涉、驻波 - 测量波长、劳埃德镜、法布里 - 珀罗干涉、迈克尔逊干涉、布儒斯特角、纤维光学、布拉格衍射。

25.1 认识微波光学实验

（一）实验目的
认识微波光学系统。

（二）实验仪器
实验仪器由发射器组件、接收器组件、平台、DC 12 V 电源等组成。

（三）实验步骤

1）距离的影响。

（1）将发射器和接收器分别安置在固定臂和活动臂上，发射器和接收器的喇叭口正对，宽边与地面平行，活动臂刻线与180°对齐，如图25-2所示。打开电源开关。

图25-2 实验实物

（2）调节发射器和接收器之间的距离，将间距初始值设置为40 cm左右。调节发射器上的衰减器强弱旋钮，使接收器上的电压表显示为1.000 V左右。

（3）将接收器沿着活动臂缓慢向右移动30 cm，每隔1 cm观察并记录电压表上对应的数值在表25-1中。

表25-1 接收电压与距离的关系

ΔX/cm	0	1	2	3	4	5	6	7	8	9	10	11	12	13	14	15
U/V																
ΔX/cm	16	17	18	19	20	21	22	23	24	25	26	27	28	29	30	
U/V																

初始条件：发射器到中心位置距离为　　cm，接收器到中心位置距离为　　cm。

ΔX 表示接收器在初始位置的基础上向右移动的距离。

2）角度的影响。

（1）将发射器和接收器之间的间距调节为70 cm（建议发射器和接收器到中心的距离各35 cm），同时调节衰减器的强弱使电压表上的数值显示为0.600 V左右。

（2）松开接收器上面的手动螺栓，慢慢转动接收器，同时观察电压表上读数的变化，将对应的数据记录在表25-2中，并解释这一现象。

发射器和接收器上旋钮的使用方法如图25-3（a）、图25-3（b）所示。

表 25 - 2　接收电压与转角的关系

$\theta/(°)$	0	10	20	30	40	50	60	70	80	90
U/V										

（a）发射器上旋钮位置

（b）接收器喇叭天线转动方向

图 25 - 3　发射器和接收器上旋钮的使用方法

衰减器强弱旋钮：顺时针旋转为增大微波发射功率，反之则为减小微波发射功率。

喇叭止动旋钮：该旋钮可以锁定喇叭的方向。喇叭只能按图 25 - 3 所示方向内旋转 0 ～（90°±10°）。接收器上也有喇叭止动旋钮，其功能和发射器上的对应旋钮一样。

25.2　反射实验

（一）实验目的

熟悉微波的反射现象。

（二）实验仪器

发射器组件、接收器组件、平台、中心支架、反射板。

（三）实验原理

微波和光波都是电磁波，都具有波动性，都能产生反射、折射、干涉和衍射现象。电磁波在传播过程中若遇到障碍物则会发生反射。本实验将用一块金属铝板作为障碍物来研究不同入射角对应的反射现象。实验通过电压表的读数来确定反射角的位置,电压读数最大处即为反射角的位置。

如图 25-4 所示,入射波轴线与反射板法线之间的夹角称为入射角,接收器轴线和反射板法线之间的夹角称为反射角。

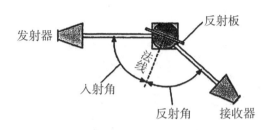

图 25-4 反射原理示意

(四) 实验步骤

(1) 将发射器和接收器分别安置在固定臂和活动臂上,喇叭宽边保持水平,发射器和接收器距离中心平台的中心约为 35 cm,如图 25-5 所示。打开电源,调节微波强弱,使电压表的读数为 0.300 V 左右。

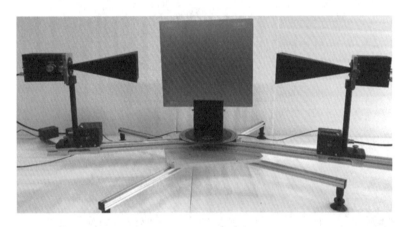

图 25-5 反射实验仪器

(2) 将入射角分别设定为 20°、30°、40°、50°、60°、70°(中心支架上白色刻线的方向代表反射板法线的方向),通过逆时针转动活动支架找到对应的反射角,并记录于表 25-3 中。比较入射角和反射角之间的关系。

表 25-3 反射实验数据记录

入射角/(°)	反射角/(°)	误差度数/(°)	误差百分比/%
20			
30			
40			

续表 25-3

入射角/(°)	反射角/(°)	误差度数/(°)	误差百分比/%
50			
60			
70			

25.3 折射实验

(一) 实验目的

熟悉微波的折射现象,计算指定材料的折射率。

(二) 实验仪器

发射器组件、接收器组件、平台、棱镜座、塑料棱镜(聚乙烯)。

(三) 实验原理

通常电磁波在均匀媒质中是以匀速直线传播的。在不同媒质中,由于媒质的密度不同,其传播的速度也不同,且速度与密度成反比。当它通过两种媒质的分界面时,传播方向就会改变,称为波的折射,如图 25-6 所示。

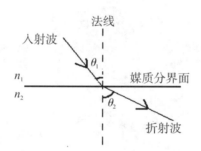

图 25-6 $n_1 > n_2$ 时折射原理

波在不同媒质的界面间传播时遵循折射定律(或称为斯涅耳定律)

$$n_1 \sin \theta_1 = n_2 \sin \theta_2 \qquad (25-1)$$

式中,θ_1 为入射波与两媒质分界面法线的夹角,称为入射角;θ_2 为折射波与两媒质分界面法线的夹角,称为折射角。媒质的折射率是电磁波在真空中的传播速率与在媒质中的传播速率之比,用 n 表示。通常分界面两边介质的折射率不同,分别用 n_1 和 n_2 表示。两种介质的折射率不同(即波速不同)会导致波的偏转,或者说当波入射到两种不同媒质的分界面时将会发生折射。

本实验将利用折射定律测量塑料棱镜(电磁波能够穿透塑料)的折射率,空气的折射率近似为 1。塑料棱镜最小的锐角为 30°,为避免形状尖锐划伤手,先将其处理成圆弧形。

(四) 实验步骤

(1) 将发射器和接收器分别安置在固定臂和活动臂上,喇叭宽边保持水平,发射器和接收器距离中心平台的中心约为 35 cm,如图 25-7 所示。打开电源,调节微波强弱,使电压表的读数适中。

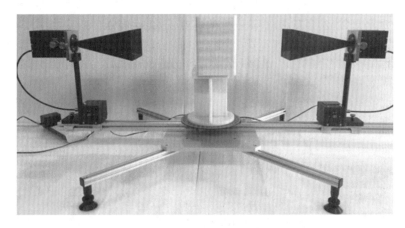

图 25-7 棱镜折射实验实物

(2) 棱镜长直角边正对发射器,绕中心轴缓慢转动活动支架,读出电压表读数最大时活动支架对应的角度,并通过微波折射路线计算出折射角 θ_2,将数值记录于表 25-4 中。

表 25-4 折射实验数据

次数	入射角 $\theta_1/(°)$	折射角 $\theta_2/(°)$	空气的折射率 n_2	棱镜的折射率 n_1
1	30		1	

(3) 设空气的折射率为 1,根据折射定律,计算塑料棱镜的折射率。
(4) 根据式 (25-1) 计算塑料棱镜的折射率 n_1,并将其填入表 25-4 中。

25.4 偏振实验

(一) 实验目的

观察微波经喇叭极化后的偏振现象,找出偏振板是如何改变微波偏振的规律。

(二) 实验仪器

发射器组件、接收器组件、平台、中心支架、偏振板。

(三) 实验原理

平面电磁波是横波,它的电场强度矢量 E 和波的传播方向垂直。在与传播方向垂直的二维平面内,电矢量 E 可能具有各方向的振动。如果 E 在该平面内的振动只限于某一确定方向(偏振方向),这样的电磁波叫做极化波,在光学中也叫偏振波。用来检测偏振状态的元件叫做偏振器,它只允许沿某一方向振动的电矢量 E 通过,该方向叫做偏振器的偏振轴。强度为 I_0 的偏振波通过偏振器时,透过波的强度 I 随偏振器的偏振轴和偏振方向的夹角 θ 的变化而有规律地变化,即遵循马吕斯定律

$$I = I_0 \cos^2 \theta \tag{25-2}$$

信号源输出的电磁波经喇叭后,电场矢量方向是与喇叭的宽边垂直的,相应磁场矢量是与喇叭的宽边平行的,垂直极化。而接收器由于其物理特性,只能收到与接收喇叭口宽边相垂直的电场矢量(对平行的电场矢量有很强的抑制作用,认为它接收为零)。所以当两喇叭的朝向(宽边)相差 θ 时,它只能接收一部分信号。

(四)实验步骤

(1)按如图 25-8 所示布置实验仪器,将发射器和接收器分别安置在固定臂和活动臂上,喇叭宽边水平,活动臂刻线与 180°对齐。发射器和接收器距离中心平台的中心约为 35 cm。打开电源,调节微波强弱,使电压表读数为 0.600 V 左右。

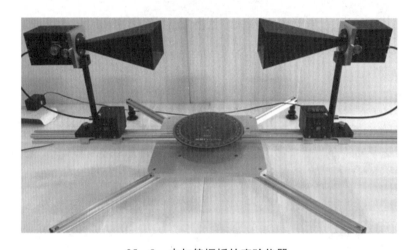

25-8 未加偏振板的实验仪器

(2)松开接收器上的喇叭止动旋扭,以 10°(或其他角度)增量旋转接收器,并将每个位置电压表上的读数记录于表 25-5 中。

表 25-5 偏振实验数据记录

接收器转角/(°)		0	10	20	30	40	50	60	70	80	90
无偏振板实验 U/V											
偏振板栅条与竖直方向夹角	45° U/V										
	90° U/V										

初始条件:发射器、接收器与中心点的距离为 35 cm。

(3)将偏振板放置在中心支架上使中心支架上的白色刻线与转盘的 0°刻线对齐,如图 25-9 所示。当偏振板的栅条方向与竖直方向分别为 45°、90°时,重复

步骤（2）。

（4）将不加偏振板时的实验值、偏振板与竖直方向成 90°时的实验值做比较，分析各组数据。试分析当偏振板栅条方向与竖直方向成 0°时的实验结果。

图 25 - 9　加 45°偏振板的实验仪器

25.5　双缝干涉实验

（一）实验目的

熟悉微波的干涉特性，计算微波波长。

（二）实验仪器

发射器组件、接收器组件、平台、中心支架、双缝板。

（三）实验原理

两束传播方向不一致的波相遇，将在空间相互叠加形成类似驻波的波谱，在空间某些点上形成极大值或极小值。电磁波通过两狭缝后，就相当于两个波源在向四周发射，对接收器来说就相当于两束传播方向不一致的波相遇。

双缝板外波束的强度随探测角度的变化而变化。设两缝之间的距离为 d，接收器距双缝屏的距离大于 $10d$，当探测角 θ 满足 $d\sin\theta = n\lambda$ 时会出现最大值（其中 λ 为入射波的波长，n 为整数），如图 25 - 10 所示。

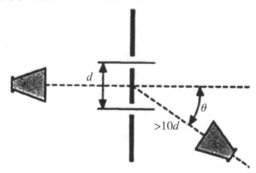

图 25 - 10　双缝干涉实验示意

实验中用到的双缝板的两条缝宽均为 15 mm，中间缝屏的宽度为 50 mm。

（四）实验步骤

（1）按如图 25-11 所示布置实验仪器，将发射器和接收器分别安置在固定臂和活动臂上，发射器和接收器都处于水平偏振状态（喇叭宽边与地面平行），初始位置时活动臂刻线与 180°对齐。发射器距离中心平台的中心约为 35 cm，接收器到中心平台的距离大于 65 cm。打开电源，调整微波发射信号最强，记录初始位置的电压值。

图 25-11　双缝干涉实验仪器

（2）缓慢转动活动支架，找出电压表取最大、最小值时对应的角度，每隔 5°（或其他角度，可自己设定）记录对应电压值于表 25-6 中，绘制接收电压随转角变化的曲线图，分析实验结果，计算微波的波长及误差。

表 25-6　双缝干涉实验数据

活动臂转角/(°)	0	5	10	15	20	25	30	35	40	45	50
U/V											
活动臂转角/(°)	0	-5	-10	-15	-20	-25	-30	-35	-40	-45	-50
U/V											

初始条件：接收器距离中心点位置为 35 cm；顺时针为正，逆时针为负。

25.6　驻波-测量波长实验

（一）实验目的

熟悉微波的驻波现象，利用驻波来测量微波的波长。

（二）实验仪器

发射器组件、接收器组件、平台。

（三）实验原理

微波喇叭既能接收微波，又能反射微波，因此，发射器发射的微波在发射喇叭和接收喇叭之间来回反射,振幅逐渐减小。当发射源到接收检波点之间的距离为 $N\lambda/2$ 时(N 为整数,λ 为波长),经多次反射的微波与最初发射的波同相,此时信号振幅最大,电压表读数最大,有

$$\Delta d = N\frac{\lambda}{2} \qquad (25-3)$$

式中,Δd 为发射器不动时接收器从某电压最大位置开始移动的距离,N 为出现接收到信号幅度最大值的次数。

(四) 实验步骤

(1) 按如图 25-12 所示布置实验仪器,将发射器和接收器分别安置在固定臂和活动臂上,要求发射器和接收器处于同一轴线上,喇叭口宽边与地面平行,活动臂刻线与 180°刻线对齐。接通电源,调整发射器和接收器使二者距离中心平台的中心约为 20 cm(可自行调整);调节发射器衰减器强弱,使电压表的读数为 1.000 V 左右。

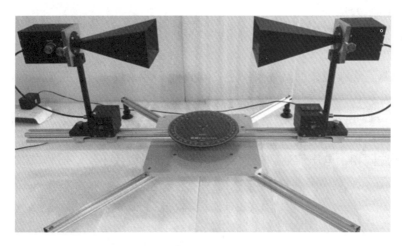

图 25-12 驻波实验实物

(2) 将接收器沿活动支架缓慢滑动远离发射器(发射器和接收器始终处于同一轴线上),观察电压表的显示变化。

(3) 当电压表在某一位置出现极大值时,记下接收器所处位置的刻度 X_1;然后继续将接收器沿远离发射器方向缓慢滑动,当电压表读数出现 N(至少 10 次)个极小值后再次出现极大值时,记下接收器所处位置的刻度 X_2,并将记录的数据填入表 25-7 中。

表 25 - 7　驻波 - 测量微波波长

测量次数	X_1/cm	X_2/cm	$\Delta d = \|X_1 - X_2\|$	N	λ/cm	$\overline{\lambda}$/cm	与理论值的误差
1							
2							绝对误差：
3							相对误差：

（4）多次测量，根据式（25 - 3）计算微波的波长，并将其与理论值作比较。

25.7　劳埃德镜实验（选做）

（一）实验目的

理解劳埃德镜的原理，并用劳埃德镜测微波波长。

（二）实验仪器

实验仪器由发射器组件、接收器组件、平台、移动支架、反射板等组成。

（三）实验原理

劳埃德镜是干涉现象的又一个例子。和其他干涉条纹一样，用它也可测量微波的波长。

如图 25 - 13 所示，从发射器发出的微波一路直接到达接收器，另一路经反射板反射后再到达接收器。由于两列波的波程和方向不一样，它们必然发生干涉。在交汇点，若两列波同相，电压值达到最大；若反向，电压值最小。

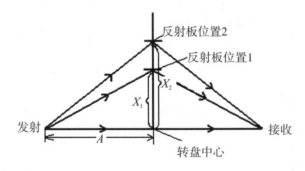

图 25 - 13　劳埃德镜示意

发射器和接收器与转盘中心的距离应相等，在反射板从位置 1 移到位置 2 的过程中，电压表出现了 N 个极小值后再次达到极大值。由光程差和劳埃德镜的原理可以得到波长的计算方法为

$$\sqrt{A^2 + X_2^2} - \sqrt{A^2 + X_1^2} = N\frac{\lambda}{2} \tag{25 - 4}$$

（四）实验步骤

（1）按如图 25 - 14 所示布置实验仪器，将发射器和接收器分别安置在固定臂和

活动臂上，喇叭口宽边水平，发射器和接收器处于同一直线上，且到中心平台的距离相等（均为 40 cm 左右）。反射板固定在移动支架上，同时反射板面平行于两喇叭的轴线。接通电源，调节衰减器强弱，使电压表的读数为 0.600 V 左右。

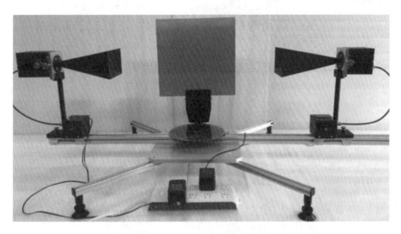

图 25-14　劳埃德镜实验仪器

（2）沿移动支架缓慢移动反射板，观察电压的变化。当出现一个极大值时，记录此时的位置 X_1。继续移动反射板，当出现 N 个极小值后再次出现极大值时（注意：绝大多数微波信号从发射器直达接收器，经过反射板处的信号非常弱，实验效果不明显，因此 $N \leqslant 3$），记录此时的位置 X_2。并将实验数据记录于表 25-8 中。

表 25-8　劳埃德镜测量微波波长

测量次数	距离/cm	N	X_1/cm	X_2/cm	λ/cm	$\overline{\lambda}$/cm	与理论值的误差
1							绝对误差：_____
2							相对误差：_____
3							

（3）改变发射器和接收器之间的距离（注意：发射器和接收器到中心的位置应相等），重复步骤（2）。按照式（25-4）计算波长及误差。

25.8　法布里-珀罗干涉实验

（一）实验目的
了解法布里-珀罗干涉原理，并计算微波波长。

（二）实验仪器
实验仪器由发射器组件、接收器组件、平台、透射板 2 块和移动支座 2 块组成。

（三）实验原理
当电磁波入射到部分反射板（透射板）表面时，入射波将被分割为反射波和透射波。法布里-珀罗干涉实验在发射波源和接收检波二极管之间放置了两面相互平行并与轴线垂直的反射板。

发射器发出的电磁波有一部分将在两透射板之间来回反射,同时另一部分电磁波透射出去被探测器接收。若两块透射板之间的距离为 $N\lambda/2$,则所有入射到探测器的波都是同相位的,接收器探测到的信号最大;若两块透射板之间的距离不为 $N\lambda/2$,则产生相消干涉,接收器探测到的信号不为最大。

因此,可以通过改变两面透射板之间的距离来计算微波波长,公式为

$$\Delta d = N \frac{\lambda}{2} \tag{25-5}$$

式中,Δd 为两面透射板改变的距离,N 为出现接收到信号幅度最大时的次数。

(四) 实验步骤

(1) 如图25-15所示,将发射器和接收器分别安置在固定臂和活动臂上,喇叭口宽边水平,发射器和接收器在同一条直线上,且到平台中心的距离为各40 cm左右。接通电源,调节衰减器,使电压表读数为0.600 V左右。然后将两透射板通过移动支架分别固定在固定臂和活动臂上。

②调节两透射板之间的距离,观察电压值的变化。

③调节两透射板之间的距离,使接收到的信号最强,并记录下两透射板之间的距离 d_1。

④使一面透射板向远离另一面透射板的方向移动,直到电压表读数出现至少10个最小值并再次出现最大值时,记下经过最小值的次数 N 及两透射板之间的距离 d_2。

⑤改变两透射板之间的距离,重复以上步骤,并将实验数据记入表25-9中。

⑥根据式(25-5),计算微波的波长 λ 及误差。

图25-15 法布里-珀罗干涉实验仪器

表 25-9 法布里-珀罗干涉实验测量微波波长

测量次数	d_1/cm	d_2/cm	$\Delta d = \mid d_1 - d_2 \mid$	N	λ/cm	$\overline{\lambda}/\text{cm}$	与理论值的误差
1							
2							绝对误差：____
3							相对误差：____
4							
5							

25.9 迈克尔逊干涉实验

（一）实验目的
掌握迈克尔逊干涉工作原理，并计算微波波长。

（二）实验仪器
实验仪器由发射器组件、接收器组件、平台、中心支架、透射板、反射板 2 块、移动支架 2 块组成。

（三）实验原理
与法布里-珀罗干涉类似，迈克尔逊干涉将单波分裂成两列波，透射波经再次反射后和反射波叠加形成干涉条纹。迈克尔逊干涉仪的结构如图 25-16 所示。

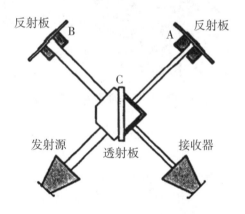

图 25-16 迈克尔逊干涉结构

A 和 B 是反射板（全反射），C 是透射板（部分反射）。从发射源发出的微波经两条不同的光路入射到接收器。一部分经 C 透射后射到达 A，又经 A 反射后再经 C 反射进入接收器；另一部分波从 C 反射到 B，又经 B 反射回 C，最后透过 C 进入接收器。

若两列波同相位，接收器将探测到信号的极大值。移动任意一块反射板，改变其中一路光程，使两列波不再同相，接收器探测到的信号就不再是极大值。若反射板移

过的距离为 λ/2，光程将改变一个波长，相位并改变 360°，接收器探测到的信号出现一次极小值后又回到极大值。

因此，可以通过反射板（A 或 B）改变的距离来计算微波波长，公式为

$$\Delta d = N \frac{\lambda}{2} \tag{25-6}$$

式中，Δd 为反射板改变的距离，N 为出现接收到信号幅度极小值的次数。

（四）实验步骤

(1) 按如图 25-17 所示布置实验仪器，将发射器和接收器分别安置在固定臂和活动臂上，转动活动臂使发射器和接收器方向垂直，且到平台中心距离分别为 35 cm 左右，在 180°和另一个 90°处分别固定 2 号臂和 4 号臂，反射板 A、B 通过移动支架分别固定在 2 号臂和 4 号臂上，透射板 C 与各支架成 45°。接通电源，调节衰减器强弱，使电压表读数为 0.600 V 左右。

图 25-17 迈克尔逊干涉实验仪器

(2) 移动反射板 A，观察电压表的读数变化。当电压表上数值最大时，记下反射板 A 所处位置的刻度 X_1。

(3) 向外（或内）缓慢移动 A，注意观察电压表读数变化。当电压表读数出现至少 10 个极小值并再次出现极大值时停止，记录此时反射板 A 所处位置的刻度 X_2，并记下经过的极小值次数 N。

(4) 根据式（25-6），计算微波的波长。

(5) A 保持不动，操作 B，重复以上步骤，并将实验数据记录于表 25-10 中。

表 25-10　迈克尔逊干涉实验测量微波的波长

测量次数	X_1/cm	X_2/cm	$\Delta d = |X_1 - X_2|$	N	λ/cm	$\overline{\lambda}$/cm	与理论值的误差
1							
2							绝对误差：___
3							相对误差：___
4							

25.10　纤维光学实验

（一）实验目的
掌握微波在纤维中的传播特性。

（二）实验仪器
实验仪器由发射器组件、接收器组件、平台、塑料颗粒带（聚苯乙烯丸）组成。

（三）实验原理
光能在真空中传播，而且在有些物质中的穿透率也很好，如玻璃。玻璃光纤是由很细且柔软的玻璃丝组成的，对激光起传输线的作用，就像铜线对电脉冲的传输作用一样。因为微波有光的共性，所以微波能在纤维中传输。

（四）实验步骤
（1）将发射器和接收器分别安置在固定臂和活动臂上，同时使发射器和接收器置于中心平台的两侧并正对，两喇叭口距离约 15 cm。调节衰减器强弱，使电压表读数适中，并记录。

（2）把装有聚苯乙烯丸的布袋的一端放入发射器喇叭，观察并记录电压表读数的变化。把布袋的另一端放入接收器喇叭，再次观察并记录电压表读数的变化。

（3）移开管状布袋，转动活动臂，使电压表读数为零；再把布袋的一端放入发射器喇叭，把布袋的另一端放入接收器喇叭，如图 25-18，注意电压表的读数。

图 25-18　弯曲的纤维传播装置布置

（4）改变管状布袋的弯曲度，同时观察对信号强度有什么影响；思考：随着径向曲率的变化，信号是逐渐变化还是突然变化？曲率半径为多大时信号开始明显减弱？

25.11　布儒斯特角实验

（一）实验目的

掌握微波的偏振特性，并找到布儒斯特角。

（二）实验仪器

实验仪器由发射器组件、接收器组件、平台、中心支架、透射板组成。

（三）实验原理

当自然光以一特殊的角度入射到电介质表面时，反射光是偏振光，这个角就称为布儒斯特角，此时反射光线与折射光线垂直。

电磁波从一种媒质进入另一种媒质时，在媒质的表面通常有一部分波被反射。在本实验中，也可以看到反射信号的强度和电磁波的偏振有关。实际上在某一入射角（即布儒斯特角）时，有一个角度的偏振波其反射率为零。

（四）实验步骤

（1）如图 25-19 所示布置实验仪器，将发射器和接收器分别安置在固定臂和活动臂上，发射器和接收器到平台中心的距离均为 35 cm 左右。接通电源，使发射器和接收器都水平偏振（两喇叭的宽边水平）。调节衰减器强弱，使电压表显示为 0.600 V 左右。

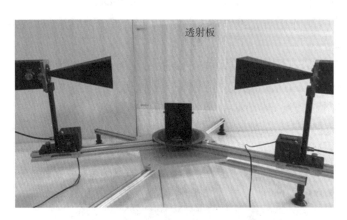

图 25-19　布儒斯特角实验实物（水平偏振）

（2）调节透射板，使微波入射角为 80°；转动活动支架，使接收器反射角等于入射角。再调整衰减器强弱，使电压表显示为 0.600 V 左右。

（3）松开喇叭止动旋钮，旋转发射器和接收器的喇叭，使它们垂直偏振（两喇叭的窄边水平），按如图 25-20 所示布置仪器，记下电压表的读数并将读数填入表 25-11 中。

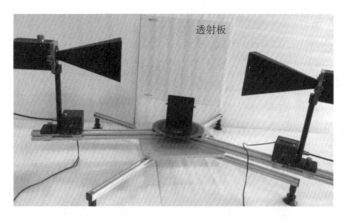

图 25 – 20　布儒斯特角实验实物（垂直偏振）

表 25 – 11　布儒斯特角的测量

入射角度/(°)	电压表读数（水平偏振）/V	电压表读数（垂直偏振）/V
80		
75		
70		
65		
60		
55		
50		
45		
40		
35		

（4）根据表 25 – 11 设置入射角，分别记录下各入射角度下水平偏振和垂直偏振的电压值（表格中设置的角度可能没有布儒斯特角，需要实验者在实验中根据测试数据，自行寻找）。

（5）观察表 25 – 11 的数据，在垂直偏振方向上找出布儒斯特角。

25.12　布拉格衍射实验

（一）实验目的

掌握布拉格衍射实验原理，测量立方晶阵晶面间距。

（二）实验仪器

实验仪器由发射器组件、接收器组件、平台、晶阵座、模拟晶阵组成。

(三) 实验原理

由结晶物质构成、其内部的构造质点（如原子、分子）呈平移周期性规律排列的固体叫做晶体。任何真实晶体都具有自然外形和各向异性的性质，这和晶体的离子、原子或分子在空间按一定的几何规律排列密切相关。晶体内的离子、原子或分子占据着点阵的结构，两相邻结点的距离叫晶体的晶格常数 d。真实晶体的晶格常数约为 10^{-8} cm 的数量级。由于 X 射线的波长与晶格常数属于同一数量级，X 光通过晶体时能产生明显的衍射现象，实际上晶体是起着衍射光栅的作用，因此可以利用 X 射线在晶体点阵上的衍射现象来研究晶体点阵的间距和相互位置的排列，以达到对晶体结构的了解。

1913 年，英国物理学家布拉格父子在研究 X 射线在晶面上的反射时，得到了著名的布拉格公式。实验是仿照 X 射线入射真实晶体发生衍射的基本原理，用金属球制作了一个方形点阵的模拟晶阵，晶格常数 d 设定为 5 cm，用微波代替 X 射线，将微波射向模拟晶阵，观察从不同晶体点阵面反射的微波相互干涉所需要的条件，即布拉格方程 $2d\sin\theta = n\lambda$，式中，d 为晶面间距，θ 为掠射角（声学上定义入射线或反射线与反射面之间的夹角称为掠射角），n 为正整数，λ 为入射波波长。布拉格衍射的示意如图 25 – 21 所示。

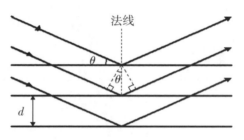

图 25 – 21　晶体的面间干涉

布拉格定律将晶体的晶面间距和 X 射线衍射角联系起来研究晶体结构。用一个面间距 5 cm、直径 1.4 cm 的金属球组成的模拟立方"晶体"来验证布拉格定律。

实验前先了解布拉格衍射的原理，特别是入射波必须满足两个条件，即：入射角等于反射角、布拉格公式为：

$$2d\sin\theta = n\lambda \qquad (25 - 7)$$

(四) 实验步骤

(1) 按如图 25 – 22 所示布置实验仪器，将发射器和接收器分别安置在固定臂和活动臂上，且发射器和接收器到平台中心的距离均为 35 cm 左右；将模拟晶阵通过晶阵座置于中心平台上，接通电源。

实验 25　微波光学实验

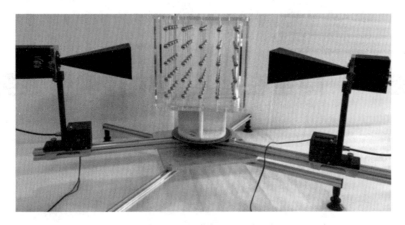

图 25-22　布拉格衍射实验实物

（2）让晶体平行于微波光轴，即接收器置于 180°处，晶阵座上的指示线与 90°对齐，此时的掠射角 θ 为 0°。

（3）顺时针旋转晶体，使掠射角增大到 20°，反射方向的掠射角也对应改变为 20°（此时晶阵座对应刻度为 70°，活动臂中心刻度线对应为同方向 140°）。调节衰减器强弱使电压表显示最大，记下该值。

（4）顺时针旋转晶阵座 1°（即掠射角增加 1°），接收器活动臂顺时针旋转 2°（使反射角等于入射角），记录掠射角的角度和对应电压表读数。

（5）重复步骤（4），并将掠射角从 20°到 70°之间的数值记录于表 25-12 中。

表 25-12　布拉格衍射测量模拟晶阵的晶面间距

掠射角/(°)	20	21	22	…	68	69	70
U/V							

（6）作接收信号强度对掠射角的函数曲线，根据曲线找出极大值对应的角度。根据布拉格方程计算模拟晶阵的晶面间距，并比较测出的晶面间距与实际间距之间的误差。

四、思考题

（1）什么是微波光学？
（2）微波光学的特性是什么？

实验 26　能量在电磁场中传输特性实验

一、实验目的

(1) 熟悉无线电能传能的分类。
(2) 掌握无线电能传能的原理及应用。

二、实验仪器

实验系统组成如图 26-1 所示。

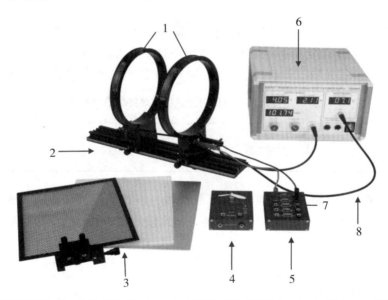

1—磁耦合谐振线圈组；2—导轨（长 400 mm）；3—风扇及 LED 演示模块；4—介质组；5—电阻负载模块；
6—能量传输特性实验电源；7—BNC 转香蕉插头线；8—连接导线组。

图 26-1　实验系统的组成

三、实验原理

电能是指电以各种形式做功的能力，如直流电能、交流电能、高频电能等。电能可以靠有线或无线的形式做远距离的传输。无线电能传输又称为无线电力传输，是指通过发射器将电能转换为其他形式的中继能量（如电磁场能、激光、微波及机械波等），隔空传输一段距离后，再通过接收器将中继能量转换为电能，实现无线电能传输。目前，无线电能传输技术的种类主要可以分为四种，如图 26 – 2 所示。

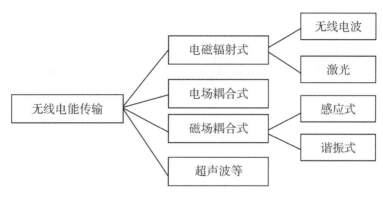

图 26 – 2　无线电能传输分类

图 26 – 2 中的前 3 种传输形式（电磁辐射式、电场耦合式和磁场耦合式）属于利用电磁效应进行无线电能传输。根据离场源距离的远近电磁波产生的交变电磁场可以分为远场和近场。

磁场耦合式无线电能传输利用的是近场传输。它利用电源侧的线圈产生交变磁场，耦合到负载侧的线圈，进而将电能传递给负载。根据是否发生谐振以及传输距离相对于传输线圈直径的大小，磁场耦合式可以分成感应式和谐振式。谐振式无线电能传输利用谐振原理，使得其在中等距离传输时，仍能得到较高的效率和较大的功率，并且电能传输不受空间非磁性障碍物的影响。与感应式相比，该方法传输的距离较远；相对于辐射式，其对电磁环境的影响较小，且功率较大。正是由于这些优点，耦合谐振式无线电能传输技术得到越来越多的研究。磁耦合谐振式无线电能传输技术是将电能转换为电磁场能进行传输，因此通过研究不同介质中电磁场能的传输特性来提升无线电能传输效率亦成为一个研究方向。

1. 磁耦合谐振式无线电能传输

磁耦合谐振式无线电能传输技术是一种新型的无线传输技术，利用的是"近场磁耦合"而非"远场电磁辐射"。在"近场区"（间距小于 $\lambda/2\pi$）能量并不会像"远场区"那样辐射出去，十分有利于能量的传输。它基于电磁谐振耦合原理，利用两个具有相同谐振频率的线圈产生的高频交变磁场的近场耦合，使接收线圈和发射线圈产生共振，来实现电能通过非接触方式在一定距离上的传输。

图 26 – 3 是两线圈磁耦合谐振式无线电能传输原理示意图。主要包括以下部分。磁耦合谐振体是核心部件，可以产生和接收磁场能量，是电路和磁场的耦合媒介，由谐振圈（发射线圈和接收线圈）、电容（寄生电容或外接电容）构成；磁场驱动源包

括供电和高频激磁电路,可以将家用的 50 Hz 交流电转化为线圈中的高频电流(3 kHz ~ 30 MHz),用于产生谐振磁场,实现无线电能传输;能量接收体主要包括高频整流电路和负载电路。

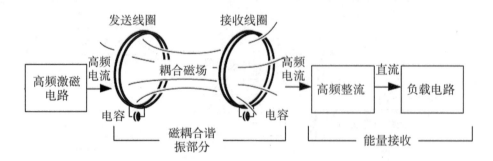

图 26-3 两线圈磁耦合谐振式无线电能传输原理示意

2. 耦合模理论

磁耦合谐振式无线电能传输的理论基础包括麦克斯韦方程组及耦合模理论。耦合模本质上是一种微扰法,可避开复杂物理模型,直接对物体间的能量耦合进行分析,且更能表现传输过程中的物理本质,但表达求解相对复杂。耦合模理论解决问题的基本思路是:首先将复杂的系统分解为一定数量的独立部分或单元(类似于数学中的幂级数展开或傅里叶级数展开);然后分别求解每个单元的约束方程,得到的解用该单元的"简正模"表示。也可以理解为,用这些相互独立的单元来表示原有的复杂耦合系统,这种孤立单元间的弱耦合会对每个单元产生微扰,原本复杂耦合系统由相互存在弱耦合的孤立单元微扰叠加而成。

在不考虑激励源和负载的情况下,耦合模理论的模式运动方程推演如下。

在能量传输过程中,假定存在两个单元,且对应地只存在两个独立模 $a_1(t)$ 和 $a_2(t)$,当不存在耦合时,这两个模都是按照 $e^{j\omega_{1,2}t}$ 演化的。在传输过程中,由于模 $a_1(t)$ 的自身演化,将导致的变化为

$$\Delta a_1 = \frac{\partial a_1}{\partial t}\Delta t = j\omega_1 \Delta t a_1 \tag{26-1}$$

式中,ω_1 为固有频率。当考虑模 $a_2(t)$ 对 $a_1(t)$ 存在微扰时,Δt 时间内,由于是微扰作用,可假设其满足线性关系,并可通过定义耦合率 K_{12} 来表征。此时可以得到如下关系

$$\Delta a_1 = K_{12}\Delta t a_2 \tag{26-2}$$

当 $\Delta t \to 0$ 时,对以上两部分求和,可以得到

$$\frac{\mathrm{d}a_1}{\mathrm{d}t} = j\omega_1 a_1 + K_{12}a_2$$

同样对模 $a_2(t)$ 进行分析可以得到整个耦合模方程

$$\begin{cases} \dfrac{\mathrm{d}a_1}{\mathrm{d}t} = \mathrm{j}\omega_1 a_1 + K_{12}a_2 \\ \dfrac{\mathrm{d}a_2}{\mathrm{d}t} = \mathrm{j}\omega_2 a_2 + K_{21}a_1 \end{cases} \tag{26-3}$$

式中，ω_1、ω_2 为谐振体的固有角频率。式（26-3）的解析解为

$$\begin{cases} a_1(t) = \left[a_1(0)\left(\cos\Lambda t + \mathrm{j}\dfrac{\omega_1-\omega_2}{2\Lambda}\sin\Lambda t\right) + a_2(0)\dfrac{K_{12}}{\Lambda}\sin\Lambda t \right] \cdot \mathrm{e}^{\mathrm{j}\frac{\omega_1+\omega_2}{3}t} \\ a_2(t) = \left[a_2(0)\left(\cos\Lambda t + \mathrm{j}\dfrac{\omega_2-\omega_1}{2\Lambda}\sin\Lambda t\right) + a_1(0)\dfrac{K_{21}}{\Lambda}\sin\Lambda t \right] \cdot \mathrm{e}^{\mathrm{j}\frac{\omega_1+\omega_2}{3}t} \end{cases}$$
$$(26-4)$$

式中，$\Lambda = \sqrt{\left(\dfrac{\omega_1-\omega_2}{2}\right)^2 + K_{21}K_{12}}$。考虑对称 $K_{12} = K_{21} = K$，假设 $t=0$ 时系统能量为"1"，且全都存在于模 a_1 中 [$a_1(0)=1$，$a_2(0)=0$]。此时有

$$\begin{cases} |a_1(t)|^2 = \cos^2\Lambda t + \dfrac{\Lambda^2-K^2}{\Lambda^2}\sin^2\Lambda t \\ |a_2(t)|^2 = \dfrac{K^2}{\Lambda^2}\sin^2\Lambda t \end{cases} \tag{26-5}$$

式（26-5）分别代表两个谐振单元的能量，结合系统总能量有

$$|a_1(t)|^2 + |a_2(t)|^2 = 1 \tag{26-6}$$

由式（26-5）和式（26-6）可知，当且仅当 $\omega_1 = \omega_2$ 时，理论上两个线圈之间的能量转化为 100%。

3. 互感及耦合系数

互感系数是两个线圈之间的电感耦合系数，表示两个线圈之间的电感量能感应到的电动势。假设两个线圈之间存在完美的磁链，则它们之间理想状态下的互感可以表示为

$$M = \sqrt{L_1 L_2} \tag{26-7}$$

式中，M 为互感，L_1、L_2 分别为发射线圈、接收线圈电感。而正弦交流电中互感电动势与产生它的电流的关系式为：

$$E_2 = \omega M I_1 \tag{26-8}$$

式中，E_2 为接收线圈中的互感电动势，ω 为电源频率，I_1 为发射线圈中的电流。于是可计算出互感系数 M。实际测量时，如接收线圈开路，且认为电压表或示波器的内阻无穷大，此时电压表或示波器测得的电压即可近似认为等于接收线圈的互感电动势 U_2，即 $U_2 \approx E_2$，则：

$$M \approx \dfrac{U_2}{\omega I_1} \tag{26-9}$$

两个互感线圈耦合松紧的程度可用耦合系数 k 来表示，耦合系数与互感系数的关系为

$$k = \frac{M}{\sqrt{L_1 L_2}} \qquad (26-10)$$

式中,L_1、L_2 为两线圈的电感值。如果 $k=1$,则两个线圈完美耦合;如果 $k>0.5$,则称两个线圈紧密耦合;如果 $k<0.5$,则称两个线圈松散耦合。

4. 输出功率和传输效率

磁耦合谐振式无线电能传输与系统输出功率、传输效率和频率、线圈距离、负载等参数有关,优化这些参数可使系统处于最佳运行状态,使输出功率或效率达到最佳。以改变线圈距离为例,给出功率和效率随距离变化的理论推导,两线圈磁耦合谐振式无线电能传输的等效电路如图 26-4 所示。

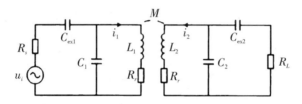

图 26-4 等效电路

式中,U_i 为高频电源电压;R_s 为高频电源内阻;L_1 与 L_2 分别为发射线圈与接收线圈的电感;C_1 与 C_2 分别为发射线圈与接收线圈的分布电容;C_{ex1} 与 C_{ex2} 分别为发射线圈与接收线圈的外接电容;R_r 为高频下线圈的等效电阻,主要包括欧姆损耗电阻和辐射损耗电阻;R_L 为传输系统的负载;M 为两个线圈之间的互感。

系统输出功率为 $P_{out} = U_2 \times I_2$。

当两线圈满足以下条件:两线圈平行,并处于谐振状态,通过一系列的理论公式推导得出输出功率计算公式为

$$P_{out} = (\omega M)^2 A^2 |\dot{U}_i|^2 R_L / [(R_r + AR_L)(R_r + AR_s) + (\omega M)^2]^2 \qquad (26-11)$$

$$P_{in} = (R_r + AR_L)^2 A |\dot{U}_i|^2 / [(R_r + AR_L)(R_r + AR_s) + (\omega M)^2] \qquad (26-12)$$

式中,$A = C_{ex2}^2/(C_2 + C_{ex2})^2 = C_{ex1}^2/(C_1 + C_{ex1})^2$。当两线圈距离很近时,$(\omega M)^2 \gg (R_r + AR_L)(R_r + AR_s)$,这时可忽略 $(R_r + AR_L)(R_r + AR_s)$ 项,则式 (26-11) 可简化为

$$P_{out} = A^2 |\dot{U}_i|^2 R_L / (\omega M)^2 \qquad (26-13)$$

由实验结果可知,随着距离的增大,M 会减小,而其他参数几乎不变,此时输出功率随着距离的增大而增大。如果继续增大两个线圈之间的距离,$(\omega M)^2$ 和 $(R_r + AR_L)(R_r + AR_s)$ 共同起作用,这时存在一个最优的互感值。如果再次增大两个线圈之间的距离,$(R_r + AR_L)(R_r + AR_s) \gg (\omega M)^2$,此时可忽略 $(\omega M)^2$,则式 (26-11) 可简化为

$$P_{out} = (\omega M)^2 A^2 |\dot{U}_i|^2 R_L / [(R_r + AR_L)(R_r + AR_s)]^2 \qquad (26-14)$$

由式 (26-14) 可知,输出功率随着距离的再次增大而减小。输出功率随着距离的

变化而变化的曲线如图 26 – 5 所示。

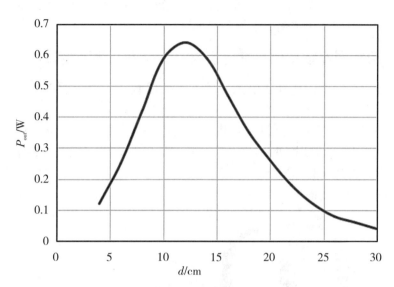

图 26 – 5　输出功率随距离变化的曲线

传输效率的测定可以由输入、输出功率的比值求得，即

$$\eta = \frac{P_{\text{out}}}{P_{\text{in}}} \times 100\% = \frac{U_2 \cdot I_2}{U_1 \cdot I_1} \times 100\% = \frac{U_{\text{pp2}} \cdot I_{\text{pp2}}}{U_{\text{pp1}} \cdot I_{\text{pp1}}} \times 100\% \quad (26 - 15)$$

式中，U_{pp1}、U_{pp2} 分别为输入输出电压峰峰值，I_{pp1}、I_{pp2} 分别为发射和接收线圈中的电流峰峰值。

由式（26 – 11）、式（26 – 12）可知

$$\eta = (\omega M)^2 R_L A / \{(R_r + AR_L)[(R_r + AR_L)(R_r + AR_s) + (\omega M)^2]\} \quad (26 - 16)$$

当两线圈距离很近时，$(\omega M)^2 \gg (R_r + AR_L)(R_r + AR_s)$，这时可忽略 $(R_r + AR_L)(R_r + AR_s)$ 项，则式（26 – 16）可简化为

$$\eta = R_L A / (R_r + AR_L) \quad (26 - 17)$$

简化后系统的传输效率近似是一个固定值，传输效率几乎不变。如果继续增大两个线圈之间的距离，$(\omega M)^2$ 和 $(R_r + AR_L)(R_r + AR_s)$ 共同起作用，这时随着距离的增加，传输效率急剧下降。由以上理论推导可知，存在一个最佳距离使系统输出功率或传输效率达到一个相对高的值。在实际应用过程中，可根据对输出功率或传输效率的要求寻求一个最佳的传输距离。

5. 介质对能量传输的影响

磁场中所处介质对磁场传输也有影响。介质一般分为非磁性介质、软磁性介质和硬磁性介质三大类。磁场可以不变形地穿透非磁性介质（如纸板）。磁化后容易去掉磁性的介质叫软磁性介质，磁场不能穿透软磁性介质（如硅钢和软铁等），通常只能

在其中传导，在实际中也可据此实现磁屏蔽。不容易去磁性的介质叫硬磁性介质（如四氧化三铁），磁场遇到硬磁性介质会发生变形。磁性介质放入线圈磁场中会对磁场造成干扰，造成系统传输的谐振频率偏移。

26.1 两线圈互感系数及耦合系数的实验近似测定实验

注意：连接导线前，请确认电源开关处于关闭状态。测量前电源需预热 15 min 以达到稳定状态。

（1）按图 26-6 所示连接设备：将线圈组以一合适的距离固定在导轨上，线圈间距推荐 5 cm，线圈角度均处于 0°位置，用一根 BNC 转香蕉插头线连接电源输出端口和发射线圈，再用一根 BNC 转香蕉插头线连接电源输入端口和接收线圈（香蕉插头线的红黑接头对应线圈的红黑端口）。

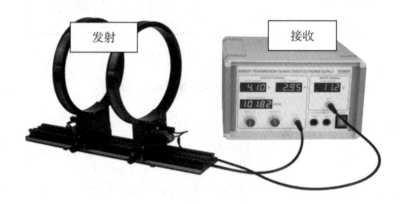

图 26-6　互感系数测定连线

（2）连接电源线。

（3）打开电源开关，预热 15 min，待电源稳定后开始测量。

（4）调节频率调节旋钮，设定频率值为线圈谐振频率值（线圈上会有标识）。

（5）调节输出电压调节旋钮，将电压值调至一个合适的值（推荐此时的电压值在 4 V 左右）。

（6）记录此时的 U_{pp2}、I_{pp1}、U_{pp1}，并将其填入表 26-1 中。

（7）根据公式 $U_2 = U_{pp2}/2\sqrt{2}$、$I_1 = I_{pp1}/2\sqrt{2}$、$\omega = 2\pi f$ 计算出 U_2、I_1 和 ω，将 U_2、I_1 和 ω 代入式（26-9），计算出互感系数 M。

（8）读取发射线圈和接收线圈的电感值（标在线圈上），根据式（26-10）计算出耦合系数 k。

（9）改变 d 值（每隔 5 cm），按步骤（1）～（8）分别计算出互感系数 M 和耦合系数 k，测得 $M-d$、$k-d$ 的变化，并记入表 26-1 中。

（10）改变电源频率 f（98 kHz、105 kHz），按照步骤（1）～（8）测得 $M-d$、$k-d$ 的变化，并绘制曲线图。

表 26–1 互感系数 M 与耦合系数 k

$f=$ ___ kHz, $\omega=2\pi f=$ ___ rad/s, $L_1=$ ___ μH, $L_2=$ ___ μH 介质：空气					
d/cm	U_{pp2}/V	U_2/V	I_{pp1}/A	I_1/A	$M/\times 10^{-5}$	k
5						
10						
15						
20						
25						

26.2 输出功率、传输效率与负载电阻关系测定实验

注意：连接导线前，请确认电源开关处于关闭状态。

（1）按图 26–7 所示连接设备，将线圈组以一合适的距离固定在导轨上，线圈间距推荐为 5 cm，线圈角度均处于 0°位置，用一根 BNC 转香蕉插头线连接电源输出端口和发射线圈，再用一根 BNC 转香蕉插头线连接电源输入端口和接收线圈（香蕉插头线的红黑接头对应线圈的红黑端口）。

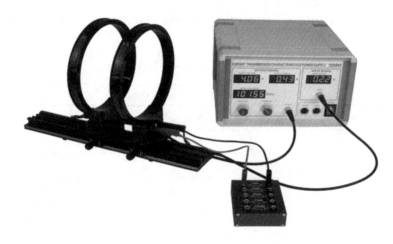

图 26–7 负载电阻连线

（2）分别用一根红黑导线连接接收线圈上的红黑端口与电阻负载模块的 5 Ω 档的红黑端口。注意：连接接收线圈的红黑导线端直接连接在 BNC 转香蕉插头线的端口上，如图 26–8 所示。

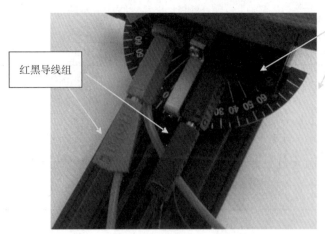

图 26 – 8 导线连接

(3) 连接电源线。

(4) 打开电源开关,调节频率调节旋钮,设定频率值为线圈谐振频率值。

(5) 调节输出电压调节旋钮,将电压值调至一个合适的值(推荐此时的电压值在 4 V 左右)。

(6) 记录此时的 U_{pp2}、I_{pp1}、U_{pp1},并将其填入表 26 – 2 中。

(7) 根据公式 $P_{out} = U_{pp2} \times I_{pp2}/8$,$\eta = (U_{pp2}^2/R)/(U_{pp1} \times I_{pp1}) \times 100\%$ 计算出 P_{out}、η,并将其填入表 26 – 2 中。

(8) 改变负载电阻值 R,按照以上实验操作步骤测得 $P_{out} - R$、$\eta - R$ 的变化,记于表 26 – 2 中,绘制曲线图。

表 26 – 2 输出功率、传输效率与负载电阻的关系

负载电阻 R/Ω	U_{pp1}/V	I_{pp1}/A	U_{pp2}/V	P_{out}/W	$\eta/\%$
\multicolumn{6}{c}{$f=$ ___ kHz, $d=5$ cm,介质:空气}
5					
20					
50					
75					
100					

26.3 输出功率、传输效率与线圈距离关系测定实验

注意:连接导线前,请确认电源开关处于关闭状态。

(1) 设备连接参照实验二中步骤 (1) ~ (3) 操作,线圈间距调整为 4 cm,电阻负载模块选择 20 Ω 档,线圈角度均处于 0°位置。

(2) 打开电源开关，调节频率调节旋钮，设定频率值为线圈谐振频率值。

(3) 调节输出电压调节旋钮，将电压值调至一个合适的值（推荐此时的电压值在 4 V 左右）。

(4) 记录此时的 U_{pp2}、I_{pp1}、U_{pp1}，并将其填入表 26-3 中。

(5) 根据公式 $P_{out} = U_{pp2} \times I_{pp2}/8$，$\eta = (U_{pp2}^2/R)/(U_{pp1} \times I_{pp1}) \times 100\%$ 计算出 P_{out}、η，并将其填入表 26-3 中。

(6) 改变线圈距离，按步骤（1）测得 P_{out} - d、η - d 的变化，并将其填入表 26-3 中，绘制曲线图。

表 26-3 输出功率、传输效率与线圈距离的关系

$R = 20\ \Omega$，$f =$ ____ kHz，介质：空气

d/cm	U_{pp1}/V	I_{pp1}/A	U_{pp2}/V	P_{out}/W	η/%	d/cm	U_{pp1}/V	I_{pp1}/A	U_{pp2}/V	P_{out}/W	η/%
4						18					
6						20					
8						22					
10						24					
12						26					
14						28					
16						30					

26.4 输出功率、传输效率与线圈相对角度关系测定实验

注意：连接导线前，请确认电源开关处于关闭状态。

(1) 设备连接参照实验二中步骤（1）至步骤（3）操作，线圈间距调整为 15 cm，电阻负载模块选择 20 Ω 档，接收线圈角度处于 0°位置，发射线圈角度处于 90°位置，如图 26-8 所示。（亦可将发射线圈角度处于 0°位置，接收线圈角度处于 90°位置）。

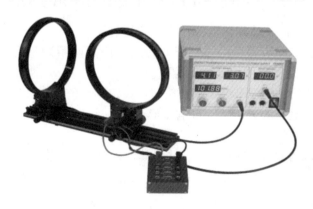

图 26-9 改变相对角度连接

(2) 打开电源开关,调节频率调节旋钮,设定频率值为线圈谐振频率值。

(3) 调节输出电压调节旋钮,将电压值调至一个合适的值(推荐此时的电压值在 4 V 左右)。

(4) 记录此时的 U_{pp2}、I_{pp1}、U_{pp1},并将其填入表 26-4 中。

(5) 根据公式 $P_{out} = U_{pp2} \times I_{pp2}/8$,$\eta = (U_{pp2}^2/R)/(U_{pp1} \times I_{pp1}) \times 100\%$ 计算出 P_{out}、η。

(6) 转动发射线圈,改变两线圈的相对角度,按步骤(1)~(5)测得 P_{out}-θ、η-θ 的变化,记于表 26-4 中,绘制曲线图。

(7) 可尝试同时同方向或反方向转动发射线圈和接收线圈的角度,测试 P_{out}、η 值,并给出 P_{out}、η 值变化的原因。

表 26-4 输出功率、传输效率与线圈相对角度的关系

$R = 20\ \Omega$, $d = 15\ cm$, $f = \underline{\quad}\ kHz$, 介质:空气

$\theta/(°)$	U_{pp1}/V	I_{pp1}/A	U_{pp2}/V	P_{out}/W	$\eta/\%$	$\theta/(°)$	U_{pp1}/V	I_{pp1}/A	U_{pp2}/V	P_{out}/W	$\eta/\%$
-90						10					
-80						20					
-70						30					
-60						40					
-50						50					
-40						60					
-30						70					
-20						80					
-10						90					
0											

26.5　输出功率、传输效率与不同介质中电源频率关系测定实验

注意:连接导线前,请确认电源开关处于关闭状态。

(1) 参照实验二中步骤(1)~(3)操作,线圈间距调整为 10 cm,电阻负载模块选择 20 Ω 档,线圈角度均处于 0°位置。

(2) 打开电源开关,调节频率调节旋钮,设定频率值为 88 kHz。

(3) 调节输出电压调节旋钮,将电压值调至一个合适的值(推荐此时的电压值在 4 V 左右)。

(4) 记录此时的 U_{pp2}、I_{pp1}、U_{pp1},并将其填入表 26-5 中。

(5) 根据公式 $P_{out} = U_{pp2} \times I_{pp2}/8$,$\eta = (U_{pp2}^2/R)/(U_{pp1} \times I_{pp1}) \times 100\%$ 计算出 P_{out}、η,并将其填入表 26-5 中。

实验 26　能量在电磁场中传输特性实验

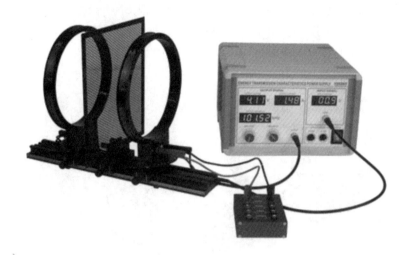

图 26 – 10　加入介质连接

（6）改变电源频率，在共振频率附近间隔取点（如共振频率 $f=102$ kHz，在 80~120 kHz 之间间隔 4 kHz 取点；临近共振频率时，间隔 1 kHz 取点），按步骤（1）~（5）操作测得 $P_{out}\text{-}f$、$\eta\text{-}f$ 的变化。

（7）在两线圈中间放入不同介质，如图 26 – 10 所示，按步骤（1）~（6）操作，分别测量不同介质下 $P_{out}\text{-}f$、$\eta\text{-}f$ 的变化，记于表 26 – 5 中，并绘制曲线图。

（8）可旋转介质角度，分别测量不同角度下 $P_{out}\text{-}f$、$\eta\text{-}f$ 的变化，绘制曲线图。

表 26 – 5　输出功率、传输效率与不同介质中电源频率的关系

\multicolumn{10}{c}{$R=20$ Ω，$d=10$ cm，介质：____}
f/kHz	U_{pp1}/V	I_{pp1}/A	U_{pp2}/V	P_{out}/W	η/%	f/kHz	U_{pp1}/V	I_{pp1}/A	U_{pp2}/V	P_{out}/W	η/%
88						104					
92						105					
96						106					
100						110					
101						114					
102						118					
103											

26.6　能量传输演示实验

注意：连接导线前，请确认电源开关处于关闭状态。

（1）按图 26 – 11 所示连接设备，将线圈组以一合适的距离固定在导轨上，线圈

间距推荐为 10 cm，线圈角度均处于 0°位置，用一根 BNC 转香蕉插头线连接电源输出端口和发射线圈，再用一根 BNC 转香蕉插头线连接电源输入端口和接收线圈（香蕉插头线的红黑接头对应线圈的红黑端口）。

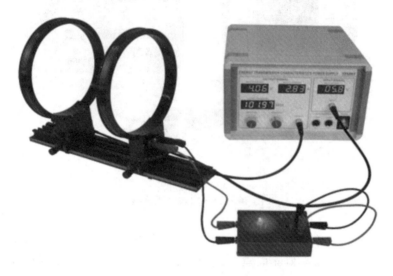

图 26-11　风扇连接

（2）分别用一根红黑导线连接接收线圈上的红黑端口和风扇及 LED 演示模块的"AC INPUT"的红黑端口；再分别用一根红黑导线连接演示模块的"DC OUTPUT"和"DC INPUT"的红黑端口，如图 26-12 所示。

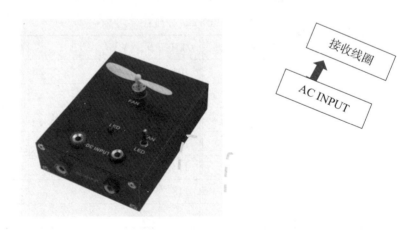

图 26-12　风扇模块连接示意

（3）打开电源开关，调整电压幅度，建议设置在 3 V 左右，以避免风扇旋转过快引起尖锐的蜂鸣声，开始实验。注意：在实验过程中，若出现风扇旋转过快引起尖锐的蜂鸣声或 LED 灯过亮刺眼，请及时调整电压幅度，避免对人造成不适或损坏风扇及灯（二极管）。

实验 26 能量在电磁场中传输特性实验

（4）改变频率，观察风扇的转速快慢变化或 LED 的亮暗变化。

（5）将频率设置为谐振频率，改变线圈相对角度，观察风扇的转速快慢变化或 LED 的亮暗变化。

（6）更换不同介质，观察风扇的转速快慢变化或 LED 的亮暗变化。

（7）改变线圈距离，观察风扇的转速快慢变化或 LED 的亮暗变化。

附录：主要技术参数

部件	描述
能量传输特性实验电源	输出信号：$0 \sim 5$ V_{PP}，$I \leqslant 4.5$ A_{PP}，三位半数字显示 频率：$70 \sim 150$ kHz，分辨率 10 Hz，五位数字显示 输入信号：$0 \sim 50$ V_{PP}，频率 $50 \sim 200$ kHz，三位半数字显示 带八针通信接口，可连接电压传感器
磁耦合谐振线圈组	直径 200 mm，旋转角度 ±90°
导轨	长 400 mm
电阻负载模块	5 Ω、20 Ω、50 Ω、75 Ω、100 Ω
介质组	介质：铁丝网、铝板、有机玻璃等

参考文献

[1] 沙振舜,周进,周非. 当代物理实验手册[M]. 南京:南京大学出版社,2012.
[2] 沈韩. 基础物理实验[M]. 北京:科学出版社,2015.
[3] 赵黎,王丰. 大学物理实验[M]. 北京:北京大学出版社,2018.
[4] 吕洪方,石文星. 大学物理实验[M]. 武汉:华中科技大学出版社,2020.
[5] 高兴茹,母小云,吴萍. 大学物理实验[M]. 北京:清华大学出版社,2019.
[6] 朱道云,周誉昌,吴肖. 大学物理实验[M]. 北京:北京大学出版社,2020.
[7] 黄槐仁. 近代物理实验[M]. 北京:北京理工大学出版社,2019.
[8] 丁益民. 数字化物理实验设计与案例[M]. 北京:科学出版社,2017.
[9] 沈黄晋. 物理演示实验教程[M]. 北京:科学出版社,2009.
[10] 宜桂鑫,江兴方. 创造性物理演示实验[M]. 上海:华东师范大学出版社,2002.
[11] 杨清雷,王泽华,朱国全,等. 新编大学物理实验[M]. 北京:化学工业出版社,2020.
[12] 陈云琳. 近代物理实验[M]. 2版. 北京:北京交通大学出版社,2019.
[13] 樊代和. 大学物理实验数字化教程[M]. 北京:机械工业出版社,2020.
[14] 王永强,苏玉玲. 大学物理实验教程[M]. 2版. 北京:高等教育出版社,2019.
[15] 张志东,魏怀鹏,展永,等. 大学物理实验[M]. 6版. 北京:科学出版社,2019.
[16] 徐世峰,王珩,孙景超. 大学物理实验教程[M]. 北京:高等教育出版社,2019.
[17] 王海燕,李相银,王雪贞,等. 大学物理实验[M]. 3版. 北京:高等教育出版社,2018.
[18] 罗志高,张锦. 桥梁振动实验设计与研究[J]. 物理实验,2018,38(Z1):33-34.
[19] 罗志高. 电子荷质比实验设计与实现[J]. 大学物理实验,2019,32(5):9-12.
[20] 罗志高,陈泽民. 数字化物理实验[M]. 广州:中山大学出版社,2020.